环境监测技术与实践应用研究

隋鲁智　吴庆东　郝　文◎编著

北京工业大学出版社

图书在版编目（CIP）数据

环境监测技术与实践应用研究 / 隋鲁智，吴庆东，
郝文编著. —北京：北京工业大学出版社，2024.1重印
ISBN 978-7-5639-6136-8

Ⅰ．①环… Ⅱ．①隋… ②吴… ③郝… Ⅲ．①环境监
测－研究 Ⅳ．①X83

中国版本图书馆 CIP 数据核字（2018）第 067889 号

环境监测技术与实践应用研究

编　　著：隋鲁智　吴庆东　郝　文
责任编辑：安瑞卿
封面设计：孙　洋
出版发行：北京工业大学出版社
　　　　　（北京市朝阳区平乐园 100 号 邮编：100124）
　　　　　010－67391722（传真）　bgdcbs@sina.com
经销单位：全国各地新华书店
承印单位：三河市元兴印务有限公司
开　　本：787 毫米×960 毫米　1/16
印　　张：16
字　　数：380 千字
版　　次：2021 年 10 月第 1 版
印　　次：2024 年 1 月第 3 次印刷
标准书号：ISBN 978-7-5639-6136-8
定　　价：64.00 元

前　　言

环境监测是准确、及时、全面地反映环境质量现状及发展趋势的技术手段,为环境科学研究、环境规划、环境影响评价、环境工程设计、环境保护管理和环境保护宏观决策等提供不可缺少的基础数据和重要信息。环境监测是环境保护工作的基础,是执行环境保护法规的依据,是污染治理及环境科学研究、规划和管理不可缺少的重要手段。

本书适应我国人才培养的要求,围绕环境监测岗位的实际工作任务来安排内容,以工作任务为主线,理论与实践相融合,重在培养职业素质,着重突出职业性、实用性和创新性。全书共12章,主要内容包括:绪论、环境监测质量保证、水和废水监测、空气质量和废气监测、噪声监测、土壤质量监测、固体废物监测、环境污染生物监测、辐射环境监测、应急监测、环境污染自动监测和环境监测新技术发展。

本书的编写思路是以最新的环境监测标准和技术规范为依据,以环境基本理论和基本方法为主线,将新技术、新方法、新仪器等融汇在经典的环境监测内容中,注重理论与实践紧密结合,尽可能阐明环境质量监测和环境污染监测、手工监测和自动监测的区别和联系,既注重知识的系统性和科学性,又注重本书的实用性,从而形成了鲜明的特点。

本书具有以下特点:

(1)以工作过程为导向开发学习项目,以工作任务为载体构建本书内容。本书以环境监测工作过程为导向开发了体现岗位核心能力的几个典型学习项目,如污水监测、环境空气监测、土壤污染监测、噪声监测、辐射监测等。

(2)适应我国环境监测发展需求,在系统地选择了经常性监测内容的同时,注重突出服务性监测。

(3)适应教育改革的理念和发展方向,理实融合,方便采用项目化、按任务教学的模式,学做一体,可实施性强,有利于培养学生应用能力和职业能力。

(4)融入新技术、新标准。监测因子的选择注意先易后难、避免重复,在线监测按监测对象归属相应章节,依据新标准规范增加了应急监测等。

由于作者的水平和时间有限,疏漏和错误之处在所难免,恳请同行专家和广大读者批评指正。

作　者
2018 年 1 月

目　　录

第一章 绪论

第一节 环境监测的目的、分类、原则及特点

环境监测(environmental monitoring)是指运用化学、生物学、物理学及公共卫生学等方法,间断或连续地测定代表环境质量的指标数据,研究环境污染物的检测技术,监视环境质量变化的过程。

环境监测是环境科学的一个分支学科,是随环境问题的日益突出及科学技术的进步而产生和发展起来的,并逐步形成系统的、完整的环境监测体系。

随着工业和科学的发展,环境监测的内容也由工业污染源监测,逐步发展到对大环境的监测,监测对象不仅是影响环境质量的污染因子,还包括对生物、生态变化的监测。

为了全面、确切地表明环境污染对人群、生物的生存和生态平衡的影响程度,做出正确的环境质量评价,现代环境监测不仅要监测环境污染物的成分和含量,往往还要对其形态、结构和分布规律进行监测。

一、环境监测的目的

环境监测的目的是准确、及时、全面地反映环境质量现状及发展趋势,为环境管理、污染源控制、环境规划等提供科学依据。具体可归纳如下:

(1)根据环境质量标准,评价环境质量。

(2)根据污染分布情况,追踪寻找污染源,为实现监督管理、控制污染提供依据。

(3)收集本地数据,积累长期监测资料,为研究环境容量,实施总量控制、目标管理、预测预报环境质量提供数据。

(4)为保护人类健康、保护环境、合理使用自然资源,制定环境法规、标准、规划等服务。

二、环境监测的分类

环境监测可按其监测对象、监测性质、监测目的等进行分类。

(一)按监测对象分类

按监测对象主要可分为水质监测、空气和废气监测、土壤监测、固体废物监测、生物污染监测、声环境监测和辐射监测等。

1.水质监测

水质监测是指对水环境(包括地表水、地下水和近海海水)、工农业生产废水和生活污水等的水质状况进行监测。

2.空气和废气监测

空气监测是指对环境空气质量(包括室外环境空气和室内环境空气)进行的监测。废气监测是指对大气污染源(包括固定污染源和移动污染源)排放废气进行的监测。

3.土壤监测

土壤监测包括土壤质量现状监测、土壤污染事故监测、场地监测、土壤背景值调查等。

4.固体废物监测

固体废物监测是指对工业产生的有害固体废物、城市垃圾和农业废物中的有毒有害物质进行监测,内容包括危险废物的特性鉴别、毒性物质含量分析和固体废物处理过程中的污染控制分析。

5.生物污染监测

生物污染监测主要是对生物体内的污染物质进行的监测。

6.声环境监测

声环境监测是指对城市区域环境噪声、社会生活环境噪声、工业企业厂界环境噪声以及交通噪声的监测。

7.辐射监测

辐射监测包括辐射环境质量监测、辐射污染源监测、放射性物质安全运输监测以及辐射设施退役、废物处理和辐射事故应急监测等。

(二)按监测性质分类

按监测性质可分为环境质量监测和污染源监测。

1.环境质量监测

环境质量监测主要是监测环境中污染物的浓度大小和分布情况,以确定环境的质量状况,包括水质监测、环境空气质量监测、土壤质量监测和声环境质量监测等。

2.污染源监测

污染源监测是指对各种污染源排放口的污染物种类和排放浓度进行的监测,包括各种污水和废水监测、固定污染源废气监测和移动污染源排气监测、固体废物的产生、贮存、处置、利用排放点的监测以及防治污染设施运行效果监测等。

(三)按监测目的分类

1.监视性监测

监视性监测又叫常规监测或例行监测,是对各环境要素进行定期的经常性的监测。其主要目的是确定环境质量及污染状况,评价控制措施的效果,衡量环境标准实施情况,积累监测数据。其一般包括环境质量的监视性监测和污染源的监督监测,目前我国已建成了各级监视性监测网站。

2.特定目的监测

特定目的监测又叫特例监测,具体可分为污染事故监测、仲裁监测、考核验证监测和咨询服务监测等。

(1)污染事故监测

污染事故发生时,及时进行现场追踪监测,确定污染程度、危害范围和大小、污染物种类、扩散方向和速度,查明污染发生的原因,为控制污染提供科学依据。

（2）仲裁监测

主要解决污染事故纠纷,对执行环境法规过程中产生的矛盾进行裁定。纠纷仲裁监测由国家指定的具有权威的监测部门进行,以提供具有法律效力的数据作为仲裁凭据。

（3）考核验证监测

主要是为环境管理制度和措施实施考核。其包括人员考核、方法验证、新建项目的环境考核评价、污染治理后的验收监测等。

（4）咨询服务监测

主要是为环境管理、工程治理等部门提供服务,以满足社会各部门、科研机构和生产单位的需要。

3.研究性监测

研究性监测又称科研监测,属于高层次、高水平、技术比较复杂的一种监测,通常由多个部门、多个学科协作共同完成。其任务是研究污染物或新污染物自污染源排出后,迁移变化的趋势和规律,以及污染物对人体和生物体的危害及影响程度,包括标准方法研制监测、污染规律研究监测、背景调查监测以及综合评价监测等。

此外,按监测方法的原理又可分为化学监测、物理监测、生态监测等;按监测技术的手段可以分为手工监测和自动监测等;接专业部门分类可以分为气象监测、卫生监测、资源监测等。

三、环境监测的原则

在环境监测中,由于人力、监测手段、经济条件、仪器设备等限制,不可能无选择地监测分析所有的污染物,应根据需要和可能,坚持以下原则。

（1）选择监测对象的原则

①在实地调查的基础上,针对污染物的性质(如物化性质、毒性、扩散性等),选择那些毒性大、危害严重、影响范围广的污染物。

②对选择的污染物必须有可靠的测试手段和有效的分析方法,从而保证能获得准确、可靠、有代表性的数据。

③对监测数据能做出正确的解释和判断。如果该监测数据既无标准可循,又不能了解对人体健康和生物的影响,会使监测工作陷入盲目的地步。

（2）优先监测的原则:需要监测的项目往往很多,但不可能同时进行,必须坚持优先监测的原则。对影响范围广的污染物要优先监测,燃煤污染、汽车尾气污染是全世界的问题,许多公害事件就是由它们造成的。因此,目前在大气中要优先监测的项目有二氧化硫、氮氧化物、一氧化碳、臭氧、飘尘及其组分、降尘等。水质监测可根据水体功能的不同,确定优先监测项目,如饮用水源要根据饮用水标准列出的项目安排监测。对于那些具有潜在危险,并且污染趋势有可能上升的项目,也应列入优先监测。

四、环境监测的特点

环境监测涉及的知识面、专业面宽,它不仅需要有坚实的化学分析基础,而且还需要有足够的物理学、生物学、生态学和工程学等多方面的知识。在做环境质量调查或鉴定时,环境监测也不能回避社会性问题,必须考虑一定的社会评价因素。因此,环境监测具有多学科性、边缘性、综合性和社会性等特征。

（1）环境监测的综合性

环境监测主体包括对水体、土壤、固体废物、生物体中污染指标的监测，其中污染物种类繁多、成分复杂；监测分析则涉及化学、物理、生物、水文气象和地理学等多方面。而实施环境监测得到的数据，不只是一个个简单的孤立数据，其中还包含着大量可探究、可追踪的丰富信息，通过数据的科学处理和综合分析，可以掌握污染物的变化规律以及多种污染物之间的相互影响。因此，环境监测的综合性就体现在监测方法、监测对象以及监测数据等综合性方面，判断环境质量仅对目标污染物进行某一地点、某一时间的分析测试是不够的，必须对相关污染因素、环境要素在一定范围、时间和空间内进行多元素、全方位的测定，综合分析数据信息的"源"与"汇"，这样才能对环境质量做出确切、可靠的评价。

（2）环境监测的持续性

环境监测数据具有空间和时间的可比性和历史积累价值，只有在具有代表性的监测点位上持续监测才有可能揭示环境污染的发展趋势和发展轨迹。因此，在环境监测方案的制订、实施和管理过程中应尽可能实施持续监测，并逐步布设监测网络，合理分布空间，提高标准化、自动化水平，积累监测数据构建数据信息库。

（3）环境监测的追踪性

环境监测数据是实施环境监管的依据，环境监测实施全过程如图 1-1 所示。为保证监测数据的有效性，必须严格规范地制订监测方案，准确无误地实施，并全面科学地进行数据综合分析，即对环境监测全过程实施质量控制和质量保证，构建起完整的环境监测质量保证体系。

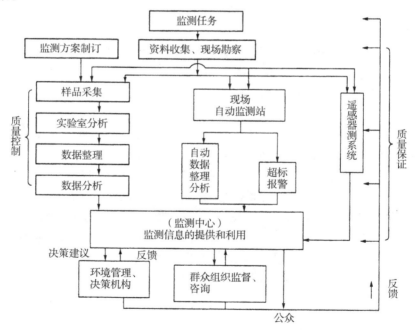

图 1-1　环境监测实施全过程

第二节 环境监测的方法与内容

环境监测的方法与内容可以用一棵树形象地表示,如图1-2所示。环境监测的方法与技术包括采样技术、样品前处理技术、理化分析测试技术、生物监测技术、自动监测与遥感技术、数据处理技术、质量保证与质量控制技术等,它们是环境监测的基础,以根表示。环境监测的对象与内容包括水污染监测、大气污染监测、土壤污染监测、生物体污染监测、固体废物污染监测、噪声污染监测、放射性污染监测等,每一个监测对象又有各自若干监测指标及监测方法,以树枝和分枝表示。

图1-2 环境监测的方法与内容示意图

第三节 环境监测技术概述

一、常用的环境监测技术

一般来说,环境监测技术包括采样技术、测试技术和数据处理技术。按照测试技术的不同,可将环境监测技术分为现场快速监测技术、采样后实验室分析监测技术、连续自动监测技术和遥感监测技术;按照采样技术的不同,可以将环境监测技术分为手工采样—实验室分析技术、自动采样—实验室分析技术和被动式采样—实验室分析技术;按照监测技术原理的不同,可以将环境监测技术分为物理监测、化学监测、生物监测和生态监测等。

(一)实验室分析技术

目前,实验室对污染物的成分、结构与形态分析主要采用化学分析法和仪器分析法。

经典的化学分析法主要有容量法（volumetric method）和重量法（gravimetric method）两类，其中容量法包括酸碱滴定法、氧化还原滴定法、配位滴定法和沉淀滴定法。化学分析法因其准确度高、所需仪器设备简单、分析成本低，所以仍被广泛采用。仪器分析法是以物理和物理化学分析法为基础的分析方法，主要分为光谱分析（spectrometric analysis）、电化学分析（electrochemical analysis）、色谱分析（chromatographic analysis）、质谱法（mass spectrometry）、核磁共振波谱法（nuclear magnetic resonance spectroscopy）、流动注射分析（flow injection analysis）以及分析仪器联用技术。光谱分析法常见的有可见分光光度法、紫外分光光度法、红外分光光度法、原子吸收光谱法、原子发射光谱法、原子荧光光谱法、X射线荧光光谱法和化学发光法等；电化学分析法常见的有电导分析法、电位分析法、电解分析法、极谱法、库仑法等；色谱分析法包括气相色谱（GC）法、高效液相色谱（HPLC）法、离子色谱（IC）、超临界流体色谱（SFC）法以及薄层色谱（TLC）法等；分析仪器联用技术常见的有气相色谱－质谱（GC－MS）联用技术、液相色谱－质谱（LC－MS）联用技术等。

（二）现场快速监测技术

现场快速监测技术主要有试纸法、速测管法、化学测试组件法及便携式分析仪器测试法等。现场快速监测技术主要用来进行污染事故的应急监测。

（三）连续自动监测技术

连续自动监测技术是以在线自动分析仪器为核心，运用自动采样、自动测量、自动控制、数据处理和传输等现代技术，对环境质量或污染源进行 24h 连续监测。目前，其应用于地表水水质连续自动监测、污水连续自动监测、环境空气质量连续自动监测、固定污染源烟气排放连续自动监测、大气酸沉降连续自动监测、沙尘暴连续自动监测等。

（四）生物监测技术

生物监测技术就是利用植物、动物在污染环境中产生的反应信息来判断环境质量的方法。其常采用的手段包括：生物体污染物含量的测定；观察生物体在环境中的受害症状；生物的生理生化反应；生物群落结构和种类变化等。

（五）"3S"技术

环境遥感（environmental remote sensing，ERS）、地理信息系统（geographical information system，GIS）和全球定位系统（global positioning system，GPS）称为"3S"技术。

环境遥感是利用遥感技术探测和研究环境污染的空间分布、时间尺度、性质、发展动态、影响和危害程度，以便采取环境保护措施或制定生态环境规划的遥感活动。其可以分为摄影遥感技术、红外扫描遥测技术、相关光谱遥测技术、激光雷达遥测技术。如通过FTIR遥测大气中 CO_2 浓度、VOC 的变化，用车载差分吸收激光雷达遥测 SO_2 等。

采用卫星遥感技术可以连续、大范围对不同空间的环境变化及生态问题进行动态观测，如海洋等大面积水体污染、大气中臭氧含量变化、环境灾害情况、城市生态及污染等。全球定位系统可提供高精度的地面定位方法，用于野外采样点定位，特别是海洋等大面积水体及沙漠地区的野外定点。地理信息系统是一种功能强大的对各种空间信息在计算机平台上进行装载运送、处理及综合分析的工具。三种技术的结合,形成了对地球环境进行空间观测、空间定位及空间分析的完整技术体系,为扩大环境监测范围和功能、提高其信息化水平以及对环境突发灾害事件的快速监测和评估等提供了有力的技术支持。

二、环境监测技术的发展

早期的环境监测技术主要是以化学分析为主要手段,对测定对象进行间断、定时、定点、局部的分析。这种分析结果不可能适应及时、准确、全面地反映环境质量动态和污染源动态变化的要求。20 世纪 70 年代后期,随着科学技术的进步,环境监测技术迅速发展,仪器分析、计算机控制等现代化手段在环境监测中得到了广泛应用。环境监测从单一的环境分析发展到物理监测、生物监测、生态监测、遥感及卫星监测;从间断性监测逐步过渡到自动连续监测。监测范围从一个点或面发展到一个城市,从一个城市发展到一个区域。一个以环境分析为基础,以物理测定为主导,以生物监测为补充的环境监测技术体系已初步形成。

进入 21 世纪以来,随着科技进步和环境监测的需要,环境监测在传统的化学分析技术基础上,发展高精密度、高灵敏度、痕量、超痕量分析的新仪器、新设备,同时研发了适用于特定任务的专属分析仪器。计算机在监测系统中的普遍使用,使监测结果得到了快速处理和传递,多机联用技术的广泛采用,扩大了仪器的使用效率和应用价值。

今后一段时间,在发展大型、连续自动监测系统的同时,发展小型便携式仪器和现场快速监测技术将是环境监测技术的重要发展方向。广泛采用遥测遥控技术,以逐步实现监测技术的信息化、自动化和连续化。

第四节　环境标准

环境标准是指为了保护人群健康、社会物质财富和维持生态平衡,对大气、水、土壤等环境质量、对污染源、监测方法等,按照法定程序制定和批准发布的各种环境保护标准的总称,是环境法律法规体系的有机组成部分,也是保护生态环境的基础性、技术性方法和工具。1974 年 1 月 1 日实施的《工业“三废”排放试行标准》是我国第一项环保标准,也是我国环保事业起步的重要标志。40 多年来,环境标准随着国家和社会对环保的日益重视而加速发展,目前累计发布的各类国家环保标准达到 1714 项,其中现行标准 1499 项;累计发布各类地方环保标准 303 项,已经形成水、气、土、固体废物、声等环境质量标准和污染物排放标准。

一、环境标准的作用

环境标准对于环境保护工作具有“依据、规范、方法”三大作用,是政策、法规的具体体现,是强化环境管理的基本保证。其作用体现在以下几个方面:

(1)环境标准是执行环境保护法规的基本手段,又是制定环境保护法规的重要依据

在我国已经颁布的《环境保护法》《大气污染防治法》《水污染防治法》《海洋环境保护法》和《固体废物污染环境防治法》等法律中都规定了相关实施环境标准的条款。它们是

环境保护法规原则规定的具体化,提高了执法过程的可操作性,为依法进行环境监督管理提供了手段和依据,也是一定时期内环境保护目标的具体体现。

　　(2)环境标准是强化环境管理的技术基础

　　环境标准是实施环境保护法律、法规的基本保证,是强化环境监督管理的核心。如果没有各种环境标准,法律、法规的有关规定就难以有效实施,强化环境监督管理也无实际保证。如"三同时"制度、排污申报登记制度、环境影响评价制度等都是以环境标准为基础建立并实施的。在处理环境纠纷和污染事故的过程中,环境标准是重要依据。

　　(3)环境标准是环境规划的定量化依据

　　环境标准用具体的数值来体现环境质量和污染物排放应控制的界限。环境标准中的定量化指标,是制定环境综合整治目标和污染防治措施的重要依据。依据环境标准,才能定量分析评价环境质量的优劣;依据环境标准,才能明确排污单位进行污染控制的具体要求和程度。

　　(4)环境标准是推动科技进步的动力

　　环境标准反映着科学技术与生产实践的综合成果,是社会、经济和技术不断发展的结果。应用环境标准可进行环境保护技术的筛选评价,促进无污染或少污染的先进工艺的应用,推动资源和能源的综合利用等。

　　此外,大量环境标准的颁布,对促进环保仪器设备以及样品采集、分析、测试和数据处理等技术方法的发展也起到了强有力的推动作用。

二、环境标准的分级和分类

　　环境标准体系是指根据环境标准的性质、内容和功能,以及它们之间的内在联系,将其进行分级、分类,构成一个有机统一的标准整体,其既具有一般标准体系的特点,又具有法律体系的特性。然而,世界上对环境标准没有统一的分类方法,可以按适用范围划分,按环境要素划分,也可以按标准的用途划分。应用最多的是按标准的用途划分,一般可分为环境质量标准、污染物排放标准和基础方法标准等;按标准的适用范围可分为国家标准、地方标准和环境保护行业标准;而按环境要素划分,有大气环境质量标准、水质标准和水污染控制标准、土壤环境质量标准、固体废物标准和噪声控制标准等。其中对单项环境要素又可按不同的用途再细分,如水质标准又可分为生活饮用水卫生标准、地表水环境质量标准、地下水环境质量标准、渔业用水水质标准、农田灌溉水质标准、海水水质标准等。而环境质量标准和污染物排放标准是环境保护标准的核心组成部分,其他的监测方法、标准样品、技术规范等标准是为实施这两类标准而制定的配套技术工具。

　　目前我国已形成以环境质量标准和污染物排放标准为核心,以环境监测标准(环境监测方法标准、环境标准样品、环境监测技术规范)、环境基础标准(环境基础标准和标准制修订技术规范)和管理规范类标准为重要组成部分(如图1-3),由国家、地方两级标准构成的"两级五类"环境保护标准体系,纳入了环境保护的各要素、领域。

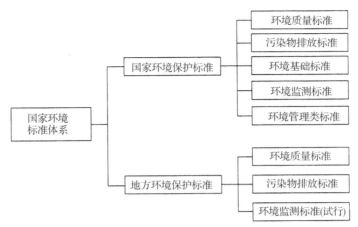

图 1-3　中国环境标准体系

（1）国家环境保护标准

国家环境保护标准体现国家环境保护的有关方针、政策和规定。依据环境保护法,国务院环境保护主管部门负责制定国家环境质量标准,并根据国家环境质量标准和国家经济、技术条件,制定国家污染物排放标准。针对不同环境介质中有害成分含量、排放源污染物及其排放量制定的一系列针对性标准构成了我国的环境质量标准和污染物排放标准,环境保护法明确赋予其判别合法与否的功能,直接具有法律约束力。过去 40 多年也是我国的环境保护标准法律约束力不断增强的过程:20 世纪 70 年代计划经济时期,几乎无法可依;80～90 年代,《环境保护法》等法律原则性规定地方政府对辖区环境质量负责,并规定排放超标者应缴纳超标排污费;2000 年修订的《大气污染防治法》确立了排放标准"超标即违法"原则,"十一五"以来减排考核探索开展了对政府环境质量目标考核,并在2008 年修订的《水污染防治法》中得到进一步强化;2013 年最高人民法院、最高人民检察院出台关于环境污染罪的司法解释,将多次、多倍超标排放列为定罪量刑的条件;2014 年修订的《环境保护法》进一步加大了超质量、排放标准的问责力度,明确对污染企业罚款上不封顶。

环境监测标准、环境基础标准和管理规范类标准、配套质量排放标准由国务院环境保护部门履行统一监督管理环境的法定职责而具有不同程度、范围的法律约束力。国务院环境保护主管部门还将负责制定监测规范,会同有关部门组织监测网络,统一规划国家环境质量监测站(点)的设置,建立监测数据共享机制,加强对环境监测的管理。相关行业、专业等各类环境质量监测站(点)的设置应当符合法律法规规定和监测规范的要求。监测机构应当使用符合国家标准的监测设备,遵守监测规范。监测机构及其负责人对监测数据的真实性和准确性负责。

同时,国家鼓励开展环境基准研究。

（2）地方环境保护标准

根据环境保护法,省、自治区、直辖市人民政府对国家环境质量标准中未做规定的项目,可以制定地方环境质量标准;对国家环境质量标准中已做规定的项目,可以制定严于国家环境质量标准的地方环境质量标准。地方环境质量标准应当报国务院环境保护主管部门备案。地方人民政府对国家污染物排放标准中未做规定的项目,可以制定地方污染物排放标准;对国家污染物排放标准中已做规定的项目,可以制定严于国家污染物排放标准的地方污染物排放标准。地方污染物排放标准应当报国务院环境保护主管部门备案。地方污染物排放标准应当参照国家污染物排放标准的体系结构制定,可以是行业型污染物排放标准和综合型污染物排放标准。

截至 2013 年 12 月 31 日,我国已累计发布各类地方环境保护标准 300 余项,其中依法备案强制性地方环境保护标准 126 项。如 2009 年上海市发布了地方标准《污水综合排放标准》(DB 31/199—2009),该标准规定了 94 个污染物项目的排放限值,其中第一类污染物 17 项,包括更严格的 A 类排放限值。

各地制订的地方标准优先于国家标准执行,体现了环境与资源管理的地方优先的管理原则。但各地除应执行各地相应标准的规定外,尚需执行国家有关环境保护的方针、政策和规定等。

国家环境保护标准尚未规定的环境监测、管理技术规范,地方可以制定试行标准,一旦相应的国家环保标准发布后这类地方标准即终止使命。地方环境质量标准和污染物排放标准中的污染物监测方法,应当采用国家环境保护标准 6 国家环境保护标准中尚无适用于地方环境质量标准和污染物排放标准中某种污染物的监测方法时,应当通过实验和验证,选择适用的监测方法,并将该监测方法列入地方环境质量标准或者污染物排放标准的附录,适用于该污染物监测的国家环境保护标准发布、实施后,应当按新发布的国家环境保护标准的规定实施监测。

我国现行的环境标准分为五类,下面分别简要介绍。

(1)环境质量标准

环境质量标准是为保护自然环境、人体健康和社会物质财富,对环境中有害物质和因素所做的限制性规定,而制定环境质量标准的基础是环境质量基准。所谓环境质量基准(环境基准),是指环境中污染物对特定保护对象(人或其他生物)不产生不良或者有害影响的最大剂量或浓度,是一个基于不同保护对象的多目标函数或一个范围值,如大气中 SO_2 年平均浓度超过 $0.115 \ mg/m^3$,对人体健康就会产生有害影响,这个浓度值就称为"大气中 SO_2 的基准"。因此,环境质量标准是衡量环境质量和制定污染物控制标准的基础,是环保政策的目标,也是环境管理的重要依据。

(2)污染物排放标准

污染物排放标准指为实现环境质量标准要求,结合技术经济条件和环境特点,对排入环境的有害物质和产生污染的各种因素所做的限制性规定。由于我国幅员辽阔,各地情况差别较大,因此不少省、市制定并报国家环境保护部备案了相应的地方排放标准。

(3)环境基础标准

环境基础标准指在环境标准化工作范围内,对有指导意义的符号、代号、图式、量纲、导则等所做的统一规定,是制定其他环境标准的基础。

(4)环境监测标准

环境监测标准是保障环境质量标准和污染物排放标准有效实施的基础,其内容包含环境监测方法标准、环境标准样品和环境监测技术规范等。根据环境管理需求和监测技术的不断进步,以水、空气、土壤等环境要素为重点,积极鼓励采用先进的分析手段和方法,分步有序地完善该类标准的制定和修订,实验室验证工作还需同步进行,同时力求提高环境监测方法的自动化和信息化水平。

（5）环境管理类标准

结合环境管理需求，根据环境保护标准体系的特点，建立形成了管理规范类标准，为环境管理各项工作提供全面支撑。这类标准包括：建设项目和规划环境影响评价、饮用水源地保护、化学品环境管理、生态保护、环境应急与风险防范等各类环境管理规范类标准，还包含各类环境标准的实施机制与评估方法等，对现行各类管理规范类标准进行必要的制订和修订；通过及时掌握各行业先进技术动态与发展趋势，并参与全球环境保护技术法规相关工作等，不断推进我国环境保护标准与国际相关标准的接轨。

三、制定环境标准的原则

制定环境标准要体现国家关于环境保护的方针、政策和符合我国国情，使标准的依据和采用的技术措施达到技术先进、经济合理、切实可行，力求获得最佳的环境效益、经济效益和社会效益。

（1）遵循法律依据和科学规律

以国家环境保护方针、政策、法律、法规及有关规章为依据，以保护人体健康和改善环境质量为目标，以促进环境效益、经济效益和社会效益三者的统一为基础，制定环境标准。环境标准的科学性体现在设置标准内容有科学实验和实践的依据，具有重复性和再现性，能够通过交叉实验验证结果。如环境质量标准的制定则是依据环境基准研究和环境状况调查的结果，包括环境中污染物含量对人体健康和生态环境的"剂量—效应"关系研究，以及对环境中污染物分布情况和发展趋势的调查分析。

（2）区别对待原则

制定环境标准要具体分析环境功能、企业类型和污染物危害程度等不同因素，区别对待，宽严有别。按照环境功能不同，对自然保护区、饮用水源保护区等特殊功能环境，标准必须严格，对一般功能环境，标准限制相对宽些。按照污染物危害程度不同，标准的宽严也不一，对剧毒物要从严控制，而制定污染物排放标准则是以环境保护优化经济增长为原则，依据环境容量和产业政策的要求，确定标准的适用范围和控制项目，并对标准中的排放限值进行成本效益分析。

（3）适用性与可行性原则

制定环境标准，既要根据生物生存和发展的需要，同时还要考虑到经济合理，技术可行；而适用性则要求标准的内容有针对性，能够解决实际问题，实施标准能够获得预期的效益。这两点都要求从实际出发做到切实可行，要对社会为执行标准所花的总费用和收到的总效益进行"费用—效益"分析，寻求一个既能满足人群健康和维护生态平衡的要求，又使防治费用最小，能在近期内实现的环境标准。如制定的污染物排放标准并不是越严越好，必须考虑产业政策允许、技术上可达、经济上可行，体现的是在特定环境条件下各排污单位均应达到的基本排放控制水平。

（4）协调性与适应性原则

协调性要求各类标准的内容协调，没有冲突和矛盾。同时，要求各个标准的内容完整、健全，体系中的相关标准能够衔接与配合，如质量标准与排放标准、排放标准与收费标准、国内标准与国际标准之间应该体现相互协调和相互配套，使相关部门的执法工作有法可依,共同促进。

(5)国际标准和其他国家或国际组织相关标准的借鉴

一个国家的标准能够综合反映国家的技术、经济和管理水平。在国家标准的制定、修改或更新时,积极逐步采用或等效采用国际标准必然会促进我国环境监测水平的提高。逐步做到环境保护基础标准和通用方法标准与国际相关标准的统一,也可以避免国际合作等过程中执行标准时可能产生的责任不明确事件的发生。

(6)时效性原则

环境标准不是一成不变的,它与一定时期的技术经济水平以及环境污染与破坏的状况相适应,并随着技术经济的发展、环境保护要求的提高、环境监测技术的不断进步及仪器普及程度的提高需进行及时调整或更新,通常几年修订一次。修订时,每一标准的标准号不变,变化的只是标准的年号和内容,修订后的标准代替老标准,例如《地表水环境质量标准》(GB 3838—2002)就是《地面水环境质量标准》(GB 3838—83)的替代版本。

第二章　环境监测质量保证

第一节　环境监测实验室基础

实验室是获得监测结果的关键部门,要使监测质量达到规定水平,必须要有合格的实验室和合格的分析操作人员。其具体包括:仪器的正确使用和定期校正;玻璃仪器的选用和校正;化学试剂和溶剂的选用;溶液的配制和标定;试剂的提纯;实验室的清洁度和安全工作;分析人员的操作技术等。

仪器和玻璃量器是为分析结果提供原始测量数据的设备,其选择视监测项目的要求和实验室条件而定。仪器和量器的正确使用、定期维护和校准是保证监测质量、延长使用寿命的重要工作,也是反映操作人员技术素质的重要方面。

一、实验室用水

水是实验室最常用的溶剂,不同的监测项目需要不同质量的水。市售蒸馏水或去离子水必须经检验合格后才能使用。实验室中应配备相应的提纯装置。

1.实验室用水的质量指标

实验室用水应为无色透明的液体,其中不得有肉眼可辨的颜色及杂质。实验室用水分三个等级,其质量应符合表2-1的规定。

2.实验室用水的制备和用途

实验室用水的原料水应当是饮用水或比较纯净的水,如被污染,必须进行预处理。

(1)一级水

基本上不含溶解杂质或胶态粒子及有机物。它可用二级水经进一步处理制得:二级水经过再蒸馏、离子交换混合床、0.2 μm 滤膜过滤等方法处理,或用石英蒸馏装置进一步蒸馏制得。一级水用于有严格要求的分析试验,制备标准水样或配制分析超痕量物质用的试液。

表2-1　实验室用水的质量指标

指标名称	一级水	二级水	三级水
pH 值范围(25 ℃)	—	—	5.0～7.5
电导率(25 ℃)/(S/m)	≤0.01	≤0.01	≤0.50
可氧化物质含量(以 O 计)/(mg/L)		≤0.08	≤0.4
吸光度(254 nm,1cm 光程)	≤0.01	≤0.01	—
可溶性二氧化硅(以 SiO_2 计)	≤0.02	≤0.05	—
含量/(mg/L)	—	≤1.0	≤2.0

（2）二级水

常含有微量的无机、有机或胶态杂质。可用蒸馏、反渗透或离子交换法制得的水通过再蒸馏的方法制备。二级水用于配制分析痕量物质用的试液。

（3）三级水

适用于一般实验工作。可用蒸馏、反渗透或离子交换等方法制备。三级水用于配制分析微量物质用的试液。

3.特殊要求的实验用水

（1）不含氯的水

加入亚硫酸钠等还原剂将水中的余氯还原为氯离子,用附有缓冲球的全玻璃蒸馏器进行蒸馏。

（2）不含氨的水

在 1L 蒸馏水中加 0.1 mL 硫酸,在全玻璃蒸馏器中蒸馏,弃去 50 mL 初馏液,其余馏出液收于具塞磨口玻璃瓶中,密塞保存。也可以使蒸馏水通过强酸型阳离子交换树脂柱制备。

（3）不含二氧化碳的水

常用的制备方法是将蒸馏水或去离子水煮沸 10 min,或使水量蒸发 10％以上加盖冷却,也可将惰性气体(如纯氮)通入去离子水或蒸馏水中除去二氧化碳。

（4）不含酚的水

加入氢氧化钠至水的 pH＞11,使水中酚生成不挥发的酚钠后进行蒸馏制得;或用活性炭吸附法制取。

（5）不含砷的水

通常使用的普通蒸馏水或去离子水基本不含砷,进行痕量砷测定时应使用石英蒸馏器,使用聚乙烯树脂管及贮水容器贮存不含砷的蒸馏水。不得使用软质玻璃(钠钙玻璃)容器。

（6）不含铅的水

用氢型强酸性阳离子交换树脂制备不含铅的水,贮水容器应用 6mol/L 硝酸浸洗后用无铅水充分洗净方可使用。

（7）不含有机物的水

将碱性高锰酸钾溶液加入水中再蒸馏,再蒸馏的过程中应始终保持水中高锰酸钾的紫红色不得消退,否则应及时补加高锰酸钾。

4.实验室用水的贮存

在贮存期间,水样被污染的主要原因是聚乙烯容器可溶成分的溶解或吸收空气中的二氧化碳和其他杂质。因此,一级水尽可能用前现制,二级水和三级水经适量制备后,可在预先经过处理并用同级水充分清洗过的密闭聚乙烯容器中贮存,室内应保证空气清新。

二、试剂与试液

实验室所用试剂、试液应根据实际需要,合理选用相应规格的试剂,按规定浓度和需要量正确配制。试剂和配好的试液需按规定要求妥善保存,注意空气、温度、光、杂质等因素的影响。另外,还要注意保存时间,一般浓溶液稳定性较好,稀溶液稳定性较差。通常,

浓度约为 $1×10^{-3}$ mol/L 较稳定的试剂溶液可贮存一个月以上,浓度为 $1×10^{-4}$ mol/L 溶液只能贮存一周,而浓度为 $1×10^{-5}$ mol/L 溶液需当日配制。因此,许多试液常配成浓的贮存液,临用时稀释成所需浓度。配制溶液均需注明配制日期和配制人员,以备查核追溯。有时需对试剂进行提纯和精制,以保证分析质量。

化学试剂一般分为四级,其规格见表 2-2。

表 2-2　化学试剂的规格

级　别	名　称	代　号	标签颜色
一级品	优级纯	G.R.	绿色
二级品	分析纯	A.R.	红色
三级品	化学纯	C.P.	蓝色
四级品	实验试剂	L.R.	蓝色

一级试剂用于精密的分析工作,主要用于配制标准溶液;二级试剂常用于配制定量分析中的普通试液,如无注明,环境监测所用试剂均应为二级或二级以上;三级试剂只能用于配制半定量、定性分析中的试液和清洁液等;四级试剂杂质含量较高,但比工业品的纯度高,主要用于一般的化学实验。

其他表示方法还有:高纯物质(E.P.),基准试剂(第一基准试剂、pH 基准试剂和工作基准试剂),光谱纯试剂(S.P.),色谱纯试剂(G.C.),生化试剂(B.R.),生物染色剂(B.S.),特殊专用试剂等。

三、仪器的检定与管理

分析仪器是开展监测分析工作不可缺少的基本工具,不同级别的监测站应配备满足监测任务和符合要求的监测仪器设备。仪器性能和质量的好坏将直接影响分析结果的准确性,因此必须对仪器设备定期进行检定。

1.仪器的检定

监测实验室所用分析天平的分度值常为万分之一克或十万分之一克,其精度应不低于三级天平和三级砝码的规定,天平的计量性能应进行定期检定(每年由计量部门按相关规程至少检定一次),检验合格方可使用。

新的玻璃量器(如容量瓶、吸液管、滴定管等)在使用前均应对其进行检定,检验的指标包括量器的密合性、水流出时间、标准误差等,检验合格的方可使用。有些仪器只是示值存在较大误差,经校准后也可使用。

监测分析仪器(如分光光度计、pH 计、电导仪、气相色谱仪等)也必须定期检定,确保测定结果的准确。

如果仪器设备在使用过程中出现了过载或错误操作,或显示的结果可疑,或在检定时发现有问题,应立即停止使用,并加以明显标识。修复的仪器设备必须经校准、检定,证明仪器的功能指标已经恢复后方可继续使用。

2.仪器的管理

实验室监测仪器是环境监测工作的主要装备,各类仪器的精度、使用环境、使用条件、校正方法及日常维护要求都不尽相同,因此在监测仪器的管理中必须采取相应的措施,才能保证仪器设备的完好和监测工作的质量。具体要求如下：

(1)仪器设备购置、验收、流转应受控,未经定型的专用检验仪器设备需提供相关技术单位的验证证明方可使用。

(2)各种精密贵重仪器以及贵重器皿(如铂器皿和玛瑙研钵等)要由专人管理,分别登册、建档。仪器档案应包括仪器使用说明书,验收和调试记录,仪器的各种初始参数,定期保修、检定和校准以及使用情况的登记记录等。

(3)精密仪器的安装、调试、使用和保养维修均应严格遵照仪器说明书的要求。上机人员应通过专业培训和考核,考核合格后方可上机操作。

(4)使用仪器前应先检查仪器是否正常。仪器发生故障时,应立即查清原因,排除故障后方可继续使用。仪器用完之后,应将各部件恢复到所要求的位置,及时做好清理工作,盖好防尘罩。仪器的附属设备应妥善安放,并经常进行安全检查。

四、实验室环境条件

1.一般实验室

一般实验室应有良好的照明、通风、采暖等设施,同时还应配备停电、停水、防火等应急的安全设施,以保证分析检验工作的正常运行。实验室的环境条件还应符合人身健康和环保要求。大型精密仪器实验室中应配置相应的空调设备和除湿除尘设备。

2.清洁实验室

实验室空气中往往含有细微的灰尘以及液体气溶胶等物质,对于一些常规项目的监测不会造成太大的影响,但对痕量分析和超痕量分析会造成较大的误差。因此在进行痕量和超痕量分析以及需要使用某些高灵敏度的仪器时,对实验室空气的清洁度就有较高的要求。

实验室空气清洁度分为三个级别:100 号、10 000 号和 100 000 号。它是根据室内悬浮固体颗粒的大小和数量多少来分类的,一般有两个指标,即每平方米面积上 ≥0.5 μm 和 ≥5.0 μm 的颗粒数。颗粒物数量与空气清洁度的关系见表 2-3。

表 2-3 空气清洁度

空气清洁度/号	颗粒直径/μm	工作面上最大污染颗粒数/(颗粒/m²)
100	≥0.5	100
	≥5.00	0
10 000	≥0.5	10 000
	≥5.0	65
100 000	≥0.5	100 000
	≥5.0	700

要达到清洁度为 100 号标准,空气进口必须用高效过滤器过滤。高效过滤器效率为 85%～95%,对直径为 0.5～5.0 μm 颗粒的过滤效率为 85%,对直径大于 5.0 μm 颗粒的过滤效率为 95%。超净实验室面积一般较小(约 12m²),并有缓冲室,四壁涂环氧树脂油漆,桌面用聚四氟乙烯或聚乙烯膜,地板用整块塑料地板,门窗密闭,室内略带正压,用层流通风柜。

没有超净实验室条件的可采用一些其他措施。例如,样品的预处理、蒸干、消化等操作最好在专用的通风柜内进行,并与一般实验室、仪器室分开。几种分析同时进行时应注意防止相互交叉污染。

第二节　环境监测数据处理

数据处理就是将所测得的原始数据如吸光度、峰高、积分面积等,经过数学公式的推导或按一定的计算程序经微机处理,得到所测物质的含量。为了保证评价测定数值的准确性和分析方法的可靠性,需要按一定的程序进行运算,用一些常用的数理概念如标准偏差、变异系数、相关系数、回收率等来表达其准确性和可靠性,为此有必要就数理统计中误差的概念及其处理数据的基本方法做一些简单的介绍。

一、基本概念

(一)精密度、准确度和误差

1.精密度

精密度是指用特定的分析程序在受控条件下,重复分析均一样品所得测定值的一致程度,它反映分析方法或测量系统所存在的随机误差的大小。极差、平均偏差、相对平均偏差、标准偏差和相对标准偏差都可用来表示精密度大小,较常用的是标准偏差。

在讨论精密度时常要遇到如下一些术语:

平行性:平行性系指在同一实验室中,当分析人员、分析设备和分析时间都相同时,用同一分析方法对同一样品进行双份或多份平行样测定的结果之间的符合程度。

重复性:重复性系指在同一实验室内,当分析人员、分析设备和分析时间三因素中至少有一项不相同时,用同一分析方法对同一样品进行两次或两次以上独立测定的结果之间的符合程度。

再现性:再现性系指在不同实验室(分析人员、分析设备、分析时间都不相同),用同一分析方法对同一样品进行多次测定的结果之间的符合程度。通常室内精密度是指平行性和重复性的总和;而室间精密度(即再现性)通常用分析标准溶液的方法来确定。

2.准确度

准确度表示用一个特定的分析程序所获得的分析结果(单次测定值和重复测定值的均值)与假定的或公认的真实值之间的符合程度。准确度用绝对误差和相对误差表示。

评价准确度的方法有两种:第一种是用某一方法分析标准物质,根据其结果确定准确度;第二种是"加标回收法",即在样品中加入标准物质,测定其回收率,以确定准确度,多次回收实验还可发现方法的系统误差,这是目前常用而方便的方法;其计算式是:

$$回收率 = \frac{加标试样测定值 - 试样测定值}{加标量} \times 100\%$$

所以,通常加入标准物质的量应与待测物质的浓度水平接近,因为加入标准物质量的多少对回收率有影响。

3.误差

任何测量都是由测量者取部分物质作为样品,利用其中被测组分的某种物理、化学性质,如质量、体积、吸光度、pH 值等,通过某种仪器进行的。其中人、样品及仪器是测量的三个主要组成部分,而这三个方面都会有不准确的地方,从而给测量值带来所谓测量误差。不同的人、不同的取样和样品组成、不同的测量方法,以及不同的仪器可以给测量结果带来不同的误差。误差是客观必然存在的,任何测量都不可能绝对准确。在一定条件下,测量结果只能接近真实值而无法达到真实值。

(1)绝对误差和相对误差

测量值中的误差,可用两种方法来表示:一个是绝对误差,另一个是相对误差。绝对误差是测量值与真实值之差。若以 x 代表测量值,μ 代表真值,则绝对误差 δ 为:

$$\delta = x - \mu$$

绝对误差是以测量值的单位为单位,可以是正值,也可以是负值。测量值越接近真实值,绝对误差越小;反之越大。

为了反映误差在测量结果中所占的比例,分析工作者更常使用相对误差。相对误差指绝对误差与真值之比,以下式表示:

$$相对误差 = \frac{x - \mu}{\mu} \times 100\%$$

如果不知道真值,那么测量误差用偏差表示。偏差是测量值与平均值之差。

$$d = x - \overline{x}$$

$$相对偏差 = \frac{d}{\overline{x}}$$

式中,x——测量值;$\overline{x}$——平均测量值;d——偏差。

(2)系统误差和偶然误差

系统误差也叫可定误差,它是由某种确定的原因引起的,一般有固定的方向(正或负)和大小,重复测定时重复出现。

根据系统误差的来源,可分为方法误差、仪器或试剂误差及操作误差三种。

偶然误差或称随机误差和不可定误差,它是由于偶然的原因(常是测量条件,如实验室温度湿度等有变动而未能得到控制)所引起的,其大小和正负都不固定。

系统误差能用校正值的方法予以消除,偶然误差通过增加测量次数加以减小。

(3)标准偏差和相对标准偏差

为了突出较大偏差存在的影响,常使用标准偏差(S)及相对标准偏差来表示。相对标准偏差又名变异系数,用 c_v 表示。

$$S = \sqrt{\frac{\sum\limits_{i=1}^{n} (x_i - \overline{x})^2}{n - 1}}$$

$$c_v = \frac{S}{\overline{x}} \times 100\% = \frac{\sqrt{\dfrac{\sum\limits_{i=1}^{n} (x_i - \overline{x})^2}{n - 1}}}{\overline{x}} \times 100\%$$

式中，x_i——测量值；$\bar{x}$——n 次测量的平均值；n——测量次数。

4.误差的传递

定量分析的结果，通常不是只由一步测定直接得到的，而是由许多步测定通过计算确定的。这中间每一步测定都可能有误差，这些误差最后都要引入分析结果。因此，我们必须了解每步测定误差是如何影响计算结果的。这便是误差的传递问题。

系统误差的传递：如果定量分析中各步测定的误差是可定的，那么误差传递的规律可以概括为两条：a.和、差的绝对误差等于各测定值绝对误差的和、差；b.积、商的相对误差等于各测定值相对误差的和、差。

偶然误差的传递：如果各步测定的误差是不可定的，我们无法知道它们的正负和大小，不知道它们的确切值，也就无法知道它们对计算结果的确定影响，不过我们可以对它们的影响进行推断和估计。

极值误差法：是一种估计方法，它认为每步测定所处的情况都是最为不利的，即各步测定值的误差都是它们的可能最大值，而且其正负都是对计算结果产生方向相同的影响。这样计算出的结果误差当然是最大的，故称极值误差。这种估计方法，称为极值误差法。

标准偏差法：我们虽然不知道每个测定中不可定误差的确切值，但却知道它是最符合统计学规律的。因此，产生另一种不可定误差的估计方法，叫作标准偏差法，它是按照不可定误差的传递规律计算的。只要测定次数足够多，能够算出测定的标准偏差，就能用本法计算。这个规律可以概括为两条：a.和、差的标准偏差的平方等于各测定值标准偏差的平方和；b.积、商的相对标准偏差的平方等于各测定值相对标准偏差的平方和。

（二）概率和正态分布

正态分布就是通常所谓的高斯分布，在分析监测中，偶然误差一般可按正态分布规律进行处理。正态分布曲线呈对称钟形，两头小，中间大。分布曲线有最高点，通常就是总体平均值 μ 的坐标。分布曲线以 μ 值的横坐标为中心，对称地向两边快速单调下降。这种正态分布曲线清楚地反映出偶然误差的规律性：正误差和负误差出现的概率相等，呈对称形式；小误差出现的概率大，大误差出现的概率小，出现很大误差的概率极小。正态分布曲线用 $N(\mu,\sigma^2)$ 表示，通常只要知道总体平均值 μ 和标准偏差 σ 就可以将正态分布曲线确定下来，$N(\mu,\sigma^2)$ 正态分布曲线随 μ 及 σ 的不同而不同，应用起来不太方便，通常将横坐标改为以 μ 值为单位来表示：

$$\mu = \frac{x-\mu}{\sigma}$$

即曲线的横坐标是以标准偏差 σ 为单位的（$x-\mu$）的值，纵坐标通常为相对频数或概率密度。用 μ 和概率密度表示的正态分布曲线称为标准正态分布曲线以 $N(0,1)$ 表示。对于不同总体平均值 μ 及不同标准偏差 σ 的测量值，标准正态分布曲线都是适用的。

根据概率统计学原理，可推导出正态分布曲线的数学表达式为：

$$y = \frac{1}{\sigma\sqrt{2\pi}}e^{-\frac{(x-\mu)^2}{2\sigma^2}}$$

式中，y——概率密度；μ——总体平均值；σ——标准偏差，它就是总体平均值产到曲线拐点间的距离。

根据该公式,可见:

① $x = \mu$ 时,y 值最大,此即分布曲线的最高点。这一现象体现了测量值的集中趋势,即大多数测量集中在算术平均值的附近,或者说,算术平均值是最可信赖值或最佳值,它能很好地反映测量值的集中趋势。

②根据公式,得到 $x = \mu$ 时的概率密度为:

$$y = \frac{1}{\sigma \sqrt{2\pi}}$$

概率密度乘以 dx,就是测量值落在该 dx 范围内的概率,可见 σ 越大,测量值落在 μ 附近的概率越小。这意味着测量的精密度越差时,测量值的分布就越分散,正态分布曲线也就越平坦。反之,σ 越小,测量值的分散程度越小,正态分布曲线也就越尖锐。μ 和 σ 它们是正态分布的两个基本参数,μ 反映测量值分布的集中趋势,σ 反映测量值分布的分散程度。

③曲线 $x = \mu$ 这一直线为其对称轴,这一情况说明正误差和负误差出现的概率相等。

④当 x 趋向于 $-\infty$ 或 $+\infty$ 时,曲线以 x 轴为渐近线,这一情况说明小误差出现的概率大,大误差出现的概率小,出现很大误差的概率极小,趋近于零。

⑤正态分布曲线与横坐标 $-\infty$ 或 $+\infty$ 之间所夹的总面积,代表所有测量值出现的概率的总和,其值应为 1,即概率 P 为:

$$P = \int_{-\infty}^{+\infty} \frac{1}{\sigma \sqrt{2\pi}} e^{-\frac{(x-\mu)^2}{2\sigma^2}} dx = 1$$

因此,某一范围内的测量值出现的概率,就等于其所占面积除以总面积。对于标准正态分布曲线,μ 值不同时所占面积已用积分的方法求得,并制成各种形式的概率积分表以供查用。

(三)灵敏度、检出限、测定限与校准曲线

1.灵敏度

分析方法的灵敏度是指该方法对单位浓度或单位量的待测物质的变化所引起的响应量变化的程度,它可以用仪器的响应量或其他指示量与对应的待测物质的浓度或量之比来描述,因此常用标准曲线的斜率来度量灵敏度,灵敏度因实验条件而变。标准曲线的直线部分以下式表示:

$$A = kC + a$$

式中,A——仪器的响应量;C——待测物质的浓度;a——校准曲线的截距;k——方法的灵敏度,k 值大,说明方法灵敏度高。

原子吸收分光光度法,国际理论与应用化学联合会(IUPAC)建议将以浓度表示的"1%吸收灵敏度"叫作特征浓度,而将以绝对量表示的"1%吸收灵敏度"称为特征量。特征浓度或特征量越小,方法的灵敏度越高。

2.检出限

(1)检出限的概念

它的含义是指分析方法在确定的实验条件下可以检测的分析物最低浓度或含量。若被测分析物在分析试样中的含量高于方法的检出限,则它可以被检出;反之,则不能被

检出。

1975 年,国际理论与应用化学联合会(IUPAC)通过了关于检出限的规定,按照这一规定,方法的检出限是指能以适当的置信度被检出的分析物最低浓度或含量。换言之,检出限可定义为产生可分辨的最低信号所需要的分析物浓度值。检出限有两种表示方式,即绝对检出限(以分析物的质量 pg、ng、pg 表示)和相对检出限(以分析物的浓度 μg/ mL、ng/ mL、pg/ mL 表示)。计算检出限的公式是:

$$X_L = \bar{X}_B + 3S_B$$

式中,X_L——检出限;$\bar{X}_B$——平均空白值;S_B——空白值的标准偏差。

根据上述定义可知,检出限包括了以下两层基本含义:a.表明了所测定的分析信号能够可靠地与背景信号相区别;b.指明了测量数据值的可信程度。

了解某一分析方法的检出限的意义如下:a.可以作为选择分析方法的一个准则,尽管它不是唯一的;b.用于确定分析物在试样中是否存在。若分析物所产生的信号值大于或等于空白信号的 3 倍标准偏差,就可以断定分析物能以一定的置信度被检出,反之,则不能被检出,但不能说,分析物在试样中不存在。

(2)检出限的确定

空白值等于 0 时:a.测量背景 10 次以上,求出背景测量值的标准偏差 σ_b;b.将 σ_b 乘以 3 倍;c.在分析物工作曲线上(强度对浓度)求出与 $3\sigma_b$ 相对应的浓度 X_b,即为方法的检出限。

空白值不等于 0 时:a.测量背景 10 次以上,求出空白测量值的标准偏差 $\sigma_{空白}$;b.将 $\sigma_{空白}$ 乘以 3 倍;c.在工作曲线上求出 $3\sigma_{空白}$ 相对应的浓度值;d.将测得的浓度值加上空白值即得该方法的检出限。

求近似检出限:假定某一分析方法,取分析物信号接近(或略高于)试剂空白信号的一个已知浓度(C),用该法连续测定 11 次以上,求得该浓度分析信号的平均值($\bar{X}$)及标准偏差 s,则方法的近似检出限可用下式简便地求出:

$$X_L = \frac{3s}{\bar{X}} C$$

以上方法适用于确定任一光电检测方法的检出限。

3.测定限

测定限分为测定下限和测定上限。测定下限是指在测定误差能满足预定要求的前提下,用特定方法能够准确地定量测定待测物质的最小浓度或量;测定上限是指在测定误差能满足预定要求的前提下,用特定方法能够准确地定量测定待测物质的最大浓度或量。最佳测定范围又叫有效测定范围,系指在测定误差能满足预定要求的前提下,特定方法的测定下限到测定上限之间的浓度范围。方法适用范围是指某一特定方法检测下限至检测上限之间的浓度范围,显然最佳测定范围应小于方法适用范围。

4.定量限

定量限是指样品中被测组分能被定量测定的最低浓度或最低量,其测定结果应具有一定的准确度和精密度。杂质和降解产物用定量方法测定时,应确定方法的定量限。常用信噪比确定定量限,一般以信噪比为 10:1 时相应的浓度或注入仪器的量来确定定量限。

5.空白实验

空白实验又叫空白测定,是指用蒸馏水代替试样的测定。其所加试剂和操作步骤与实验测定完全相同。空白实验应与试样测定同时进行,试样分析时仪器的响应值,不仅是试样中待测物质的分析响应值,还包括所有其他因素,如试剂中的杂质、环境及操作过程中沾污等的响应值,这些因素是经常变化的,为了了解它们对试样测定的综合影响,在每次测定时,均应做空白实验,空白实验所得的响应值称为空白实验值。其对实验用水应有一定要求,即其中待测物质浓度应低于方法的检出限。当空白实验值偏高时,应全面检查空白实验用水、试剂、量器和容器是否沾污、仪器的性能以及环境状况等。

6.校准曲线

校准曲线是用于描述待测物质的浓度或量与相应的测量仪器的响应量或其他指示量之间的定量关系的曲线。监测中常用校准曲线的直线部分。某一方法的校准曲线的直线部分所对应的待测物质浓度(或量)的变化范围,称为该方法的线性范围。

二、可疑值的舍弃

在实验中,得到一组数据之后,往往有个别数据与其他数据相差较远,这一数据称为可疑值,又称异常值或极端值。可疑值是保留还是舍去,应按一定的统计学方法进行处理。统计学处理可疑值的方法常用的有 $4\bar{d}$ 法、格鲁布斯(Grubbs)法和 Q 检验法。

1.$4\bar{d}$ 法

用 $4\bar{d}$ 法判断可疑值的取舍时,首先求出可疑值除外的其余数据的平均值 $\bar{x}$ 和平均偏差 $\bar{d}$,然后将可疑值与平均值进行比较,如绝对差值大于 $4\bar{d}$,则可疑值舍去,否则保留。很明显,这样处理问题是存在较大误差的,但是,由于这种方法比较简单,不必查表,故至今仍为人们所采用。显然,这种方法只能应用于处理一些要求不高的实验数据。

2.格鲁布斯(Grubbs)法

此法适用于检验多组测量值均值的一致性和剔除多组测量值中的离群均值;也可用于检验一组测量值的一致性和剔除一组测量值中的离群值。

用格鲁布斯法判断可疑值时,首先计算出该组数据的平均值及标准偏差,再根据统计量丁进行判断。统计量 T 与可疑值、平均值 $\bar{x}$ 及标准偏差 s 有关。

设 x_1 是可疑值,则 $T = \dfrac{\bar{x} - x_1}{s}$

设 x_n 是可疑值,则 $T = \dfrac{\bar{x} - x_n}{s}$

如果 T 值很大,说明可疑值与平均值相差很大,有可能要舍去。T 值要多大才能确定该可疑值应舍去呢?这要看我们对置信度的要求如何。统计学家已制定了临界 $T_{a,n}$ 表,见表 2-2。如果 $T \geqslant T_{a,n}$,则可疑值应舍去,否则应保留。α 为显著性水平,n 为实验数据数目。

表 2-2 格鲁布斯检验临界值($T_{a,n}$)表

n	显著性水平		n	显著性水平	
	0.05	0.01		0.05	0.01
3	1.153	1.155	15	2.409	2.705
4	1.463	1.492	16	2.443	2.747
5	1.672	1.749	17	2.475	2.785
6	1.822	1.944	18	2.504	2.821
7	1.938	2.097	19	2.532	2.854
8	2.032	2.221	20	2.557	2.884
9	2.110	2.322	21	2.580	2.912
10	2.176	2.410	22	2.603	2.939
11	2.234	2.485	23	2.624	2.963
12	2.285	2.050	24	2.644	2.987
13	2.331	2.607	25	2.633	3.009
14	2.371	2.695			

格鲁布斯法最大的优点是在判断可疑值的过程中,将正态分布中的两个最重要的样本参数 $\bar{x}$ 与 s 引入进来,故方法的准确性较好。这种方法的缺点是需要计算 $\bar{x}$ 与 s,稍显麻烦。

三、有效数字及运算规则

(一)有效数字

在实验中,对于任一物理量的确定,其准确度都是有一定限度的。例如读取滴定管上的刻度,前三位数字都是很准确的,第四位数字因为没有刻度,是估计出来的,所以稍有差别。这第四位数字不甚准确,称为可疑数字,但它并不是臆造的,所以记录时应该保留它。这四位数字都是有效数字。有效数字中,只有最后一位数字是不甚确定的,其他各数字都

是确定的。具体来说,有效数字就是实际上能测到的数字。

(二)数字修约规则

在处理数据过程中,涉及的各测量值的有效数字位数可能不同,因此需要按下面所述的计算规则,确定各测量值的有效数字位数。各测量值的有效数字位数确定之后,就要将它后面多余的数字舍弃。舍弃多余数字的过程称为"数字修约"过程,它所遵循的规则称为"数字修约规则"。过去,人们习惯采用四舍五入规则,现在则通行"四舍六入五成双"规则。修约数字时只允许对原测量值一次修约到所需要的位数,不能分次修约。

(三)计算规则

几个数据相加或相减时,它们的和或差只能保留一位可疑数字,即有效数字位数的保留,应以小数点后位数最小的数字为根据。

(四)分析检测中记录数据及计算分析结果的基本规则

①记录测定结果时,只应保留一位可疑数字。由于测量仪器不同,测量误差可能不同,因此应根据具体实验情况,正确记录测量数据。

②有效数字位数确定以后,按"四舍六入五成双"规则,弃去各数中多余的数字。

③几个数相加减时,以绝对误差最大的数为标准,使所得数只有一个可疑数字。几个数相乘除时,一般以有效数字位数最小的数为标准,弃去过多的数字,然后进行乘除。在计算过程中,为了提高计算结果的可靠性,可以暂时多保留一位数字,但在得到最后结果时,一定要注意弃去多余的数字。

④对于高含量组分($>10\%$)的测定,一般要求分析结果有四位有效数字;对于中含量组分($1\%\sim10\%$),一般要求三位有效数字;对于微量组分($<1\%$),一般只要求两位有效数字。

⑤在计算中,当涉及各种常数时,一般视为准确的,不考虑其有效数字的位数。

⑥在有些计算过程中,常遇到 pH$=4$ 等这样的数值,有效数字位数未明确指出,通常尽好认为它们是准确的,不考虑其有效数字的位数。又如 pH$=11.20$ 换算成 H^+ 浓度时,应为$[H^+]=6.3\times10^{-12}\,mol/L$,有效数字的位数为 2 位,而不是 4 位。

第三节　环境监测质量保证体系

环境监测质量保证是整个监测过程的全面质量管理,环境监测质量控制是环境监测质量保证的一部分,它包括实验室内部质量控制和外部质量控制两个部分。

一、实验室的管理及岗位责任制

监测质量的保证是以一系列完善的管理制度为基础的,严格执行科学的管理制度是监测质量的重要保证。

（一）对监测分析人员的要求

①环境监测分析人员应具有一定的专业文化水平，经培训、考试合格方能承担监测分析工作。

②熟练地掌握本岗位要求的监测分析技术，对承担的监测项目要做到理解原理、操作正确、严守规程，确保在分析测试过程中达到各种质量控制的要求。

③认真做好分析测试前的各项技术准备工作，实验用水、试剂、标准溶液、器皿、仪器等均应符合要求，方能进行分析测试。

④负责填报监测分析结果，做到书写清晰、记录完整、校对严格、实事求是。

⑤及时地完成分析测试后的实验室清理工作，做到现场环境整洁，工作交接清楚，做好安全检查。

⑥树立高尚的科研和实验道德，热爱本职工作，钻研科学技术，培养科学作风，谦虚谨慎，遵守劳动纪律，搞好团结协作。

（二）对监测质量保证人员的要求

环境监测实验室内要指定专人负责监测质量保证工作。监测质量保证人员应熟悉质量保证的内容、程序和方法，了解监测环节中的技术关键，具有有关的数理统计知识，协助实验室的技术负责人进行以下各项工作。

①负责监督和检查环境监测质量保证各项内容的实施情况。

②按隶属关系定期组织实验室内及实验室间分析质量控制工作。

③组织有关的技术培训和技术交流，帮助解决有关质量保证方面的技术问题。

（三）实验室安全制度

①实验室内需设各种必备的安全设施（通风橱、防尘罩、排气管道及消防灭火器材等），并应定期检查，保证随时可供使用。使用电、气、水、火时，应按有关使用规则进行操作，保证安全。

②实验室内各种仪器、器皿应有规定的放置处所，不得任意堆放，以免错拿错用，造成事故。

③进入实验室应严格遵守实验室规章制度，尤其是使用易燃、易爆和剧毒试剂时，必须遵照有关规定进行操作。实验室内不得吸烟、会客、喧哗、吃零食或私用电器等。

④下班时要有专人负责检查实验室的门、窗、水、电、煤气等，切实关好，不得疏忽大意。

⑤实验室的消防器材应定期检查，妥善保管，不得随意挪用。一旦实验室发生意外事故时，应迅速切断电源、火源，立即采取有效措施，随时处理，并上报有关领导。

（四）药品使用管理制度

①实验室使用的化学试剂应有专人负责发放，定期检查使用和管理情况。

②易燃、易爆物品应存放在阴凉通风的地方，并有相应安全保障措施。易燃、易爆试剂要随用随领，不得在实验室内大量积存。保存在实验室内的少量易燃品和危险品应严

格控制、加强管理。

③剧毒试剂应有专人负责管理,加双锁存放,批准使用时,两人共同称量,登记用量。

④取用化学试剂的器皿(如药匙、量杯等)必须分开,每种试剂用一件器皿,至少洗净后再用,不得混用。

⑤使用氰化物时,切记注意安全,不得在酸性条件下使用,并严防溅洒沾污。氰化物废液必须经处理再倒入下水道,并用大量流水冲洗。其他剧毒试液也应注意经适当转化处理后再行清洗排放。

⑥使用有机溶剂和挥发性强的试剂的操作应在通风良好的地方或在通风橱内进行。任何情况下,都不允许用明火直接加热有机溶剂。

⑦稀释浓酸试剂时,应按规定要求来操作和贮存。

(五)仪器使用管理制度

①各种精密贵重仪器以及贵重器皿要有专人管理,分别登记造册、建卡立档。仪器档案应包括仪器说明书、验收和调试记录,仪器的各种初始参数,定期保养维修、检定、校准以及使用情况的登记记录等。

②精密仪器的安装、调试、使用和保养维修均应严格遵照仪器说明书的要求。上机人员应该考核,考核合格方可上机操作。

③使用仪器前应先检查仪器是否正常。仪器发生故障时,应立即查清原因,排除故障后方可继续使用,严禁仪器带病运转。

④仪器用完之后,应将各部件恢复到所要求的位置,及时做好清理工作,盖好防尘罩。

⑤仪器的附属设备应妥善安放,并经常进行安全检查。

(六)样品管理制度

①由于环境样品的特殊性,要求样品的采集、运送和保存等各环节都必须严格遵守有关规定,以保证其真实性和代表性。

②实验室的技术负责人应和采样人员、测试人员共同议定详细的工作计划,周密地安排采样和实验室测试间的衔接、协调,以保证自采样开始至结果报出的全过程中,样品都具有合格的代表性。

③样品容器除一般情况外的特殊处理,应由实验室负责进行。对于需在现场进行处理的样品,应注明处理方法和注意事项,所需试剂和仪器应准备好,同时提供给采样人员。对采样有特殊要求时,应对采样人员进行培训。

④样品容器的材质要符合监测分析的要求,容器应密塞、不渗不漏。

⑤样品的登记、验收和保存要按以下规定执行。

a.采好的样品应及时贴好样品标签,填写好采样记录。将样品连同样品登记表、送样单在规定的时间内送交指定的实验室。填写样品标签和采样记录需使用防水墨汁,严寒季节圆珠笔不宜使用时,可用铅笔填写。

b.如需对采集的样品进行分装,分样的容器应和样品容器材质相同,并填写同样的样品标签,注明"分样"字样,同时对"空白"和"副样"也都要分别注明。

c.实验室应有专人负责样品的登记、验收,其内容如下:样品名称和编号;样品采集点的详细地址和现场特征;样品的采集方式,是定时样、不定时样还是混合样;监测分析项目;样品保存所用的保存剂的名称、浓度和用量;样品的包装、保管状况;采样日期和时间;采样人、送样人及登记验收人签名。

d.样品验收过程中,如发现编号错乱、标签缺损、字迹不清、监测项目不明、规格不符、数量不足以及采样不合要求者,可拒收并建议补采样品。如无法补采或重采,应经有关领导批准方可收样,完成测试后,应在报告中注明。

e.样品应按规定方法妥善保存,并在规定时间内安排测试,不得无故拖延。

f.采样记录、样品登记表、送样单和现场测试的原始记录应完整、齐全、清晰,并与实验室测试记录汇总保存。

二、实验室质量保证

监测的质量保证从大的方面分为采样系统和测定系统两部分。实验室质量保证是测定系统中的重要部分,它分为实验室内质量控制和实验室间质量控制,目的是保证测量结果有一定的精密度和准确度。

(一)实验室内质量控制

内部质量控制是实验室分析人员对分析质量进行自我控制的过程。一般通过分析和应用某种质量控制图或其他方法来控制分析质量。

1.质量控制图的绘制及使用

对经常性的分析项目常用控制图来控制质量。质量控制图的基本原理是由 W.A.Shewart 提出的,他指出每一个方法都存在着变异,都受到时间和空间的影响,即使在理想的条件下获得的一组分析结果,也会存在一定的随机误差。但当某一结果超出了随机误差的允许范围时,运用数理统计的方法,可以判断这个结果是异常的、不足信的。质量控制图可以起到这种监测的仲裁作用。因此,实验室内质量控制图是监测常规分析过程中可能出现的误差,控制分析数据在一定的精密度范围内,保证常规分析数据质量的有效方法。

在实验室工作中每一项分析工作都是由许多操作步骤组成的,测定结果的可信度受到许多因素的影响,如果对这些步骤、因素都建立质量控制图,这在实际工作中是无法做到的,因此分析工作的质量只能根据最终测量结果来进行判断。

对经常性的分析项目,用控制图来控制质量,编制控制图的基本假设是:测定结果在受控的条件下具有一定的精密度和准确度,并按正态分布。如以一个控制样品,用一种方法由一个分析人员在一定时间内进行分析,累积一定数据,如果这些数据达到规定的精密度、准确度(即处于控制状态),以其结果——分析次序编制控制图。在以后的经常分析过程中,取每份(或多次)平行的控制样品随机地编入环境样品中一起分析,根据控制样品的分析结果,推断环境样品的分析质量。

质量控制图的基本组成见图 2-1,包括:预期值,即图中的中心线;目标值,即图中上、下警告限之间区域;实测值的可接受范围,即图中上、下控制限之间的区域;辅助线,上、下各一条线,在中心线两侧与上、下警告限之间各一半处。质量控制图可以绘制均数、均数—极差以及多样控制图等。

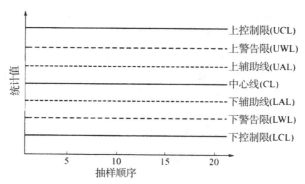

图 2-1　质量控制图的基本组成

以均数控制图为例,来说明质量控制图的绘制与使用。用同一方法在一定时间内(例如每天分析一次平行样)重复测定,至少累积 20 个数据,计算其总均值($\bar{x}$)与标准偏差(s)(此值不得大于标准分析方法中规定的相应浓度水平的标准偏差值)。

以测定顺序为横坐标,相应的测定值为纵坐标作图,同时作有关控制线。

中心线——以总均数值($\bar{x}$)绘制;

上、下控制限——按 $\bar{x} \pm 3s$ 值绘制;

上、下警告限——按 $\bar{x} \pm 2s$ 值绘制;

上、下辅助线——按 $\bar{x} \pm s$ 值绘制。

在绘制控制图时,落在 $\bar{x} \pm s$ 范围内的点数应约占总点数的 68%。若少于 50%,则分布不合适,此图不可靠。若连续 7 点位于中心线同一侧,表示数据失控,此图不适用。控制图绘制后,应标明绘制控制图的有关内容和条件,如测定项目、分析方法、溶液浓度、温度、操作人员和绘制日期等。

均数控制图的使用方法:根据日常工作中该项目的分析频率和分析人员的技术水平,每间隔适当时间,取两份平行的控制样品,随环境样品同时测定,对操作技术较低的人员和测定频率低的项目,每次都应同时测定控制样品,将控制样品的测定结果依次点在控制图上,根据下列规定检验分析过程是否处于控制状态。

①如此点在上、下警告限之间区域内,则测定过程处于控制状态,环境样品分析结果有效。

②如此点超出上、下警告限,但仍在上、下控制限之间的区域内,提示分析质量开始变差,可能存在"失控"倾向,应进行初步检查,并采取相应的校正措施。

③若此点落在上、下控制限之外,表示测定过程"失控",应立即检查原因,予以纠正,环境样品应重新测定。

④如遇到 7 点连续上升或下降时(虽然数值在控制范围之内),表示测定有失去控制倾向,应立即查明原因,予以纠正。

⑤即使过程处于控制状态,尚可根据相邻几次测定值的分布趋势,对分析质量可能发生的问题进行初步判断。

当控制样品测定次数累积更多以后,这些结果可以和原始结果一起重新计算总均值、标准偏差,再校正原来的控制图。图 2-2 为某环境水样测定结果的均数控制图,总均值为 0.256 mg/L,标准偏差为 0.020 mg/L。

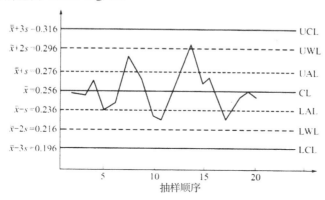

$\bar{x}+3s=0.316$　　　　　　　　　　　　　UCL

$\bar{x}+2s=0.296$　　　　　　　　　　　　　UWL

$\bar{x}+s=0.276$　　　　　　　　　　　　　UAL

$\bar{x}=0.256$　　　　　　　　　　　　　CL

$\bar{x}-s=0.236$　　　　　　　　　　　　　LAL

$\bar{x}-2s=0.216$　　　　　　　　　　　　　LWL

$\bar{x}-3s=0.196$　　　　　　　　　　　　　LCL

抽样顺序

图 2-2　均数控制图

2.其他质量控制方法

用加标回收率来判断分析的准确度,由于方法简单、结果明确,因而是常用方法。但由于在分析过程中对样品和加标样品的操作完全相同,以致干扰的影响、操作损失或环境污染也很相似,使误差抵消,因而分析方法中某些问题尚难以发现,此时可采用以下方法。

(1)比较实验

对同一样品采用不同的分析方法进行测定,比较结果的符合程度来估计测定准确度,对于难度较大而不易掌握的方法或测定结果有争议的样品,常采用此法。必要时还可以进一步交换操作者、交换仪器设备或两者都交换,将所得结果加以比较,以检查操作稳定性和发现问题。

(2)对照分析

在进行环境样品分析的同时,对标准物质或权威部门制备的合成标准样进行平行分析,将后者的测定结果与已知浓度进行比较,以控制分析准确度。也可以由他人(上级或权威部门)配制(或选用)标准样品,但不告诉操作人员浓度值——密码样,然后由上级或权威部门对结果进行检查,这也是考核人员的一种方法。

(二)实验室间质量控制

实验室间质量控制的目的是检查各实验室是否存在系统误差,找出误差来源,提高监测水平,这一工作通常由某一系统的中心实验室、上级机关或权威单位负责。

1.实验室质量考核

由负责单位根据所要考核项目的具体情况,制订具体实施方案。考核方案一般包括如下内容:①质量考核测定项目;②质量考核分析方法;③质量考核参加单位;④质量考核统一程序;⑤质量考核结果评定。

考核内容有:分析标准样品或统一样品;测定加标样品;测定空白平行,核查检测下限;测定标准系列,检查相关系数和计算回归方程,进行截距检验等。通过质量考核,最后由负责单位综合实验室的数据进行统计处理后做出评价予以公布。各实验室可以从中发现所存在的问题并及时纠正。

为了减少系统误差,使数据具有可比性,在进行质量控制时,应使用统一的分析方法,首先应从国家或部门规定的"标准方法"之中选定。当根据具体情况需选用"标准方法"以外的其他分析方法时,必须由该法与相应"标准方法"对几份样品进行比较实验,按规定判定无显著性差异后,方可选用。

2.实验室误差测验

在实验室间起支配作用的误差常为系统误差,为检查实验室间是否存在系统误差,它的大小和方向以及对分析结果的可比性是否有显著影响,可不定期地对有关实验室进行误差测验,以发现问题并及时纠正。

(三)标准分析方法和分析方法标准化

1.标准分析方法

标准分析方法又称方法标准 n,是国际技术标准中的一种。它是一项文件,是由权威机构对某项分析所做的统一规定的技术准则,是建立其他有效方法的依据。对于环境分析方法,国际标准化组织(ISO)公布的标准系列中有空气质量、水质的一些标准分析方法;我国每年也陆续公布了一些标准分析方法。标准分析方法必须满足以下条件:

①按照规定程序编写,即按标准化程序进行;

②按照规定格式编写;

③方法的成熟性得到公认,并通过协作试验,确定方法的准确度、精密度和方法误差范围;

④由权威机构审批和用文件发布。

2.分析方法标准化

标准是标准化活动的产物。标准化过程,包括标准化实验和标准化组织管理。标准化工作是一项技术性、经济性、政策性的过程。标准化工作受标准化条件的约束。

(1)标准化实验

标准化实验是指经设计用来评价一种分析方法性能的实验。分析方法由许多属性所决定,主要有准确度、精密度、灵敏度、可检测性、专一性、依赖性和实用性等。不可能所有属性都达到最佳程度,每种分析方法必须根据目的,确定哪些属性是最重要的,哪些是可以折中的。环境分析以痕量分析为主,并用分析结果描述环境质量,所以分析的准确度和精密度、检出限、适用性都是最关键的。标准化活动技术性强,要对重要指标确定出表达方法和允许范围;对样品种类、数量、分析次数、分析人员、实验条件做出规定;要对实验过程采取质量保证措施,以对方法性能做公正的评价;确定出几个重要指标的评价方法和评价指标。

(2)标准化组织管理

标准化过程必须由组织管理机构来推行。我国标准化工作的组织管理系统和国外方法标准化的一般程序如图 2-3、图 2-4 所示。

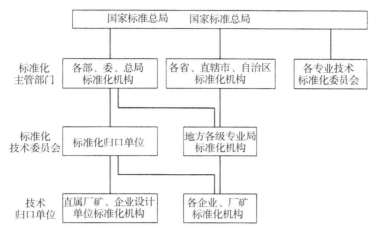

图2-3　我国标准化工作的组织管理系统图

图2-4　国外方法标准化的一般程序

（四）实验室间的协作试验

协作试验是指为了一个特定的目的和按照预定的程序所进行的合作研究活动。协作试验可用于分析方法标准化、标准物质浓度定值、实验室间分析结果争议的仲裁和分析人员技术评定等项工作。

分析方法标准化协作试验的目的是为了确定拟作为标准的分析方法在实际应用的条件下可以达到的精密度和准确度，制订实际应用中分析误差的允许界限，以作为方法选择、质量控制和分析结果仲裁的依据。进行协作试验预先要制订一个合理的试验方案，并应注意下列因素。

（1）实验室的选择

参加协作试验的实验室要在地区和技术上有代表性，并具备参加协作试验的基本条件，如分析人员、分析设备等。避免选择技术太高和太低的实验室，实验室数目以多为好，一般要求5个以上。

（2）分析方法

选择成熟和比较成熟的方法，方法应能满足确定的分析目的，并已写成了较严谨的文件。

（3）分析人员

参加协作试验的实验室应指定具有中等技术水平以上的分析人员参加工作，分析人员应对被估价的方法具有实际经验。

（4）试验设备

参加的实验室要尽可能用已有的可互换的同等设备。各种量器、仪器等按规定校准，如同一试验有两人以上参加，除专用设备外，其他常用设备（如天平、玻璃器皿等）不得共用。

（5）样品的类型和含量

样品基体应有代表性，在整个试验期间必须均匀稳定。由于精密度往往与样品中被测物质浓度水平有关，一般至少要包括高、中、低3种浓度。如要确定精密度随浓度变化的回归方程，至少要使用5种不同浓度的样品。

只向参加实验室分送必需的样品量，不得多送，样品中待测物质含量不应恰为整数或一系列有规则的数，作为商品或浓度值已为人们知道的标准物质不宜作为方法标准化协作试验或考核人员的样品，使用密码样品可避免"习惯性"偏差。

（6）分析时间和测定次数

同一名分析人员至少要在两个不同的时间进行同一样品的重复分析。一次平行测定的平行样数目不得少于两个。每个实验室对每种含量的样品的总测定次数不应少于6次。

（7）协作试验中的质量控制

在正式分析以前要分发类型相似的已知样，让分析人员进行操作练习，取得必要的经验，以检查和消除实验室的系统误差。

协作试验设计不同，数据处理的方法也不尽相同。以方法标准化为例，一般计算步骤是：①整理原始数据，汇总成便于计算的表格；②核查数据并进行离群值检验；③计算精密度，并进行精密度与含量之间相关性检验；④计算允许差；⑤计算准确度。

第四节　监测方法的质量保证

一、标准分析方法

对于一种化学物质或元素往往可以有许多种分析方法可供选择。例如，水体中汞的测定方法就有冷原子荧光法、冷原子吸收法和双硫腙分光光度法等，这些分析方法都是国家标准中公布的标准方法。

标准分析方法的选定首先要达到所要求的检测限，其次能提供足够小的随机和系统误差，同时对各种环境样品能得到相近的准确度和精密度，当然也要考虑技术、仪器的现实条件和推广的可能性。

标准分析方法通常是由某个权威机构组织有关专家编写的，因此具有很高的权威性。

编制和推行标准分析方法的目的是为了保证分析结果的重复性、再现性和准确性，不但要求同一实验室的分析人员分析同一样品的结果要一致，而且要求不同实验室的分析人员分析同一样品的结果也要一致。

标准是标准化活动的结果,标准化工作是一项具有高度政策性、经济性、技术性、严密性和连续性的工作,开展这项工作必须建立严密的组织机构,同时必须按照一定的规范来进行工作。

第五节　环境监测管理

一、环境监测管理的内容和原则

环境监测管理是以环境监测质量、效率为中心对环境监测系统整体进行全过程的科学管理。环境监测管理的具体内容包括:监测标准的管理、监测采样点位的管理、采样技术的管理、样品运输储存管理、监测方法的管理、监测数据的管理、监测质量的管理、监测综合管理和监测网络管理等。总的可归结为四方面管理,即监测技术管理、监测计划管理、监测网络管理以及环境监督管理。

(一)环境监测管理的内容

监测技术管理的内容很多,核心内容是环境监测质量保证。一个完整的质量保证归宿(即质量保证的目的)是应保证监测数据的质量特征具有"五性"。

①准确性:测量值与真值的一致程度。

②精密性:均一样品重复测定多次的符合程度。

③完整性:取得有效监测数据的总额满足预期计划要求的程度。

④代表性:监测样品在空间和时间分布上的代表程度。

⑤可比性:在监测方法、环境条件、数据表达方式等可比条件下所获数据的一致程度。

(二)环境监测管理原则

①实用原则:监测不是目的,是手段;监测数据不是越多越好,而是应实用;监测手段不是越现代化越好,而是应准确、可靠、实用。

②经济原则:确定监测技术路线和技术装备,要经过技术经济论证,进行费用—效益分析。

为实现上述目的,环境监测质量保证系统应该控制的要点见图2-5。

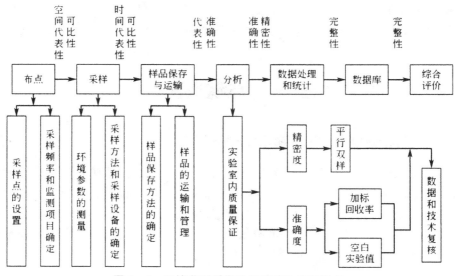

图 2-5　环境监测质量保证系统的控制要点

二、监测的档案文件管理

为了保证环境监测的质量以及技术的完整性和可追溯性,应对监测全过程,包括任务来源、制订计划、布点、采样、分析、数据处理等的一切文件,有严格的制度予以记录存档。同时对所累积的资料、数据进行整理,建立数据库。环境监测是环境信息的捕获、传递、解析、综合的过程。环境信息是各种环境质量状况的情报和数据的总称。信息资源现在越来越被重视,因此档案文件的管理,资料、信息、整理与分析是监测管理的重要内容。

第三章　水和废水监测

第一节　水质监测方案的制定

水质监测方案是一项监测任务的总体构思和设计,制定前应该首先明确监测目的,在实地调查研究的基础上,掌握污染物的来源、性质以及污染物的变化趋势,确定监测项目,设计监测网点,合理安排采样时间和采样频率,选定采样方法和监测分析方法,并提出检测报告要求,制定质量保证程序、措施和方案的实施细则,在时间和空间上确保监测任务的顺利实施。

一、地表水水质监测

地表水系指地球表面的江、河、湖泊、水库水和海洋水。为了掌握水环境质量状况和水系中污染物浓度的动态变化及其变化规律,需要对全流域或部分流域的水质及向水流域中排污的污染源进行水质监测。世界上许多国家对地表水的水质特性指标采样、测定等过程均有具体的规范化要求,这样可保证监测数据的可比性和有效性。自 2002 年 12 月《地表水和污水监测技术规范》(HJ/T 91—2002)颁布以来,我国加快了水体水质监测工作的规范性和系统性的推进步伐,系列水质采样、监测技术规范等陆续颁布,为各类环境水体的水质监测奠定了技术基础。

二、饮用水源地水质监测

生活饮用水水源主要有地表水水源和地下水水源。饮用水源地一经确立,就要设立相应的饮用水源保护区。生活饮用水源保护区是指为保证生活饮用水的水质达到国家标准,依照有关规定,在生活饮用水源周围划定的需特别保护的区域。

为更科学地实施生活饮用水源地保护,世界上许多国家对地表水的水质特性指标采样、测定等过程均有具体的规范化要求,保证监测数据的可比性和有效性。同样,我国1998 年颁布了《水环境监测规范》(SL 219—98),并于 2007 年 1 月 9 日颁布了《饮用水水源保护区划分技术规范》(HJ/T 338—2007),该规范适用于集中式地表水、地下水水源保护区(包括备用和规划水源地)的划分,因此,饮用水源地水质监测也是围绕着水源保护区水体而开展的。2009 年国家环保部相继发布了环境保护标准《水质采样技术指导》(HJ 494—2009)和《水质采样方案设计技术指导》(HJ 495—2009)。生活饮用水水源质量必须随时保证安全,应建立连续、可靠的水质监测和水质安全保障系统。条件许可时,还应逐步建立起饮用水源保护区水质监测、自来水厂水质监测和饮用水管网水质自动监测联网的饮用水质安全监测网络。

三、水污染源水质监测方案的制定

水污染源指工业废水源、生活污水源等。工业废水包括生产工艺过程用水、机械设备用水、设备与场地洗涤水、延期洗涤水、工艺冷却水等;生活污水则指人类生活过程中产生的污水,包括住宅、商业、机关、学校和医院等场所排放的生活和卫生清洁等污水。

在制定水污染源监测方案时,同样需要进行资料收集和现场调查研究,了解各污染源排放部门或企业的用水量、产生废水和污水的类型(化学污染废水、生物和生物化学污染废水等)、主要污染物及其排水去向(江、河、湖等水体)和排放总量,调查相应的排污口位置和数量、废水处理情况。

对于工业企业,应事先了解工厂性质、产品和原材料、工艺流程、物料衡算、下水管道的布局、排水规律以及废水中污染物的时间、空间及数量变化等。

对于生活污水,应调查该区域范围内的人口数量及其分布情况、排污单位的性质、用水来源、排污水量及其排污去向等。

(一)采样点的布设原则

①第一类污染物的采样点设在车间或车间处理设施排放口;第二类污染物的采样点则设在单位的总排放口。

②工业企业内部监测时,废水的采样点布设与生产工艺有关,通常选择在工厂的总排放口、车间或工段的排放口以及有关工序或设备的排水点。

③为考察废水或污水处理设备的处理效果,应对该设备的进水、出水同时取样。如为了解处理厂的总处理效果,则应分别采集总进水和总出水的水样。

④在接纳废水入口后的排水管道或渠道中,采样点应布设在离废水(或支管)入口20～30倍管径的下游处,以保证两股水流的充分混合。

⑤生活污水的采样点一般布设在污水总排放口或污水处理厂的排放口处。对医院产生的污水在排放前还要求进行必要的预处理,达标后方可排放。

(二)采样时间和频次

不同类型的废水或污水的性质和排放特点各不相同,无论是工业废水,还是生活污水的水质都随着时间的变化而不停地发生着改变。因此,废水或污水的采样时间和频次应能反映污染物排放的变化特征而具有较好的代表性。一般情况下,采集时间和采样频次由其生产工艺特点或生产周期所决定。行业不同,生产周期不同;即使行业相同,但采用的生产工艺也可能不同,生产周期仍会不同,可见确定采样时间和频次是比较复杂的问题。在我国的《污水综合排放标准》(GB 8978—2002)和《水污染物排放总量监测技术规范》(HJ/T 92—2002)中,对排放废水或污水的采样时间和频次均提出了明确的要求,归纳如下:

①水质比较稳定的废水(污水)的采样按生产周期确定监测频率,生产周期在8h以内的,每2h采样一次;生产周期大于8h的,每4h采集一次;其他污水采集,24h不少于2次。最高允许排放浓度按日平均值计算。

②废水污染物浓度和废水流量应同步监测,并尽可能实现同步的连续在线监测。

③不能实现连续监测的排污单位,采样及检测时间、频次应视生产周期和排污规律而定。在实施监测前,增加监测频次(如每个生产周期采集 20 个以上的水样),进行采样时间和最佳采样频次的确定。

④总量监测使用的自动在线监测仪,应由环境保护主管部门确认的、具有相应资质的环境监测仪器检测机构认可后方可使用,但必须对监测系统进行现场适应性检测。

⑤对重点污染源(日排水量 100t 以上的企业)每年至少进行 4 次总量控制监督性监测(一般每个季度一次);一般污染源(日排水量 100t 以下的企业)每年进行 2～4 次(上、下半年各 1～2 次)监督性监测。

四、水生生物监测

水、水生生物和底质组成了一个完整的水环境系统。在天然水域中,生存着大量的水生生物群落,各类水生生物之间以及水生生物与它们赖以生存的水环境之间有着非常密切的关系,既互相依存又互相制约。当饮用水水源受到污染而使其水质改变时,各种不同的水生生物由于对水环境的要求和适应能力不同而产生不同的反应,人们就可以根据水生生物的反应,对水体污染程度作出判断,这已成为饮用水水源保护区不可或缺的水质监测内容。实施饮用水水源地水质生物监测的程序与一般水质监测程序基本相同,在此不再重复。以下重点介绍生物监测采样点布设方法、采样方法等。

(一)生物监测的采样垂线(点)布设

在饮用水水源各级保护区布设生物监测采样垂线一般应遵循下列原则:
①根据各类水生生物的生长与分布特点,布设采样垂线(点)。
②在饮用水水源各级保护区交界处水域,应布设采样垂线(点),并与水质监测采样垂线尽可能一致。
③在湖泊(水库)的进出口、岸边水域、开阔水域、海湾水域、纳污水域等代表性水域,应布设采样垂线(点)。
④根据实地勘查或调查掌握的信息,确定各代表性水域采样垂线(点)布设的密度与数量。
对浮游生物、微生物进行监测时,采样点布设要求如下:
①当水深小于 3m、水体混合均匀、透光可达到水底层时,在水面下 0.5m 布设一个采样点。
②当水深为 3～10m,水体混合较为均匀,透光不能达到水底层时,分别在水面下和底层上 0.5m 处各布设一个采样点。
③当水深大于 10m,在透光层或温跃层以上的水层,分别在水面下 0.5m 和最大透光深度处布设一个采样点,另在水底上 0.5m 处布设一个采样点。
④为了解和掌握水体中浮游生物、微生物的垂向分布,可每隔 1.0m 水深布设一个采样点。
对底栖动物、着生生物和水生维管束植物监测时,在每条采样垂线上应设一个采样点。采集鱼样时,应按鱼的摄食和栖息特点,如肉食性、杂食和草食性、表层和底层等在监测水域范围内采集。

（二）生物监测采样时间和采样频次

在我国各城市选用的饮用水水源不尽相同，对水源保护区采取的生物监测时间和频次会有差异，在此仅介绍一般性原则。

（1）采样频次

①生物群落监测周期为 3～5 年 1 次，在周期监测年度内，监测频次为每季度 1 次。

②水体卫生学项目（如细菌总数、总大肠菌群数、粪大肠菌群数和粪链球菌数等）与水质项目的监测频率相同。

③水体初级生产力监测每年不得少于 2 次。

④生物体污染物残留量监测每年 1 次。

（2）采样时间

①同一类群的生物样品采集时间（季节、月份）应尽量保持一致。浮游生物样品的采集时间以上午 8:00～10:00 时为宜。

②除特殊情况之外，生物体污染物残留量测定的生物样品应在秋、冬季采集。

五、底质（沉积物）监测

底质（sediment），又称沉积物。它是由矿物、岩石、土壤的自然侵蚀产物，生物过程的产物，有机质的降解物，污水排出物和河床母质等所形成的混合物，随水流迁移而沉降积累在水体底部的堆积物质的统称。

水、水生生物和底质组成了一个完整的水环境体系。底质中蓄积了各种各样的污染物，能够记录特定水环境的污染历史，反映难以降解的污染物的累积情况。对于全面了解水环境的现状、水环境的污染历史、底质污染对水体的潜在危险，底质监测是水环境监测中不可忽视的重要环节。

（一）资料收集和调查研究

由于水体底部沉积物不断受到水流的搬迁作用，不同河流、河段的底质类型和性质差异很大。在布设采样断面和采样点之前，要重点收集饮用水水源保护区相关的文献资料，也要开展现场的实际探查或勘探工作，具体归纳如下：

①收集河床母质、河床特征、水文地质以及周围的植被等的相关材料，掌握沉积物的类型和性质。

②在饮用水水源各级保护区内随机布设探查点，探查底质的构成类型（泥质、砂或砾石）和分布情况，并选择有代表性的探查点，采集表层沉积物样品。

③在泥质沉积物水域内设置 1～2 个采样点，采集柱状样品。枯水期可以在河床内靠近岸边 30 m 左右处开挖剖面。通过现场测量和样品分析，了解沉积物垂直分布状况和水域的污染历史。

④将上述资料绘制成水体沉积物分布图，并标出水质采样断面。

（二）监测点的布设

（1）采样断面的布设

底质采样是指采集泥质沉积物。底质采样断面的布设原则与饮用水地表水水源保护

区采样断面基本相同,并应尽可能取得一致。其基本原则如下:

①底质采样断面应尽可能与地表水水源保护区内的采样断面重合,以便于将底质的组成及其物理化学性质与水质情况进行对比研究。

②所设采样断面处于沙砾、卵石或岩石区时,采样断面可根据所绘沉积物分布图,向下游偏移至泥质区;如果水质对照断面所处的位置是沙砾、卵石或岩石区,采样断面应向上游偏移至泥质区。

在此情况下,允许水质与沉积物的采样断面不重合。但是,必须保证所设断面能充分代表给定河段、水源保护区的水环境特征。

(2)采样点的布设

①底质采样点应尽可能与水质采样点位于同一垂线上。如遇有障碍物,可以适当偏移。若中心点为沙砾或卵石,可只设左、右两点;若左、右两点中有一点或两点都采不到泥质样品,可将采样点向岸边偏移,但必须是在洪、丰水期水面能淹没的地方。

②底质未受污染时,由于地质因素的原因,其中也会含有重金属,应在其不受或少受人类活动影响的清洁河段上布设背景值采样点。该背景值采样点应尽可能与水质背景值采样点位于同一垂线上。在考虑不同水文期、不同年度和采样点数的情况下,小样本总数应保证在 30 个以上,大样本总数应保证有 50 个以上,以用于底质背景值的统计估算。

③底质采样点应避开河床冲刷、底质沉积不稳定及水草茂盛、表层底质易受搅动之处。

(三)底质柱状样品采集

由于柱状样品的采样工作困难大,人力、物力和时间的消耗多,所以要求所设的采样点数要少,但必须有代表性,并能反映当地水体污染历史和河床的背景情况。为此,在给定的水域中只设 2~3 个采样点即可。

(四)采样时间和频次

由于底质比较稳定,受水文、气象条件影响较小,一般每年枯水期采样一次,必要时可在丰水期增加采样一次,采样频次远低于水质监测。

六、供水系统水质监测

供水系统水质监测应该包括自来水公司水质监测和给水管网中水质监测两部分。饮用水出厂水质好并不等于供水范围内的居民就能饮用上质量好的水。以往,人们仅把注意力集中在自来水出厂水的质量上,对给水管网系统中的水质变化问题重视不够。而随着城市的不断发展,城市供水管网不断增加,供水面积越来越大,仅依靠人工定时、定点对供水管网监测点采集水样再送实验室化验的管网水质监测的传统方式已显落后,应逐步建立一套符合国家标准的自动化、实时远程供水管网水质安全监测系统,与已经建立的、严格的水厂制水过程控制系统共同构成完善的、科学的供水水质安全保障体系。

(一)自来水公司水质监测

自来水公司涉及的水质监测主要是对供水原水、各功能性水处理段以及自来水厂出厂等取水点水质的监测,其一般要求为:在原水取水点,按照国家和地方颁布的饮用水原水标准,自来水公司应对原水进行每小时不少于一次的水质相关指标检验。原水一旦引入水厂,生物监测立即启动,即水厂在原水中专门养殖了一些对水质特别敏感的小鱼和乌龟,一发现生物受到影响,就立即启动快速检验、应急预案,停止在该水源地取原水,并调整供水布局。

当饮用水源保护区水质受到轻微污染时,应根据饮用水水源水质标准的要求,实施微污染水源水监测方案,简介如下:

①在取水口采样,按照取水口的每年丰、枯水期各采集水样。

②对水样进行质量全分析检验,并每月采样检验色度、浊度、细菌总数、大肠菌群数四项指标。

③一般性化学指标检测。对水源的一般性化学指标进行检测,如 pH 值、总硬度、铜、锌、阴离子合成洗涤剂、硫酸盐、氯化物、溶解性固体等,特别是铁和锰,它们是造成水色度和浊度的重要污染物。

④毒理学指标检测。对水源中的氟化物、砷、硒、汞、镉、铬(六价)、铅、硝酸盐氮、苯并[a]芘等进行监测,对于有条件的水厂要进行氰化物、氯仿和 DDT 等的检测,以保障饮用水的安全。

(二)给水管网系统水质监测

随着城市的不断发展,城市供水管网不断增加,供水面积越来越大,引起给水管网系统中水质变化的原因也逐渐增多,归纳起来有:①在流经配水系统时,在管道中会发生复杂的物理、化学、生物作用而导致水质变化;②断裂管线造成的污染;③水在储水设备中停留时间太长,剩余消毒剂消耗殆尽,细菌滋生;④管道腐蚀和投加消毒剂后形成副产物等,使水的浊度升高。由此可以看出,监测给水管网的水质状况,提高供水水质的安全性是一个实际而又亟待解决的问题。

给水管网系统中的采样点通常应设在下列位置:

①每一个供水企业在接入管网时的结点处。

②污染物有可能进入管网的地方。

③特别选定的用户自来水龙头。在选择龙头时应考虑到与供水企业的距离、需水的程度、管网中不同部分所用的结构材料等因素。

随着城市高层建筑的不断增多,二次供水已成为城市供水的另一主要类型。由于高位水箱易遭受污染,不易清洗,卫生管理上又是薄弱环节,应增设二次供水采样点。采样时间保持与管网末梢水采样同期,每月至少采样 1 次,检测色度、浑浊度、细菌总数、大肠菌群数和余氯 5 项指标,一年两次对二次供水采样点水质进行全分析检测。

由于城市给水管网比较复杂、庞大,通过建立几个有限的监测点人工监测水质变化情况,想实时地、全面地了解整个管网各段的水质情况是非常困难的。可以利用先进的计算机和网络技术,建立监测水质的数学模型,使该模型不仅可以观察监测点处的水质情况,而且还可以根据这些点的有效数据,推测出管网其他各处的水质状况,跟踪给水管网的水质变化,从而评估出给水管网系统的水质状况。

第二节　水样的采集、保存和预处理

一、水样及其相关样品采集

（一）采样前准备

地表水、地下水、废水和污水采样前，首先要根据监测内容和监测项目的具体要求，选择适合的采样器和盛水器，要求采样器具的材质化学性质稳定、容易清洗、瓶口易密封。其次，需确定采样总量（分析用量和备份用量）。

1.采样器

采样器一般是比较简单的，只要将容器（如水桶、瓶子等）沉入要取样的河水或废水中，取出后将水样倒进合适的盛水器（贮样容器）中即可。

欲从一定深度的水中采样时，需要用专门的采样器。图 3-1 是最简单的采样器。这种采样器是将一定容积的细口瓶套入金属框内，附于框底的铅、铁或石块等重物用来增加自重。瓶塞与一根带有标尺的细绳相连。当采样器沉入水中预定的深度时，将细绳提起，瓶塞开启，水即注入瓶中。一般不宜将水注满瓶，以防温度升高而将瓶塞挤出。

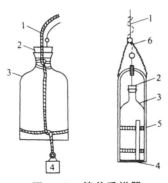

图 3-1　简单采样器

1—绳子；2—带有软绳的橡胶塞；3—采样瓶；4—铅锤；5—铁框；6—挂钩

对于水流湍急的河段，宜用图 3-2 所示的急流采样器。

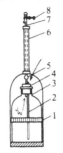

图 3-2　急流采样器

1—带重锤的铁框；2—长玻璃管；3—采样瓶；4—橡胶塞；5—短玻璃管；6—钢管；7—橡胶管；8—夹子

采样前塞紧橡胶塞，然后垂直沉入要求的水深处，打开上部橡胶塞夹，水即沿长玻璃管通至采样瓶中,瓶内空气由短玻璃管沿橡胶管排出。采集的水样因与空气隔绝,可用于水中溶解性气体的测定。

如果需要测定水中的溶解氧,则应采用如图3-3所示的双瓶采样器采集水样。当双瓶采样器沉入水中后,打开上部橡胶塞夹,水样进入小瓶(采样瓶)并将瓶内空气驱入大瓶,从连接大瓶短玻璃管的橡胶管排出,直到大瓶中充满水样,提出水面后迅速密封大瓶。

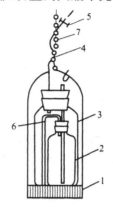

图3-3　双瓶采样器

1—带重锤的铁框;2—小瓶;3—大瓶;4—橡胶管;5—夹子;6—塑料管;7—绳子

采集水样量大时,可用采样泵来抽取水样。一般要求在泵的吸水口包几层尼龙纱网以防止泥沙、碎片等杂物进入瓶中。测定痕量金属时,则宜选用塑料泵。也可用虹吸管来采集水样,图3-4是一种利用虹吸原理制成的连续采样装置。

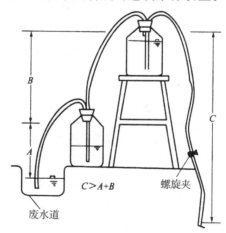

图3-4　虹吸连续采样器

上述介绍的多是定点瞬时手工采样器。为了提高采样的代表性、可靠性和采样效率,目前国内外已开始采用自动采样设备,如自动水质采样器和无电源自动水质采样器,包括手摇泵采水器、直立式采水器和电动采水泵等,可根据实际需要选择使用。自动采样设备对于制备等时混合水样或连续比例混合水样,研究水质的动态变化以及一些地势特殊地区的采样具有十分明显的优势。

2.盛水器

盛水器(水样瓶)一般由聚四氟乙烯、聚乙烯、石英玻璃和硼硅玻璃等材质制成。研究结果表明,材质的稳定性顺序为:聚四氟乙烯＞聚乙烯＞石英玻璃＞硼硅玻璃。通常,塑料容器(P—Plastic)常用作测定金属、放射性元素和其他无机物的水样容器;玻璃容器(G—Glass)常用作测定有机物和生物类等的水样容器。每个监测指标对水样容器的要求不尽相同。

对于有些监测项目,如油类项目,盛水器往往作为采样容器。因此,采样器和盛水器的材质要视检测项目统一考虑。应尽力避免下列问题的发生:①水样中的某些成分与容器材料发生反应;②容器材料可能引起对水样的某种污染;③某些被测物可能被吸附在容器内壁上。

保持容器的清洁也是十分重要的。使用前,必须对容器进行充分、仔细的清洗。一般说来,测定有机物质时宜用硬质玻璃瓶,而被测物是痕量金属或是玻璃的主要成分,如钠、钾、硼、硅等时,就应该选用塑料盛水器。已有资料报道,玻璃中也可溶出铁、锰、锌和铅;聚乙烯中可溶出锂和铜。

3.采样量

采样量应满足分析的需要,并应考虑重复测试所需的水样用量和留作备份测试的水样用量。如果被测物的浓度很低而需要预先浓缩时,采样量就应增加。

每个分析方法一般都会对相应监测项目的用水体积提出明确要求,但有些监测项目对采样或分样过程也有特殊要求,需要特别指出:

①当水样应避免与空气接触时(如测定含溶解性气体或游离 CO_2 水样的 pH 值或电导率),采样器和盛水器都应完全充满,不留气泡空间。

②当水样在分析前需要摇荡均匀时(如测定油类或不溶解物质),则不应充满盛水器,装瓶时应使容器留有 1/10 顶空,保证水样不外溢。

③当被测物的浓度很低而且是以不连续的物质形态存在时(如不溶解物质、细菌、藻类等),应从统计学的角度考虑单位体积里可能的质点数目而确定最小采样量。假如,水中所含的某种质点为 10 个/L,但每 100 毫升水样里所含的却不一定都是 1 个,有的可能含有 2 个、3 个,而有的一个也没有。采样量越大,所含质点数目的变率就越小。

④将采集的水样总体积分装于几个盛水器内时,应考虑到各盛水器水样之间的均匀性和稳定性。

水样采集后,应立即在盛水器(水样瓶)上贴上标签,填写好水样采样记录,包括水样采样地点、日期、时间、水样类型、水体外观、水位情况和气象条件等。

(二)地表水采样方法

地表水水样采样时,通常采集瞬时水样;遇有重要支流的河段,有时需要采集综合水样或平均比例混合水样。

地表水表层水的采集,可用适当的容器如水桶等。在湖泊、水库等处采集≥定深度的水样,可用直立式或有机玻璃采样器,并借助船只、桥梁、索道或涉水等方式进行水样采集。

1.船只采样

按照监测计划预定的采样时间、采样地点,将船只停在采样点下游方向,逆流采样,以避免船体搅动起沉积物而污染水样。

2.桥梁采样

确定采样断面时应考虑尽量利用现有的桥梁采样。在桥上采样安全、方便,不受天气和洪水等气候条件的影响,适于频繁采样,并能在空间上准确控制采样点的位置。

3.索道采样

适用于地形复杂、险要、地处偏僻的小河流的水样采样。

4.涉水采样

适用于较浅的小河流和靠近岸边水浅的采样点。采样时,采样人应站在下游,向上游方向采集水样,以避免涉水时搅动水下沉积物而污染水样。

采样时,应注意避开水面上的漂浮物混入采样器;正式采样前要用水样冲洗采样器2~3次,洗涤废水不能直接回倒入水体中,以避免搅起水中悬浮物;对于具有一定深度的河流等水体采样时,使用深水采样器,慢慢放入水中采样,并严格控制好采样深度。测定油类指标的水样采样时,要避开水面上的浮油,在水面下 5~10 cm 处采集水样。

（三）地下水采样方法

地下水可分为上层滞水、潜水和承压水。上层滞水的水质与地表水的水质基本相同;潜水层通过包气带直接与大气圈、水圈相通,因此其具有季节性变化的特点;而承压水地质条件不同于潜水,其受水文、气象因素直接影响小,畜水层的厚度不受季节变化的支配,水质不易受人为活动污染。

1.采样器

地下水水质采样器分为自动式与人工式,自动式用电动泵进行采样,人工式分活塞式与隔膜式,可按要求选用。采样器在测井中应能准确定位,并能取到足够量的代表性水样。

2.采样方法

实施饮用水地下水源采样时,要求做到以下几点:

①开始采集水样前,应将井中的已有静止地下水抽干,以保证所采集的地下水新鲜。

②采样时采样器放下与提升时动作要轻,避免搅动井水及底部沉积物。

③用机井泵采样时,应待管道中的积水排净后再采样。

④自流地下水样品应在水流流出处或水流汇集处采集。

值得注意的是,从一个监测井采得的水样只能代表一个含水层的水平向或垂直向的局部情况,而不能像对地表水那样可以在水系的任何一点采样。

另外,采集水样还应考虑到靠近井壁的水的组成几乎不能代表该采样区的全部地下水水质,因为靠近井的地方可能有钻井污染,以及某些重要的环境条件,如氧化还原电位,在近井处与地下水承载物质的周围有很大的不同。所以,采样前需抽取适量样本。

对于自喷的泉水,可在泉涌处直接采集水样;采集不自喷泉水时,先将积留在抽水管的水吸出,新水更替之后,再进行采样。

专用的地下水水质监测井,井口比较窄（5~10 cm）,但井管深度视监测要求不等（1~20 m）,采集水样常利用抽水设备或虹吸管采样方式。通常应提前数日将监测井中积留的陈旧水抽出,待新水重新补充入监测井管后再采集水样。

（四）生物样品采样方法

在天然水域中，生存着大量的水生生物群落，当饮用水源水质改变时，各种不同的水生生物由于对水环境的要求和适应能力不同也会发生变化。针对饮用水及其水源地的水质生物监测内容很多，采样方法也有较大不同，下面进行简要介绍。

1.浮游生物采样方法

浮游生物样品包括定性样品采集和定量样品采集，采样方法分为以下几种。

①定性样品采集。采用 25 号浮游生物网（网孔 0.064 mm）或 PFU（聚氨酯泡沫塑料块）法；枝角类和桡足类等浮游动物采用 13 号浮游生物网（网孔 0.112 mm），在表层拖滤 1~3 min。

②定量样品采集。在静水和缓慢流动水体中采用玻璃采样器或改良式采样器（如有机玻璃采样器）采集；在流速较大的河流中，采用横式采样器，并与铅鱼配合使用，采水量为 1~2L，若浮游生物量很低时，应酌情增加采水量。

浮游生物样品采集后，除进行活体观测外，一般按水样体积加 1% 的鲁哥氏（Lugol's）溶液（碘液）固定，静置沉淀后，倾去上层清水，将样品装入样品瓶中。

2.着生生物采样方法

着生生物采样方法可分为天然基质法和人工基质法，具体采样方法如下。

①天然基质法。利用一定的采样工具，采集生长在水中的天然石块、木桩等天然基质上的着生生物。

②人工基质法。将玻片、硅藻计和 PFU 等人工基质放置于一定水层中，时间不得少于 14 天，然后取出人工基质，采集基质上的着生生物。

用天然基质法和人工基质法采集样品时，应准确测量采样基质的面积。采集的着生生物样品，除进行活体观测外，其余方法同浮游生物一样，按水样体积加 1% 的鲁哥氏（Lugol's）溶液（碘液）固定，静置沉淀后，倾去上层清水，将样品装入样品瓶中。

3.底栖大型无脊椎动物采样方法

底栖大型无脊椎动物采样也包括定性样品采集和定量样品采集，采样方法如下：

①定性样品。用三角拖网在水底拖拉一段距离，或用手抄网在岸边与浅水处采集。以 40 目分样筛挑出底栖动物样品。

②定量样品。可用开口面积一定的采泥器采集，如彼得逊采泥器（采样面积为 1/16 m²）或用铁丝编织的直径为 18 cm、高为 20 cm 的圆柱形铁丝笼，笼网孔径为 (5±1) cm²，底部铺 40 目尼龙筛绢，内装规格尽量一致的卵石，将笼置于采样垂线的水底中，14 天后取出。从底泥中和卵石上挑出底栖动物。

4.水生维管束植物采样方法

水生维管束植物样品的采集也包括定性样品采集和定量样品采集，采样方法如下。

①定性样品。用水草采集夹、采样网和耙子采集。

②定量样品。用面积为 0.25 m²、网孔 3.3 cm×3.3 cm 的水草定量夹采集。采集样品后，去掉泥土、黏附的水生动物等，按类别晾干、存放。

5.鱼类样品采样方法

鱼类样品采用渔具捕捞。采集后应尽快进行种类鉴定，残毒分析样品应尽快取样分析,或冷冻保存。

6.微生物样品采样方法

采样用玻璃样品瓶在 160~170 ℃烘箱中灭菌或 121 ℃高压蒸气灭菌锅中灭菌 5 min;塑料样品瓶用 0.5%过氧乙酸灭菌备用。

(五)饮用水供水系统采样方法

1.自来水公司水样采样方法

自来水公司涉及的水质监测主要是对供水原水、各功能性水处理段以及自来水厂出厂水等取水点水质的监测。应根据饮用水水源(原水)性质和饮用水制水工艺选择相应的采样方法。

如利用自动采样器或连续自动定时采样器采集。可在一个生产周期内,按时间程序将一定量的水样分别采集在不同的容器中;自动混合采样时,采样器可定时连续地将一定量的水样或按流量比采集的水样汇集于一个容器中。

2.给水管网系统水样采样方法

给水管网是封闭管道,采样时采样器探头或采样管应妥善地放在进水下游,采样管不能靠近管壁。湍流部位,例如在"T"形管、弯头、阀门的后部,可充分混合,一般作为最佳采样点,但是等动力采样(即等速采样)除外。

给水管网系统中采样点常设在:①每一个供水企业在接入管网时的结点处;②污染物有可能进入管网处;③管网末梢处。这些地方是特别要注意的采样位置,最好在这些部位安设水质自动监测系统,这样一来,采样的难度也就不存在了。

管网末梢处,即在用户终端采集自来水水样时,应先将水龙头完全打开,放水 3~5 min,使积留在水管中的陈旧水排出,再采集水样。

(六)废水/污水采样方法

工业废水和生活污水的采样种类和采样方法取决于生产工艺、排污规律和检测目的,采样涉及采样时间、地点和采样频次。由于工业废水大多是流量和浓度都随时间变化的非稳态流体,可根据能反映其变化并具有代表性的采样要求,一采集合适的水样(瞬时水样、等时混合水样、等时综合水样、等比例混合水样和流量比例混合水样等)。

对于生产工艺连续、稳定的企业,所排放废水中的污染物浓度及排放流量变化不大,仅采集瞬时水样就具有较好的代表性;对于排放废水中污染物浓度及排放流量随时间变化无规律的情况,可采集等时混合水样、等比例混合水样或流量比例混合水样,以保证采集的水样的代表性。

废水和污水的采样方法如下。

1.浅水采样

当废水以水渠形式排放到公共水域时,应设适当的堰,可用容器或用长柄采水勺从堰溢流中直接采样。在排污管道或渠道中采样时,应在具有液体流动的部位采集水样。

2.深层水采样

适用于废水或污水处理池中的水样采集,可使用专用的深层采样器采集。

3.自动采样

利用自动采样器或连续自动定时采样器采集。可在一个生产周期内，按时间程序将一定量的水样分别采集在不同的容器中；自动混合采样时采样器可定时连续地将一定量的水样或按流量比采集的水样汇集于一个容器中。

自动采样对于制备混合水样(尤其是连续比例混合水样)、研究水质的连续动态变化以及在一些难以抵达的地区采样等都是十分有用且有效的。

（七）底质样品的采样方法

底质(沉积物)采样器如图 3-5 和图 3-6 所示。其一般通用的是掘式采泥器，可按产品说明书提示的方法使用。掘式和抓式采泥器适用于采集量较大的沉积物样品；锥式或钻式采泥器适用于采集较少的沉积物样品；管式采泥器适用于采集柱状样品。如水深小于 3m，可将竹竿粗的一端削成尖头斜面，插入河床底部采样。

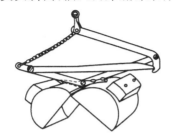

图 3-5　Petersen 氏掘式采泥器

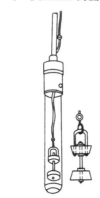

图 3-6　手动活塞钻式沉积物采样器

底质采样器一般要求用强度高、耐磨性能较好地钢材制成，使用前应除去油脂并洗净，具体要求如下：

①采样器使用前必须先用洗涤剂除去防锈油脂。采样时先将采样器放在水面上冲刷 3～5 min，然后采样。采样完毕必须洗净采样器，晾干待用。

②采样时如遇到水流速度较大，可将采样器用铅坠加重，以保证能在采样点的准确位置上采样。

③用白色塑料盘(桶)和小勺接样。

④沉积物接入盘中后，挑去卵石、树枝、贝壳等杂物，搅拌均匀后装入瓶或袋中。

对于采集的柱状沉积物样品，为了分析各层柱状样品的化学组成和化学形态，要制备分层样品。首先用木片或塑料铲刮去柱样的表层,然后确定分层间隔,分层切割制样。

二、水样的保存

水样采集后,应尽快进行分析测定。能在现场做的监测项目要求在现场测定,如水中的溶解氧、温度、电导率、pH 值等。但由于各种条件所限(如仪器、场地等),往往只有少数测定项目可在现场测定,大多数项目仍需送往实验室进行测定。有时因人力、时间不足,还需在实验室内存放一段时间后才能分析。因此,从采样到分析的这段时间里,水样的保存技术就显得至关重要。

有些监测项目的水样在采样现场采取一些简单的保护性措施后,能够保存一段时间。水样允许保存的时间与水样的性质、分析指标、溶液的酸碱度、保存容器和存放温度等多种因素有关。

不同水样允许的存放时间也有所不同。一般认为,水样的最大存放时间为:清洁水样 72h;轻污染水样 48h;重污染水样 12h。

采取适当的保护措施,虽然能够降低待测成分的变化程度或减缓变化的速度,但并不能完全抑制这种变化。水样保存的基本要求只能是应尽量减少其中各种待测组分的变化,要求做到:①减缓水样的生物化学作用;②减缓化合物或络合物的氧化还原作用;③减少被测组分的挥发损失;④避免沉淀、吸附或结晶物析出所引起的组分变化。

水样主要的保护性措施有以下几种:

1.选择合适的保存容器

不同材质的容器对水样的影响不同,一般可能存在吸附待测组分或自身杂质溶出污染水样的情况,因此应该选择性质稳定、杂质含量低的容器。一般常规监测中,常使用聚乙烯和硼硅玻璃材质的容器。

2.冷藏或冷冻

水样在低温下保存,能抑制微生物的活动,减缓物理作用和化学反应速度。如将水样保存在 $-22 \sim -18$ ℃的冷冻条件下,会显著提高水样中磷、氮、硅化合物以及生化需氧量等监测项目的稳定性。而且,这类保存方法对后续分析测定无影响。

3.加入保存药剂

在水样中加入合适的保存试剂,能够抑制微生物活动,减缓氧化还原反应发生。加入的方法可以是在采样后立即加入,也可以在水样分样时根据需要分瓶分别加入。

不同的水样、同一水样的不同监测项目要求使用的保存药剂不同。保存药剂主要有生物抑制剂、pH 值调节剂、氧化或还原剂等类型,具体的作用如下:

①生物抑制剂。在水样中加入适量的生物抑制剂可以阻止生物作用。常用的试剂有氯化汞($HgCl_2$),加入量为每升水样 $20 \sim 60mg$;对于需要测汞的水样,可加入苯或三氯甲烷,每升水样加 $0.1 \sim 1.0$ mL;对于测定苯酚的水样,用 H_3PO_4 调水样的 pH 值为 4 时,加入 $CuSO_4$,可抑制苯酚菌的分解活动。

②pH 值调节剂。加入酸或碱调节水样的 pH 值,可以使一些处于不稳定态的待测组分转变成稳定态。例如,测定水样中的金属离子,常加酸调节水样 pH≤2,达到防止金属离子水解沉淀或被容器壁吸附的目的;测定氰化物或挥发酚的水样,需要加入 NaOH 调节其 pH≥12,使两者分别生成稳定的钠盐或酚盐。

③氧化或还原剂。在水样中加入氧化剂或还原剂可以阻止或减缓某些组分发生氧化、还原反应。例如,在水样中加入抗坏血酸,可以防止硫化物被氧化;测定溶解氧的水样则需要加入少量硫酸锰和碘化钾—叠氮化钠试剂将溶解氧固定在水中。

对保存药剂的一般要求是有效、方便、经济,而且加入的任何试剂都不应给后续的分析测试工作带来影响。对于地表水和地下水,加入的保存试剂应该使用高纯品或分析纯试剂,最好用优级纯试剂。当添加试剂的作用相互有干扰时,建议采用分瓶采样、分别加入的方法保存水样。

4.过滤和离心分离

水样浑浊也会影响分析结果。用适当孔径的滤器可以有效地除去藻类和细菌,滤后的样品稳定性提高。一般而言,可用澄清、离心、过滤等措施分离水样中的悬浮物。

国际上,通常将孔径为 0.45 μm 的滤膜作为分离可滤态与不可滤态的介质,将孔径为 0.2 μm 的滤膜作为除去细菌的介质。采用澄清后取上清液或用滤膜、中速定量滤纸、砂芯漏斗或离心等方式处理水样时,其阻留悬浮性颗粒物的能力大体为:滤膜＞离心＞滤纸＞砂芯漏斗。

欲测定可滤态组分,应在采样后立即用 0.45 μm 的滤膜过滤,暂时无 0.45 μm 的滤膜时,含泥沙较多的水样可用离心方法分离;含有机物多的水样可用滤纸过滤;采用自然沉降取上清液测定可滤态物质是不妥当的。如果要测定全组分含量,则应在采样后立即加入保存药剂,分析测定时充分摇匀后再取样。

《水与废水监测分析方法》以及相关国家标准中均有详细的保存技术推荐。实际应用时,具体分析指标的保存条件应该和分析方法的要求一致,相关国家标准中有规定保存条件的应该严格执行国家标准。

三、水样预处理

(一)样品消解

在进行环境样品(水样、土壤样品、固体废物和大气采样时截留下来的颗粒物)中无机元素的测定时,需要对环境样品进行消解处理。消解处理的作用是破坏有机物、溶磨颗粒物,并将各种价态的待测元素氧化成单一高价态或转换成易于分解的无机化合物。常用的消解方法有湿式消解法和干灰化法。

常用的消解氧化剂有单元酸体系、多元酸体系和碱分解体系。最常使用的单元酸为硝酸。采用多元酸的目的是提高消解温度、加快氧化速度和改善消解效果。在进行水样消解时,应根据水样的类型及采用的测定方法进行消解酸体系的选择。各消解酸体系的适用范围如下。

1.硝酸消解法

对于较清洁的水样或经适当润湿的土壤等样品,可用硝酸消解。其方法要点是:取混匀的水样 50～200 mL 于锥形瓶中,加入 5～10 mL 浓硝酸,在电热板上加热煮沸缓慢蒸发至小体积,试液应清澈透明,呈浅色或无色,否则,应补加少许硝酸继续消解。消解至近干时,取下锥形瓶,稍冷却后加 2% HNO_3(或 HCl)20 mL,温热溶解可溶盐。若有沉淀,应过滤,滤液冷至室温后于 50 mL 容量瓶中定容,待分析测定。

2013年环保部发布了环境保护标准《水质　金属总量的消解　硝酸消薜法》(HJ 677—2013)，该方法控制温度(95±5)℃，用硝酸和过氧化氢破坏样品中的有机质，氧化消解水样，适用于地表水、地下水、生活污水和工业废水中20种金属元素总量的硝酸消角辜葫娃理。

2.硝酸－硫酸消解法

硝酸－硫酸混合酸体系是最常用的消解组合，应用广泛。两种酸都具有很强的氧化能力，其中硫酸沸点高(338℃)，两者联合使用，可大大提高消薜温度菥消解效果。图3-7为10 mL浓硝酸＋l0 mL浓硫酸加入水样后，在电热板温度控制柱220℃时，硝酸－硫酸－水三元混合溶液的温度变化情况，从溶液温度也可估计消解反应的进程。

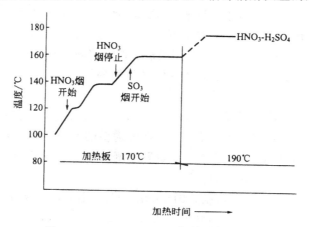

图3-7　HNO₃＋H₂SO₄加热时的温度变化

常用的硝酸与硫酸的比例为5∶2。一般消解时，先将硝酸加入待消解样品中，加热蒸发至小体积，稍冷后再加入硫酸、硝酸，继续加热蒸发至冒大量白烟，稍冷却后加入2%的HNO₃温热溶解可溶盐。若有沉淀，应过滤，滤液冷至室温后定容，待分析测定。

欲测定水样中的铅、钡或锶等元素时，该体系不宜采用，因为这些元素易与硫酸反应生成难溶硫酸盐，可改选用硝酸－盐酸混合酸体系。

3.硝酸－高氯酸消解法

两种酸都是强氧化性酸，联合使用可消解含难氧化有机物的环境样品，如高浓度有机废水、植物样和污泥样品等。其方法要点是：取适量水样或经适当润湿的处理好的土壤等样品于锥形瓶中，加5～10 mL硝酸，在电热板上加热、消解至大部分有机物被分解。取下锥形瓶，稍冷却，再加2～5 mL高氯酸，继续加热至开始冒白烟，如试液呈深色，再补加硝酸，继续加热至浓厚白烟将尽，取下锥形瓶，稍冷却后加入2%的HNO₃溶解可溶盐。若有沉淀，应过滤，滤液冷至室温后定容，待分析测定。

因为高氯酸能与含羟基有机物激烈反应，有发生爆炸的危险，故应先加入硝酸氧化水样中的羟基有机物，稍冷后再加高氯酸处理。

4.硝酸－氢氟酸消解法

氢氟酸能与液态或固态样品中的硅酸盐和硅胶态物质发生反应，形成四氟化硅而挥发分离，因此，该混合酸体系应用范围比较专一，选择性比较高。但需要指出的是：氢氟酸能与玻璃材质发生反应，消解时应使用聚四氟乙烯材质的烧杯等容器。

5.多元消解法

为提高消解效果,在某些情况下(如处理测总铬的废水时),特别是样品基体比较复杂时,需要使用三元以上混合酸消解体系。通过多种酸的配合使用,克服单元酸或二元酸消解所起不到的作用。例如,在土壤或沉积物背景值调查时,常常需要进行全元素分析,这时采用 $HCl-HNO_3-HF-HClO_4$ 体系,消解效果比较理想。

6.碱分解法

碱分解法适用于按上述酸消解法不易分解或会造成某些元素的挥发性损失的环境样品。其方法要点是:在各类环境样品中,加入氢氧化钠和过氧化氢溶液或者氨水和过氧化氢溶液,加热至缓慢沸腾消解至近干时,稍冷却后加入水或稀碱溶液,温热溶解可溶盐。若有沉淀,应过滤,滤液冷至室温后于 50 mL 容量瓶中定容,待分析测定。碱分解法的主要优点是熔样速度快,熔样完全,特别适用于元素全分析,但不适于制备需要测定汞、硒、铅、砷、镉等易挥发元素的样品。

7.干灰化法

干灰化法又称干式消解法或高温分解法,多用于固态样品如沉积物、底泥等底质以及土壤样品的消解。

其操作过程是:取适量水样于白瓷或石英蒸发皿中,于水浴上先蒸干,固体样品可直接放入坩埚中,然后将蒸发皿或坩埚移入马弗炉内,于 450～550 ℃灼烧到残渣呈灰白色,使有机物完全分解去除。取出蒸发皿,稍冷却后,用适量 2%HNO_3(或 HCl)溶解样品灰分,过滤后滤液经定容后,待分析测定。该法能有效分析样品中的有机物,消解完全,但不适用于挥发性组分的分析。

8.微波消解法

微博消解是结合高压消解和微波快速加热的一项消解技术,以待测样品和消解酸的混合物为发热体,从样品内部对样品进行激烈搅拌、充分混合和加热,加快了样品的分解速度,缩短了消解时间,提高了消解效率。在微波消解过程中,样品处于密闭容器中,也避免了待测元素的损失和可能造成的污染。该方法早期主要用于土壤、沉积物、污泥等复杂基体样品,发展至今,其用途已扩展到水和废水样品。2013 年环保部发布了水质金属总量的微波消解法(HJ 678—2013),主要适用于地表水、地下水、生活污水和工业废水中包括银(Ag)、铝(A1)、砷(As)、铍(Be)、钡(Ba)、钙(Ca)、镉(Cd)等在内的 20 种金属元素总量的微波酸消解预处理。国标上将整个消解步骤分成了三步:第一步,先取 25 mL 水样于消解罐中,加入 1.0 mL 过氧化氢及适量硝酸,置于通风橱中待反应平稳后加盖旋紧;第二步,将消解罐放在微波消解仪中按升温程序 10 min 升温至 180 ℃并保持 15 min;程序运行完毕后,将消解罐置于通风橱内冷却至室温,放气开盖,转移定容待测。

商品化的微波消解装置已经开始普及,但由于环境样品基体的复杂性不同及其与传统消解手段的差异,在确定微波消解方案时,应对所选消解试剂、消解功率和消解时间进行条件优化。

(二)样品分离与富集

在水质分析中,由于水样中的成分复杂,干扰因素多,而待测物的含量大多处于痕量水平(10^{-6} 或 10^{-9}),常低于分析方法的检出下限,因此在测定前必须进行水样中待测组分的分离与富集,以排除分析过程中的干扰,提高待测物浓度,满足分析方法检出限的要求。为了选择与评价分离、富集技术,常涉及下面两个概念。

富集倍数的大小依赖于样品中待测痕量组分的浓度和所采用的测试技术。若采用高效、高选择性的富集技术,高于 10^5 的富集倍数是可以实现的。随着现代仪器技术的发展,仪器检测下限不断降低,富集倍数提高的压力相对减轻,因此富集倍数为 $10^2 \sim 10^3$ 就能满足痕量分析的要求。

当欲分离组分在分离富集过程中没有明显损失时,适当地采用多级分离方法可有效地提高富集倍数。

常用于环境样品分离与富集的方法有过滤、挥发、蒸馏、溶剂萃取、离子交换、吸附和低温浓缩等,比较先进的方法有固相萃取、微波萃取和超临界流体萃取等技术。近年来,一些和仪器分析联用的在线富集技术也得到了快速发展,如吹扫捕集、热脱附、固相微萃取等,下面将分别作简要介绍。

1.挥发和蒸发浓缩法

挥发法是将易挥发组分从液态或固态样品中转移到气相的过程,包括蒸发、蒸馏、升华等多种方式。一般而言,在一定温度和压力下,当待测组分或基体中某一组分的挥发性和蒸气压足够大,而另一种小到可以忽略时,就可以进行选择性挥发,达到定量分离的目的。

物质的挥发性与其分子结构有关,即与分子中原子间的化学键有关。挥发效果则依赖于样品量大小、挥发温度、挥发时间以及痕量组分与基体的相对含量。样品量的大小将直接影响挥发时间和完全程度。汞是唯一在常温下具有显著蒸气压的金属元素,冷原子荧光测汞仪就是利用汞的这一特性进行液体样品中汞含量的测定的。

利用外加热源进行样品的待测组分或基体的加速挥发过程称为蒸发浓缩。如加热水样,使水分慢慢蒸发,可以达到大幅度浓缩水样中重金属元素的目的。为了提高浓缩效率,缩短蒸发时间,常常可以借助惰性气体的参与实现欲挥发组分的快速分离。

2.蒸馏浓缩法

蒸馏是基于气-液平衡原理实现组分分离的,具体来讲就是利用各组分的沸点及其蒸气压大小的不同实现分离的目的。在水溶液中,不同组分的沸点不尽相同。当加热时,较易挥发的组分富集在蒸气相,对蒸气相进行冷凝或吸收时,挥发性组分在馏出液或吸收液中得到富集。

蒸馏主要有常压蒸馏和减压蒸馏两类。

常压蒸馏适合于沸点在 40 ℃～150 ℃之间的化合物的分离,常用的蒸馏装置见图3-8。测定水样中的挥发酚、氰化物和氨氮等监测项目时,均采用的是常压蒸馏方法。

减压蒸馏适合于沸点高于 150 ℃(常压下)或沸点虽低于此温度但在蒸馏过程中极易分解的化合物的分离。减压蒸馏装置除减压系统外与常压蒸馏装置基本相同,但所用的减压蒸馏瓶和接受瓶要求必须耐压。整个系统的接口必须严密不漏。克莱森(Claisen)蒸馏头常用于防爆沸和消泡沫,其通过一根开口毛细管调节气流向蒸馏液内不断冲气以击碎泡沫并抑制爆沸。图3-9是减压蒸馏装置的示意图。减压蒸馏方法在水中痕量农药、植物生长调节剂等有机物的分离富集中应用十分广泛,也是液-液萃取溶液的高倍浓缩的有效手段。

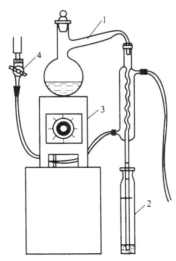

图 3-8 常压蒸馏装置示意图

1—500 mL 全玻璃蒸馏器；2—收集瓶；3—加热电炉；4—冷凝水调节阀

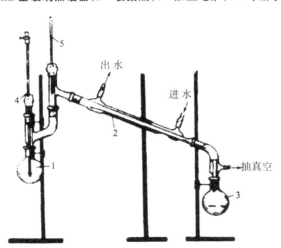

图 3-9 减压蒸馏装置示意图

1—蒸馏瓶；2—冷凝管；3—收集瓶；4—克莱森蒸馏头；5—温度计

3.固相萃取技术

固相萃取技术(solid-phase extraction，SPE)自 20 世纪 70 年代后期问世以来，由于其高效、可靠及耗用溶剂量少等优点，在环境等许多领域得到了快速发展。在国外，其已逐渐取代传统的液—液萃取而成为样品预处理的可靠而有效的方法。

SPE 技术基于液相色谱的原理，可近似看作一个简单的色谱过程。吸附剂作为固定相，而流动相是萃取过程中的水样。当流动相与固定相接触时，其中的某些痕量物质(目标物)就保留在固定相中。这时，如果用少量的选择性溶剂洗脱，即可得到富集和纯化的目标物。

典型的 SPE 一般分为五个步骤：①根据欲富集的水样量及保留目标物的性质确定吸附剂类型及用量；②对选取的柱子进行条件化，即通过适当的溶剂进行活化，再通过去离子水进行条件化；③水样通过；④对柱子进行样品纯化，即洗脱某些非目标物，这时所选用的溶剂主要与非目标物的性质有关;⑤用1~5 mL的洗脱剂对吸附柱进行洗脱,收集洗脱液即可用于后续分析,整个过程如图3-10所示。

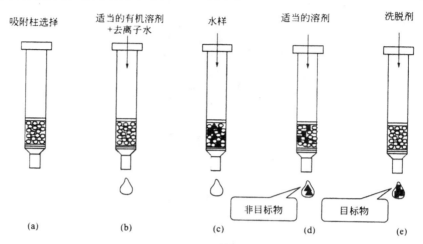

图3-10　固相萃取的基本步骤
(a)吸附柱选择;(b)柱条件化;(c)过水样;(d)柱纯化;(e)目标物解吸附

影响SPE处理效率的因素有很多,如吸附剂类型及用量、洗脱剂性质、样品体积及组分、流速等,其中的关键因素是吸附剂和洗脱剂。根据吸附机理的不同,固相萃取吸附剂主要分为正相、反相、离子交换和抗体键合(Immunosorbents-IS)等类型。

一般而言,应根据水中待测组分的性质选择适合的吸附剂。水溶性或极性化合物通常选用极性的吸附剂,而非极性的组分则选择非极性的吸附剂更为合适;对于可电离的酸性或碱性化合物则适合选择离子交换型吸附剂。例如,欲富集水中的杀虫剂或药物,通常均选择键合硅胶 C_{18} 吸附剂,杀虫剂或药物被稳定地吸附于键合硅胶表面,当用小体积甲醇或乙腈等有机溶剂解吸后,目标物被高倍富集。

吸附剂的用量与目标物性质(极性、挥发性)及其在水样中的浓度直接相关。通常,增加吸附剂用量可以增加对目标物的吸附容量,可通过绘制吸附曲线来确定吸附剂的合适用量。

4.在线预处理技术

环境样品具有基体组分复杂、待测物浓度低、干扰物多等特点,通常都要经过复杂的前处理后才能进行分析测定。传统的人工预处理操作步骤多、处理周期长、试剂使用量大,较易产生系统与人为误差。近年来,仪器分析领域在线预处理技术发展迅速。这就意味着,样品中的污染物可以通过在线的预处理装置直接达到去除干扰物质和浓缩富集的目的,预处理进样在线连续完成,既节省了大量的前处理时间和精力,又可以达到仪器分析的灵敏度要求,应用日益广泛。目前比较成熟的有顶空分析、吹扫捕集、热脱附及固相微萃取等技术。

顶空分析(head space)是通过样品基质上方的气体成分来测定这些组分在原样品中的含量。这是一种间接分析方法,其基本理论依据是在一定条件下气相和样品相(液相和固相)之间存在着分配平衡,所以气相的组成能反映样品中挥发性物质的组成。对于复杂样品中易挥发组分的分析顶空进样大大简化了样品预处理过程,只取气相部分进行分析,避免了高沸点组分污染色谱系统,同时减少了样品基质对分析的干扰。顶空分析有直接进样、平衡加压、加压定容等多种进样模式,可以通过优化操作参数而适合于多种环境样品的分析[图3-11(a)]。如土壤、污泥和水中易挥发物的分析,水中三氯甲烷、四氯化碳、三氯乙烯、四氯乙烯、三溴甲烷等挥发性有机物,也可以用顶空进样技术进行监测分析。环保部 HJ 620—2011 标准规定了水和废水中挥发性卤代烃顶空气相色谱法的具体测定细则。

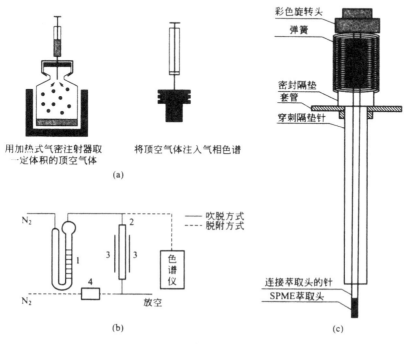

图 3 - 11　在线预处理技术示意图
(a)顶空进样原理示意图;(b)吹扫捕集原理图;(c)SPME 微萃取头

吹扫捕集技术(purge trap)与顶空技术类似,是用氮气、氦气或其他惰性气体将挥发性及半挥发性被测物从样品中抽提出来,但吹扫捕集技术需要让气体连续通过样品,将其中的易挥发组分从样品中吹脱后在吸附剂或冷阱中捕集浓缩,然后经热解吸将样品送入气相色谱或气质联用仪进行分析。吹扫捕集是一种非平衡态的连续萃取,因此又被称为"动态顶空浓缩法"[图3-11(b)]。影响吹扫效率的因素主要有吹扫温度、样品的溶解度、吹扫气的流速及流量、捕集效率和解吸温度及时间等。吹扫捕集法在挥发性和半挥发性有机化合物分析、有机金属化合物的形态分析中起着越来越重要的作用,环境监测中常用吹扫捕集技术分析饮用水或废水中的嗅味物质、易挥发有机污染物[《挥发性有机物的测定　吹扫捕集/气相色谱法》(HJ 686—2014),《挥发性有机物的测定　吹扫捕集/气相色谱—质谱法》(HJ 639—2012)]。吹扫捕集法对样品的前处理无须使用有机溶剂,对环境不造成二次污染,而且具有取样量少、富集效率高、受基体干扰小及容易实现在线检测等优点。相对于静态顶空技术,吹扫捕集灵敏度更高,平衡时间更短,且可分析沸点较高的组分。

固相微萃取(solid phase microextraction,SPME)是以固相萃取为基础发展起来的新型样品前处理技术,无须有机溶剂,操作也很简便,既可在采样现场使用,也可以和色谱类仪器联用自动操作。SPME 的基本原理和实现过程与固相萃取类似,包括吸附和解吸两步。吸附过程中待测物在样品及萃取头外固定的聚合物涂层或液膜中平衡分配,遵循相似相溶原理,当单组分单相体系达到平衡时,涂层上富集的待测物的量与样品中的待测物浓度呈正相关关系。解吸过程则取决于 SPME 后续的分离手段或者分析仪器。如果连接气相色谱萃取纤维直接插入进样口后进行热解吸,而连接液相色谱则是通过溶剂进行洗脱。在环境样品分析中,SPME 有两种萃取方式:一种是将萃取纤维直接暴露在样品中的直接萃取法,适于分析气体样品和洁净水样中的有机化合物;另一种是将纤维暴露于样品顶空中的顶空萃取法,可用于废水、油脂、高分子量腐殖酸及固体样品中挥发性、半挥发性有机化合物的分析。SPME 微萃取头见图 3-11(c)。

第三节　金属污染物的测定

一、铬的测定

铬存在于电镀、冶炼、制革、纺织、制药、炼油、化工等工业废水污染的水体中。富铬地区地表水径流中也含铬。自然形成的铬常以元素或三价状态存在,铬是人体必需的微量元素之一,金属铬对人体是无毒的,缺乏铬反而还可引起动脉粥样硬化,所以天然的铬给人体造成的危害并不大。铬是变价金属,污染的水中铬有三价、六价两种价态,一般认为六价铬的毒性比三价铬高约 100 倍,即使是六价铬,不同的化合物其毒性也不一样,三价铬也是如此。三价铬是一种蛋白质凝固剂。六价铬更易为人体吸收,对消化道和皮肤具刺激性,而且可在体内蓄积,产生致癌作用。铬抑制水体的自净,累积于鱼体内,也可使水生生物致死用含铬的水灌溉农作物,铬可富集于果实中。

铬的测定可采用二苯碳酰二肼分光光度法、原子吸收分光光度法和硫酸亚铁铵滴定法。

(一)二苯碳酰二肼分光光度法测定六价铬

1.方法原理

在酸性溶液中,六价铬与二苯碳酰二肼反应,生成紫红色化合物,其色度在测量范围内与含量成正比,于 540 nm 波长处进行比色测定,利用标准曲线法求水样中铬的含量。反应式如下:

本方法适用于地面水和工业废水中六价铬的测定。方法的最低检出浓度为 0.004 mg/L,使用光程为 10mm 比色皿,测定上限为 1 mg/L。

2.测定要点

①对于清洁水样可直接测定;对于色度不大的水样,可以用丙酮代替显色剂的空白水

样作参比测定；对于浑浊、色度较深的水样，以氢氧化锌作共沉淀剂，调节溶液 pH 为 8～9，此时 Cr^{3+}、Fe^{3+}、Cu^{2+} 均形成氢氧化物沉淀，可被过滤除去，与水样中的 $Cr(Ⅵ)$ 分离；存在亚硫酸盐、二价铁等还原性物质和次氯酸盐等氧化物时，也应采取相应措施消除干扰。

②用优级纯 $K_2Cr_2O_7$ 配制铬标准溶液，分别取不同的体积于比色管中，加水定容，加酸（H_2SO_4、H_3PO_4）控制 pH，加显色剂显色，以纯溶剂（丙酮）为参比分别测其吸光度，将测得的吸光度经空白校正后，绘制吸光度对六价铬含量的标准曲线。

③取适量清洁水样或经过预处理的水样，与标准系列同样操作，将测得的吸光度经空白校正后，从标准曲线上查得并计算原水样中六价铬含量。

（二）总铬的测定

三价铬不与二苯碳酰二肼反应，因此必须将三价铬氧化至六价铬后，才能显色。

在酸性溶液中，以 $KMnO_4$ 氧化水样中的三价铬为六价铬，过量的 $KMnO_4$ 用 $NaNO_2$ 分解，过量的 $NaNO_2$ 以 $CO(NH_2)_2$ 分解，然后调节溶液的 pH，加入显色剂显色，按测定六价铬的方法进行比色测定。

注意，$KMnO_4$ 氧化三价铬时，应加热煮沸一段时间，随时添加 $KMnO_4$ 使溶液保持红色，但不能过量太多。还原过量的 $KMnO_4$ 时，应先加尿素，后加 $NaNO_2$ 溶液。

（三）硫酸亚铁铵[$Fe(NH_4)_2(SO_4)_2$]滴定法

本法适用于总铬浓度大于 1 mg/L 的废水，其原理为在酸性介质中，以银盐作催化剂，甩过硫酸铵将三价铬氧化成六价铬。加少量氯化钠并煮沸，除去过量的过硫酸铵和反应中产生的氯气。以苯基代邻氨基苯甲酸作指示剂，用硫酸亚铁铵标准溶液滴定，至溶液呈亮绿色。根据硫酸亚铁铵溶液的浓度和进行试剂空白校正后的用量，可计算出水样中总铬的含量。

二、砷的测定

砷不溶于水，可溶于酸和王水中。砷的可溶性化合物都具有毒性，三价砷化合物比五价砷化合物毒性更强。砷在饮水中的最高允许浓度为 0.05 mg/L，口服 As_2O_3（俗称砒霜）5～10mg 可造成急性中毒，致死量为 60～200mg。砷还有致癌作用，能引起皮肤病。

地面水中砷的污染主要来源于硬质合金，染料、涂料、皮革、玻璃脱色、制药、农药、防腐剂等工业废水，化学工业、矿业工业的副产品会含有气体砷化物。含砷废水进入水体中，一部分随悬浮物、铁锰胶体物沉积于水底沉积物中，另一部分存在于水中。

砷的监测方法有分光光度法、阳极溶出伏安法及原子吸收法等。新银盐分光光度法测定快速、灵敏度高，二乙氨基二硫代甲酸银是一经典方法。

（一）新银盐分光光度法

1.方法原理

硼氢化钾（KBH_4 或 $NaBH_4$）在酸性溶液中，产生新生态的氢，将水中无机砷还原成砷化氢气体，以硝酸－硝酸银－聚乙烯醇－乙醇溶液为吸收液。砷化氢将吸收液中的银离子还原成单质胶态银，使溶液呈黄色，颜色强度与生成氢化物的量成正比。黄色溶液在

400 nm 处有最大吸收,峰形对称。颜色在 2h 内无明显变化(20 ℃以下)。

取最大水样体积 250 mL,本方法的检出限为 0.0004 mg/L,测定上限为 0.012 mg/L。方法适用于地表水和地下水痕量砷的测定。吸收装置如图 3－12 所示。

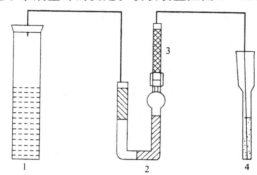

图 3－12　0 砷化氢发生与吸收装置
1—砷化氢发生器;2—U 形管;3—导气管;4—砷化氢吸收管

2.干扰及消除

本方法对砷的测定具有较好的选择性。但在反应中能生成与砷化氢类似氢化物的其他离子有正干扰,如锑、铋、锡等;能被氢还原的金属离子有负干扰,如镍、钴、铁等;常见离子不干扰。

(二)二乙氨基二硫代甲酸银分光光度法

锌与酸作用,产生新生态氢。在碘化钾和氯化亚锡存在下,使五价砷还原为三价砷,三价砷被新生态氢还原成气态砷化氢。用二乙氨基二硫代甲酸银—三乙醇胺的三氯甲烷溶液吸收砷,生成红色胶体银,在波长 510 nm 处测其吸光度。空白校正后的吸光度用标准曲线法定量。

本方法可测定水和废水中的砷。

三、镉的测定

镉是毒性较大的金属之一。镉在天然水中的含量通常小于 0.01 mg/L,低于饮用水的水质标准,天然海水中更低,因为镉主要在悬浮颗粒和底部沉积物中,水中镉的浓度很低、欲了解镉的污染情况,需对底泥进行测定。

镉污染不易分解和自然消化,在自然界中是累积的。废水中的可溶性镉被土壤吸收,形成土壤污染,土壤中可溶性镉又容易被植物所吸收,形成食物中镉量增加,人们食用这些食品后,镉也随着进入人体,分布到全身各器官,主要贮积在肝、肾、胰和甲状腺中,镉也随尿排出,但持续时间很长。

镉污染会产生协同作用,加剧其他污染物的毒性。实际上,单一的或纯净的含镉废水是少见的,所以呈现更大的毒性。我国规定,镉及其无机化合物,工厂最高允许排放浓度为 0.1 mg/L,并且不得用稀释的方法代替必要的处理。镉污染主要来源于以下几个方面:

①金属矿的开采和冶炼,镉属于稀有金属,天然矿物中镉与锌、铅、铜等共存,因此在矿石的浮选、冶炼、精炼等过程中便排出含镉废水。

②化学工业中涤纶、涂料、塑料、试剂等工厂企业使用镉或镉制品做原料或催化剂的某些生产过程中产生含镉废水。

③生产轴承、弹簧、电光器械和金属制品等机械工业与电器、电镀、印染、农药、陶瓷、蓄电池、光电池、原子能工业部门废水中亦含有不同程度的镉。

测定镉的方法,主要有原子吸收分光光度法、双硫腙分光光度法、阳极溶出伏安法等。

(一)原子吸收分光光度法

原子吸收分光光度法,又称原子吸收光谱分析,简称原子吸收分析。它是根据某元素的基态原子对该元素的特征谱线的选择性吸收来进行测定的分析方法。镉的原子吸收分光光度法有直接吸入火焰原子吸收分光光度法、萃取火焰原子吸收分光光度法、离子交换火焰原子吸收分光光度法和石墨炉原子分光光度法。

1.直接吸入火焰原子分光光度法

该方法测定速度快、干扰少,适于分析废水:地下水和地面水,一般仪器的适用浓度范围为 $0.05\sim1.00$ mg/L。

(1)方法原理

将试样直接吸入空气—乙炔火焰中,在 228.8 nm 处测定吸光度。火焰中形成的原子蒸气对光产生吸收,将测得的样品吸光度和标准溶液的吸光度进行比较,确定样品中被测元素的含量。

(2)试样测量

首先将水样进行消解处理,然后按说明书启动、预热、调节仪器,使之处于工作状态。依次用 0.2% 硝酸溶液将仪器调零,用标准系列分别进行喷雾,每个水样进行三次读数,三次读数的平均值作为该点的吸光度。以浓度为横坐标,吸光度为纵坐标绘制标准曲线。同样测定试样的吸光度,从标准曲线上查得水样中待测离子浓度,注意水样体积的换算。

2.萃取火焰原子吸收分光光度法

本法适用于地下水和清洁地面水。分析生活污水和工业废水以及受污染的地面水时样品预先消解。一般仪器的适用浓度范围为 $1\sim50$ μg/L。

一吡咯烷二硫代氨基甲酸铵—甲基异丁酮,(APDC—MIBK)萃取程序是取一定体积预处理好的水样和一系列标准溶液,调 pH 为 3,各加入 2 mL 2% 的 APDC 溶液摇匀,静置 1 min,加入 10 mL MIBK,萃取 1 min,静置分层弃去水相,用滤纸吸干分液漏斗颈内残留液。有机相置于 10 mL 具塞试管中,盖严。按直接测定条件点燃火焰以后,用 MtBK 喷雾,降低乙炔/空气比,使火焰颜色和水溶液喷雾时大致相同。用萃取标准系列中试剂空白的有机相将仪器调零,分别测定标准系列和样品的吸光度,利用标准曲线法求水样中的 Cd^{2+} 含量。

(二)双硫腙分光光度法

1.方法原理

在强碱性溶液中,Cd^{2+} 与双硫腙生成红色配合物。用氯仿萃取分离后,于 518 nm 波长处进行比色测定。从而求出镉的含量,其反应式如下:

$$Cd^{2+}+2S=C \begin{matrix} H & C_6H_5 \\ N-N-H \\ N=N \\ C_6H_5 \end{matrix} \longrightarrow S=C \begin{matrix} H & C_6H_5 & C_6H_5 \\ N-N & N=N \\ Cd & C \\ N=N & N-N \\ C_6H_5 & C_6H_5 & H \end{matrix} =S+2H$$

2.方法适用范围

各种金属离子的干扰均可用控制 pH 和加入络合剂的方法除去。当有大量有机物污染时,需把水样消解后测定。本方法适用于受镉污染的天然水和废水中镉的测定,最低检出浓度为 0.001 mg/L,测定上限为 0.06 mg/L。

四、铅的测定

铅的污染主要来自铅矿的开采,含铅金属冶炼,橡胶生产,含铅油漆颜料的生产和使用,蓄电池厂的熔铅和制粉,印刷业的铅版、铅字的浇铸,电缆及铅管的制造,陶瓷的配釉,铅质玻璃的配料以及焊锡等工业排放的废水。汽车尾气排出的铅随降水进入地面水中,亦造成铅的污染。

铅通过消化道进入人体后,即积蓄于骨髓、肝、肾、脾、大脑等处,形成所谓"贮存库",以后慢慢从中放出,通过血液扩散到全身并进入骨骼,引起严重的累积性中毒。世界上地面水中,天然铅的平均值大约是 0.5 μg/L,地下水中铅的浓度在 1~60 μg/L,当铅浓度达到 0.1 mg/L 时,可抑制水体的自净作用。铅进入水体中与其他重金属一样,一部分被水生物浓集于体内,另一部分则随悬浮物絮凝沉淀于底质中,甚至在微生物的参与下可能转化为四甲基铅。铅不能被生物代谢所分解,在环境中属于持久性的污染物。

测定铅的方法有双硫腙分光光度法、原子吸收分光光度法、阳极溶出伏安法。

在 pH 为 8.5~9.5 的氨性柠檬酸盐—氰化物的还原性介质、中,铅与双硫腙形成可被三氯甲烷萃取的淡红色的双硫腙铅螯合物,其反应式如下:

$$Pb^{2+}+2S=C \begin{matrix} H & C_6H_5 \\ N-N-H \\ N-N \\ C_6H_5 \end{matrix} \longrightarrow S=C \begin{matrix} H & C_6H_5 & C_6H_5 \\ N-N & N=N \\ Pb & C \\ N-N & N-N \\ C_6H_5 & C_6H_5 & H \end{matrix} =S+2H$$

（淡红色）

有机相可于最大吸收波长 510 nm 处测量,利用工作曲线法求得水样中铅的含量,本方法的线性范围为 0.01~0.3 mg/L。本方法适用于测定地表水和废水中痕量铅。

测定时,要特别注意器皿、试剂及去离子水是否含痕量铅,这是能否获得准确结果的关键。所用 KCN 毒性极大,在操作中一定要在碱性溶液中进行,严防接触手上破皮之处。Bi^{3+}、Sn^{2+} 等干扰测定,可预先在 pH 为 2~3 时用双硫腙三氯甲烷溶液萃取分离。为防止双硫腙被一些氧化物质如 Fe^{3+} 等氧化,在氨性介质中加入了盐酸羟胺和亚硫酸钠。

五、汞的测定

汞(Hg)及其化合物属于剧毒物质,可在体内蓄积。进入水体的无机汞离子可转变为毒性更大的有机汞,由食物链进入人体,引起全身中毒。

天然水含汞极少,水中汞本底浓度一般不超过 0.1 mg/L。由于沉积作用,底泥中的汞含量会大一些,本底值的高低与环境地理地质条件有关。我国规定生活饮用水的含汞量不得高于 0.001 mg/L;工业废水中,汞的最高允许排放浓度为 0.05 mg/L,这是所有的排放标准中最严的。地面水汞污染的主要来源是重金属冶炼、食盐电解制碱、仪表制造、农药、军工、造纸、氯碱工业、电池生产、医院等工业排放的废水。

由于汞的毒性大、来源广泛,汞作为重要的测定项目为各国所重视,对其的研究较普遍,分析方法较多。化学分析方法有:硫氰酸盐法、双硫腙法、EDTA 配位滴定法及沉淀重量法等。仪器分析方法有:阳极溶出伏安法;气相色谱法、中子活化法、X 射线荧光光谱法、冷原子吸收法、冷原子荧光法、中子活化法等。其中冷原子吸收法、冷原子荧光法是测定水中微量、痕量汞的特异方法,其干扰因素少,灵敏度较高。双硫腙分光光度法是测定多种金属离子的适用方法,如能掩蔽干扰离子和严格掌握反应条件,也能得到满意的结果。

(一)冷原子吸收法

1.方法原理

汞蒸气对波长为 253.7 nm 的紫外线有选择性吸收,在一定的浓度范围内,吸光度与汞浓度成正比。

水样中的汞化合物经酸性高锰酸钾热消解,转化为无机的二价汞离子,再经亚锡离子还原为单质汞,用载气或振荡使之挥发,该原子蒸气对来自汞灯的辐射,显示出选择性吸收作用,通过吸光度的测定,分析待测水样中汞的浓度。

2.测定要点

(1)水样的预处理

取一定体积水样于锥形瓶中,加硫酸、硝酸和高锰酸钾溶液、过硫酸钾溶液,置沸水浴中使水样近沸状态下保温 1h,维持红色不褪,取下冷却。临近测定时滴加盐酸羟胺溶液,直至刚好使过剩的高锰酸钾褪色及二氧化锰全部溶解为止。

(2)标准曲线绘制

依照水样介质条件,用 $HgCl_2$ 配制系列汞标准溶液。分别吸取适量汞标准溶液于还原瓶内,加入氯化亚锡溶液,迅速通入载气,记录表头的指示值。以经过空白校正的各测量值(吸光度)为纵坐标,相应标准溶液的汞浓度为横坐标,绘制出标准曲线。

(3)水样测定

取适量处理好的水样于还原瓶中,与标准溶液进行同样的操作,测定其吸光度,扣除空白值从标准曲线上查得汞浓度,如果水样经过稀释,要换算成原水样中汞(Hg, $\mu g/L$)的含量。其计算式为:

$$汞含量 = C \times \frac{V_0}{V} \times \frac{V_1 + V_2}{V_1}$$

式中,C 为试样测量所得汞含量,$\mu g/L$;V 为试样制备所取水样体积,mL;V_0 为试样制备最后定容体积,mL;V_1 为最初采集水样时体积,mL;V_2 为采样时加入试剂总体积,mL。

3.注意事项

①样品测定时,同时绘制标准曲线,以免因温度、灯源变化影响测定准确度。

②试剂空白应尽量低,最好不能检出。

③对汞含量高的试样,可采用降低仪器灵敏度或稀释办法满足测定要求,但以采用前者措施为宜。

(二)冷原子荧光法

它是在原子吸收法的基础上发展起来的,是一种发射光谱法。汞灯发射光束经过由水样中所含汞元素转化的汞蒸气云时,汞原子吸收特定共振波的能量,使其由基态激发到高能态,而当被激发的原子回到基态时,将发出荧光,通过测定荧光强度的大小,即可测出水样中汞的含量,这就是冷原子荧光法的基础。检测荧光强度的检测器要放置在和汞灯发射光束成直角的位置上。本方法最低检出浓度为 0.05 $\mu g/L$,测定上限可达到 1 $\mu g/L$,且干扰因素少,适用于地面水、生活污水和工业废水的测定。

(三)双硫腙分光光度法

水样于 95 ℃,在酸性介质中用高锰酸钾和过硫酸钾消解,将无机汞和有机汞转化为二价汞。

用盐酸羟胺将过剩的氧化剂还原,在酸性条件下;汞离子与双硫腙生成橙色螯合物,用有机溶剂萃取,再用碱液洗去过剩的双硫腙,于 485 nm 波长处测定吸光度。以标准曲线法求水样中汞的含量。

汞的最低检出浓度(取 250 mL 水样)为 0.002 mg/L,测定上限为 0.04 mg/L,本方法适用于工业废水和受汞污染的地面水的监测。

第四节 非金属无机化合物的测定

一、pH 的测定

天然水的 pH 在−7.2~8 的范围内。当水体受到酸、碱污染后,引起水体 pH 变化,对 pH 的测量,可以估计哪些金属已水解沉淀,哪些金属还留在水中。水体的酸污染主要来自于冶金:搪瓷、电镀、轧钢、金属加工等工业的酸洗工序和人造纤维、酸法造纸排出的废水,另一个来源是酸性矿山排水。碱污染主要来源于碱法造纸、化学纤维、制碱、制革、炼油等工业废水。

水体受到酸碱污染后,pH 发生变化,在水体 pH<6.5 或 pH>8.5 时,水中微生物生长受到抑制,使得水体自净能力受到阻碍并腐蚀船舶和水中设施。酸对鱼类的鳃有不易恢复的腐蚀作用;碱会引起鱼鳃分泌物凝结,使鱼呼吸困难,不宜鱼类生存。长期受到酸、碱污染将导致人类生态系统的破坏。为了保护水体,我国规定河流水体的 pH 应在 6.5~9。

测 pH 的方法有玻璃电极法和比色法,其中玻璃电极法基本上不受溶液的颜色、浊度、胶体物质、氧化剂和还原剂以及高含盐量的干扰。但当 pH>10 时,产生较大的误差,使读数偏低,称为"钠差"。克服"钠差"的方法除了使用特制的"低钠差"电极外,还可以选用与被测溶液 pH 相近的标准缓冲溶液对仪器进行校正。

（一）玻璃电极法

1.玻璃电极法原理

以饱和甘汞电极为参比电极，玻璃电极为指示电极组成电池，在 25 ℃下，溶液中每变化 1 个 pH 单位，电位差就变化 59.9mV，将电压表的刻度变为 pH 刻度，便可直接读出溶液的 pH，温度差异可以通过仪器上的补偿装置进行校正。

2.所需仪器

各种型号的 pH 计及离子活度计，玻璃电极、甘汞电极。

3.注意事项

①玻璃电极在使用前应浸泡激活。通常用邻苯二甲酸氢钾、磷酸二氢钾＋磷酸氢二钠和四硼酸钠溶液依次校正仪器，这三种常用的标准缓冲溶液，目前市场上有售。

②本实验所用蒸馏水为二次蒸馏水，电导率小于 $2\mu\Omega/cm$，用前煮沸以排出 CO_2。

③pH 是现场测定的项目，最好把电极插入水体直接测量。

（二）比色法

酸碱指示剂在其特定 pH 范围的水溶液中产生不同颜色，向标准缓冲溶液中加入指示剂，将生成的颜色作为标准比色管，与加入同一种指示剂的水样显色管目视比色，可测出水样的 pH。本法适用于色度很低的天然水，饮用水等。如水样有色、浑浊或含较高的游离余氯、氧化剂、还原剂，均干扰测定。

二、溶解氧的测定

溶解氧就是指溶解于水中分子状态的氧，即水中的 O_2，以 DO 表示。溶解氧是水生生物生存不可缺少的条件。溶解氧的一个来源是水中溶解氧未饱和时，大气中的氧气向水体渗入；另一个来源是水中植物通过光合作用释放出的氧。溶解氧随着温度、气压、盐分的变化而变化；一般说来，温度越高，溶解的盐分越大，水中的溶解氧越低；气压越高，水中的溶解氧越高。溶解氧除了被通常水中硫化物、亚硝酸根、亚铁离子等还原性物质所消耗外，也被水中微生物的呼吸作用以及水中有机物质被好氧微生物氧化分解所消耗。所以说，溶解氧是水体的资本，是水体自净能力的表示。

天然水中溶解氧近于饱和值（9 mg/L），藻类繁殖旺盛时，溶解氧呈过饱和。水体受有机物及还原性物质污染可使溶解氧降低，当 DO 小于 4.5 mg/L 时，鱼类生活困难。当 DO 消耗速率大于氧气向水体中溶入的速率时，DO 可趋近于 0，厌氧菌得以繁殖使水体恶化。所以，溶解氧的大小，反映出水体受到污染，特别是有机物污染的程度，它是水体污染程度的重要指标，也是衡量水质的综合指标。

测定水中溶解氧的方法有碘量法及其修正法和膜电极法。清洁水可用碘量法，受污染的地面水和工业废水必须用修正的碘量法或膜电极法。

三、氰化物的测定

氰化物主要包括氢氰酸（HCN）及其盐类（如 KCN、NaCN）。氰化物是一种剧毒物质，也是一种广泛应用的重要工业原料。在天然物质中,如苦杏仁、枇杷仁、桃仁、木薯及白果,均含有少量 KCN。一般在自然水体中不会出现氰化物,水体受到氰化物的污染,往往是由于工厂排放废水以及使用含有氰化物的杀虫剂所引起,它主要来源于金属、电镀、精炼、矿石浮选、炼焦、染料、制药、维生素、丙烯腈纤维制造、化工及塑料工业。

人误服或在工作环境中吸入氰化物时,会造成中毒。其主要原因是氰化物进入人体后,可与高铁型细胞色素氧化酶结合,变成氰化高铁型细胞色素氧化酶,使之失去传递氧的功能,引起组织缺氧而致中毒。

测定氰化物的方法主要有硝酸银滴定法、分光光度法、离子选择电极法等。测定之前,通常先将水样在酸性介质中进行蒸馏,把能形成氰化氢的氰化物蒸出,使之与干扰组分分离。常用的蒸馏方法有以下两种。

①酒石酸－硝酸锌预蒸馏。在水样中加入酒石酸和硝酸锌,在 pH 约为 4 的条件下加热蒸馏,简单氰化物及部分配位氰(如$[Zn(CN)_4]^{2-}$)以 HCN 的形式蒸馏出来,用氢氧化钠溶液吸收,取此蒸馏液测得的氰化物为易释放的氰化物。

②磷酸－EDTA 预蒸馏。向水样中加入磷酸和 EDTA,在 pH<2 的条件下,加热蒸馏,利用金属离子与 EDTA 配位能力比与 CN^- 强的特性,使配位氰化物离解出 CN^-,并在磷酸酸化的情况下,以 HCN 形式蒸馏出。此法测得的是全部简单氰化物和绝大部分配位氰化物,而钴氰配合物则不能蒸出。

四、氨氮的测定

水中的氨氮是指以游离氨(NH3)和铵离子(NH_4^+)形式存在的氮,两者的组成比决定于水的 pH,当 pH 偏高时,游离氨的比例较高,反之,则铵盐的比例高。水中氨氮来源主要为生活污水中含氮有机物受微生物作用的分解产物,某些工业废水,如石油化工厂、畜牧场及它的废水处理厂、食品厂、化肥厂、炼焦厂等排放的废水及农田排水、粪便是生活污水中氮的主要来源。在有氧环境中,水中氨可转变为亚硝酸盐或硝酸盐。

我国水质分析工作者,把水体中溶解氧参数和铵浓度参数结合起来,提出水体污染指数的概念与经验公式,用以指导给水生产和作为评价给水水源水质优劣标准,所以氨氮是水质重要测量参数。氨氮的分析方法有滴定法、纳氏试剂分光光度法、苯酚－次氯酸盐分光光度法、氨气敏电极法等。

五、亚硝酸盐氮的测定

亚硝酸盐是含氮化合物分解过程的中间产物,极不稳定,可被氧化成硝酸盐,也易被还原成氨,所以取样后立即测定,才能检出 NO_2^-。亚硝酸盐实际是亚铁血红蛋白症的病原体,它可与仲胺类(RRNH)反应生成亚硝胺类(RRN－NO),已知它们之中许多具有强烈的致癌性。所以 NO_2^- 是一种潜在的污染物,被列为水质必测项目之一。

水体亚硝酸盐的主要来源是污水、石油、燃料燃烧以及硝酸盐肥料工业,染料、药物、试剂厂排放的废水。淡水、蔬菜中亦含有亚硝酸盐,含量不等,熏肉中含量很高。亚硝酸盐氮的测定,通常采用重氮偶合比色法,按试剂不同分为 N－(1－萘基)－乙二胺比色法和 α－萘胺比色法。两者的原理和操作基本相同。

　　　　N－(1－萘基)－乙二胺分光光度法

在 pH 为 1.8＋0.3 的磷酸介质中,亚硝酸盐与对氨基苯磺酰胺反应,生成重氮盐,再与 $N-(1-$萘基$)-$乙二胺偶联生成红色染料,于 540 nm 处进行比色测定。

本法适用于饮用水、地面水、地下水、生活污水和工业废水中亚硝酸盐氮的测定。最低检出浓度为 0.003 mg/L,测定上限为 0.20 mg/L。

必须注意的是下面两点:①水样中如有强氧化剂或还原剂时则干扰测定,可取水样加 $HgCl_2$ 溶液过滤除去。Fe^{3+}、Ca^{2+} 的干扰,可分别在显色之前加 KF 或 EDTA 掩蔽。水样如有颜色和悬浮物时,可于 100 mL 水样中加入 2 mL 氢氧化铝悬浮液进行脱色处理,滤去 $Al(OH)_3$ 沉淀后再进行显色测定。②实验用水均为不含亚硝酸盐的水,制备时于普通蒸馏水中加入少许 $KMnO_4$ 晶体,使呈红色,再加 $Ba(OH)_2$ 或 $Ca(OH)_2$ 使成碱性。置全玻璃蒸馏器中蒸馏,弃去 50 mL 初馏液,收集中间约 70% 不含锰的馏出液。

六、硝酸盐氮的测定

硝酸盐是在有氧环境中最稳定的含氮化合物,也是含氮有机化合物经无机化作用最终阶段的分解产物。清洁的地面水硝酸盐氮含量较低,受污染水体和一些深层地下水中含量较高。制革、酸洗废水、某些生化处理设施的出水及农田排水中常含大量硝酸盐。人体摄入硝酸盐后,经肠道中微生物作用转变成亚硝酸盐而呈现毒性作用。

水中硝酸盐的测定方法有酚二磺酸分光光度法、镉柱还原法、戴氏合金还原法、紫外分光光度法和离子选择电极法。

紫外分光光度法多用于硝酸盐氮含量高、有机物含量低的地表水测定。该方法的基本原理是采用絮凝共沉淀和大孔型中性吸附树脂进行预处理,以排除天然水中大部分常见有机物、浑浊和 Fe^{3+}、$Cr(Ⅵ)$ 对本法的干扰。利用 NO_3^- 对 220 nm 波长处紫外线选择性吸收来定量测定硝酸盐氮。离子选择电极法中的 NO_3^- 离子选择电极属于液体离子交换剂膜电极,这类电极用浸有液体离子交换剂的惰性多孔薄膜作为传感膜,该膜对溶液中不同浓度的 NO_3^- 有不同的电位响应。

第五节　有机化合物综合指标的测定

水体中有机化合物种类繁多,难以对每一个组分逐一定量测定,目前多采用测定有机化合物的综合指标来间接表征有机化合物的含量。综合指标主要有化学需氧量、高锰酸盐指数、生化需氧量、总需氧量和总有机碳等。有机化合物的污染源主要有农药、医药、染料以及化工企业排放的废水。

一、化学需氧量

化学需氧量(chemical oxygen demand,COD)是指在一定条件下,氧化 1L 水样中还原性物质所消耗的氧化剂的量,以氧的质量浓度(mg/L)表示。化学需氧量反映了水体受还原性物质污染的程度。水中的还原性物质包括有机物、亚硝酸盐、亚铁盐、硫化物等。水被有机物污染是很普遍的,因此化学需氧量也作为有机物相对含量的指标之一。

化学需氧量随测定时所用氧化剂的种类、浓度、反应温度和时间、溶液的酸度、催化剂等变化而不同。水样中化学需氧量的测定方法有重铬酸钾法、氯气校正法、碘化钾碱性高锰酸钾法和快速消解分光光度法。

1.重铬酸钾法

在水样中加入一定量的重铬酸钾溶液及硫酸汞溶液,并在强酸介质下以硫酸银作催化剂,按照图 3-13 或图 3-14 所示装置回流 2h 后,以 1,10-邻二氮菲为指示剂,用硫酸亚铁铵标准溶液滴定水样中未被还原的重铬酸钾,由消耗的硫酸亚铁铵的量计算出回流过程中消耗的重铬酸钾的量,并换算成消耗氧的质量浓度,即为水样的化学需氧量。

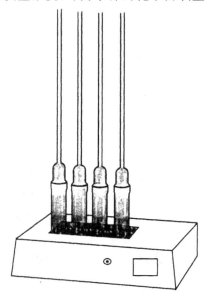

图 3-13　COD 测定回流装置(一)　　　图 3-14　COD 测定回流装置(二)

当污水 COD 大于 50 mg/L 时,可用 0.25mol/L 的 $K_2Cr_2O_7$ 标准溶液;当污水 COD 为 5～50 mg/L 时,可用 0.025 mol/L 的 $K_2Cr_2O_7$ 标准溶液。

$K_2Cr_2O_7$ 氧化性很强,可将大部分有机物氧化,但吡啶不被氧化,芳香族有机物不易被氧化。挥发性直链脂肪族化合物、苯等有机物存在于蒸气相,氧化不明显。

氯离子能被 $K_2Cr_2O_7$ 氧化,并与硫酸银作用生成沉淀,影响测定结果,在回流前加入适量的硫酸汞去除。但当水中氯离子浓度大于 1 000 mg/L 时,不能采用此方法测定。

$COD(O_2, mg/L)$ 按下计算:

$$COD(O_2, mg/L) = \frac{1}{4} \times \frac{c(V_0 - V_1)M(O_2) \times 10^3}{V}$$

式中,c 为硫酸亚铁铵标准溶液的浓度,mol/L;V_0 为空白试验所消耗的硫酸亚铁铵标准溶液的体积,mL;V_1 为水样测定所消耗的硫酸亚铁铵标准溶液的体积,mL;V 为水样的体积,mL;$M(O_2)$ 为氧气的摩尔质量,g/mol。

2.氯气校正法

按照重铬酸钾法测定的 COD 值即为表观 COD。将水样中未与 Hg_2^+ 配位而被氧化的那部分氯离子所形成的氯气导出,用氢氧化钠溶液吸收后,加入碘化钾,用硫酸调节溶液为 pH 为 2～3,以淀粉为指示剂,用硫代硫酸钠标准溶液滴定,由此计算出与氯离子反应消耗的重铬酸钾,并换算为消耗氧的质量浓度,即为氯离子校正值。表观 COD 与氯离子校正值的差即为所测水样的 COD。

该方法适用于氯离子含量小于 20 000 mg/L 的高氯废水中化学需氧量的测定,主要用于油田、沿海炼油厂、油库、氯碱厂等废水中 COD 的测定。

按图 3-15 连接好装置。通入氮气(5～10 mL/ min),加热,自溶液沸腾起回流 2h。停止加热后,加大气流(30～40 mL/ min),继续通氮气约 30 min。取下吸收瓶,冷却至室温,加入 1.0g 碘化钾,然后加入 7 mL 硫酸(2mol/L),调节溶液 pH 为 2～3,放置 10 min,用硫代硫酸钠标准溶液滴定至淡黄色,加入淀粉指示液,

然后继续滴定至蓝色刚刚消失,记录消耗硫代硫酸钠标准溶液的体积。待锥形瓶冷却后,从冷凝管上端加入一定量的水,取下锥形瓶。待溶液冷却至室温后,加入 3 滴 1,10-邻二氮菲,用硫酸亚铁铵标准溶液滴定至溶液的颜色由黄色经蓝绿色变为红褐色为终点。

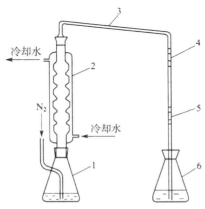

图 3-15　回流吸收装置
1—插管锥形瓶;2—冷凝管;3—导出管;4,5—硅橡胶接管;6—吸收瓶

以 20.0 mL 水代替试样进行空白试验,按照同样的方法测定消耗硫酸亚铁铵标准溶液的体积。

结果按下式计算:

$$表观 COD(O_2,mg/L) = \frac{1}{4} \times \frac{c_1(V_1-V_2)M(O_2)}{4V_0} \times 10^3$$

$$氯离子校正值(O_2,mg/L) = \frac{c_2V_3M(O_2)}{4V_0} \times 10^3$$

式中,c_1 为硫酸亚铁铵标准溶液的浓度,mol/L;c_2 为硫代硫酸钠标准溶液的浓度,mol/L;V_1 为空白试验消耗硫酸亚铁铵标准溶液的体积,mL;V_2 为试样测定时消耗硫酸亚铁铵标准溶液的体积,mL;V_3 为吸收液测定消耗硫代硫酸钠标准溶液的体积,mL;V_0 为试样的体积,mL;$M(O_2)$ 为氧气的摩尔质量,g/mol。

3.碘化钾碱性高锰酸钾法

在碱性条件下,在水样中加入一定的高锰酸钾溶液,在沸水浴中反应一定时间,以氧化水中的还原性物质。加入过量的碘化钾,还原剩余的高锰酸钾,以淀粉为指示剂,用硫代硫酸钠滴定释放出来的碘。根据消耗高锰酸钾的量,换算成相对应的氧的质量浓度,用 COD_{OH-KI} 表示。该方法适用于油气田和炼化企业高氯废水中化学需氧量的测定。

由于碘化钾碱性高锰酸钾法与重铬酸盐法的氧化条件不同,对同一样品的测定值也

不同。而我国的污水综合排放标准中 COD 指标是指重铬酸钾法的测定结果。可按下式将 COD_{OH-KI} 换算为 COD_{Cr}：

$$COD_{Cr} = \frac{COD_{OH-KI}}{K}$$

式中，K 为碘化钾碱性高锰酸钾法的氧化率与重铬酸盐法氧化率的比值，可以分别用碘化钾碱性高锰酸钾法和重铬酸盐法测定同一有代表性的废水样品的需氧量来确定。

若用碘化钾碱性高锰酸钾法和重铬酸盐法测定同一有代表性的废水样品的需氧量分别为 COD_1 和 COD_2，则 K 值可以用下式计算：

$$K = \frac{COD_1}{COD_2}$$

若水中含有几种还原性物质，则取它们的加权平均 K 值作为水样的 K 值。

4.快速消解分光光度法

试样中加入已知量的重铬酸钾溶液，在强硫酸介质中，以硫酸银作为催化剂，经高温消解后，溶液中的铬以 $Cr_2O_7^{2-}$ 和 Cr^{3+} 两种形态存在。

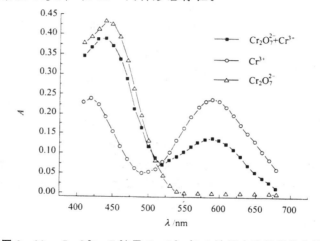

图 3-16　$Cr_2O_7^{2-}$、Cr^{3+} 及 $Cr_2O_7^{2-}$ 与 Cr^{3+} 混合液的吸收曲线

由吸收曲线（见图 3-16）可知，在 600 nm＋20 nm 波长处 Cr^{3+} 有吸收而 $Cr_2O_7^{2-}$ 无吸收，而在 440 nm±20 nm 波长处 Cr^{3+} 和 $Cr_2O_7^{2-}$ 均有吸收。若水样的 COD 值为 100mg/L 至 1000mg/L 时，配制 COD 值为 100mg/L 至 1000mg/L 范围内的标准系列溶液，经高温快速消解后，在（600＋20）nm 波长处分别测定标准系列溶液中重铬酸钾被还原产生的 Cr^{3+} 的吸光度 A_i 和 A_x，同时测定空白实验溶液的吸光度 A_0。以吸光度 $A(A_i - A_0)$ 为纵坐标，以标准系列溶液的 COD 值为横坐标，绘制标准曲线，根据校准曲线方程计算试样的 COD 值。若试样中 COD 值为 15mg/L 至 250mg/L 时，在（600±20）nm 波长处 Cr^{3+} 的吸光度值很小，为了减小测量误差，可以在（440＋20）nm 波长处测定重铬酸钾未被还原的六价铬和被还原产生的三价铬的总吸光度。试样中 COD 值与 $Cr_2O_7^{2-}$ 吸光度减少值成正比例关系，与 Cr^{3+} 吸光度增加值成正比例关系，且与总吸光度减少值成正比例关系。配制 COD 值为 15mg/L 至 250mg/L 范围内的标准系列溶液，经高温快速消解后，在（440±20）nm 波长处分别测定标准系列溶液和水样中 $Cr_2O_7^{2-}$ 和 Cr^{3+} 的总吸光度 A_i 和 A_x，同时测定空白实验溶液的吸光度 A_0。以吸光度 $A(A_i - A_0)$ 为纵坐标，以标准系列溶液的 COD

值为横坐标,绘制标准曲线,根据校准曲线方程计算试样的 COD 值。

该方法适用于地表水、地下水、生活污水和工业废水中 COD 的测定。对未经稀释的水样,其 COD 测定下限为 15 mg/L,测定上限为 1 000 g/L,氯离子浓度不应大于 1 000 mg/L。对于 COD 大于 1 000 mg/L 或氯离子含量大于 1 000 mg/L 的水样,可经适当稀释后进行测定。

在(600±20) nm 处测试时,Mn(Ⅲ)、Mn(Ⅵ)或 Mn(Ⅶ)形成红色物质,会引起正偏差;而在(440±20) nm 处,锰溶液(硫酸盐形式)的影响比较小。另外,若工业废水中存在高浓度的有色金属离子,对测定结果可能也会产生一定的影响。为了减少高浓度有色金属离子对测定结果的影响,应将水样适当稀释后进行测定,并选择合适的测定波长。

二、高锰酸盐指数

高锰酸盐指数(permanganate index)是指在一定条件下,以高锰酸钾为氧化剂氧化水样中的还原性物质所消耗的高锰酸钾的量,以氧的质量浓度(mg/L)来表示。

因高锰酸钾在酸性介质中的氧化能力比在碱性介质中的氧化能力强,故常分为酸性高锰酸钾法和碱性高锰酸钾法,分别适用于不同水样的测定。

取一定量水样(一般取 100 mL),在酸性或碱性条件下,加入 10.0 mL 高锰酸钾溶液,沸水浴 30 min 以氧化水样中还原性无机物和部分有机物。加入过量的草酸钠溶液还原剩余的高锰酸钾,再用高锰酸钾标准溶液滴定过量的草酸钠。反应式如下:

水样未稀释时,高锰酸盐指数(O_2,mg/L)按下式计算:

$$高锰酸盐指数(O_2,mg/L) = \frac{1}{4} \times \frac{c\,[(10+V_1)\,K-10]\,M(O_2)}{V} \times 10^3$$

式中,c 为草酸钠 $\left(\frac{1}{2}\,Na_2C_2O_4\right)$ 标准溶液的浓度,mol/L;V_1 为滴定水样消耗高锰酸钾标准溶液的体积,mL;K 为校正系数[每毫升高锰酸钾标准溶液相当于草酸钠标准溶液的体积(mL)];$M(O_2)$ 为氧气的摩尔质量,g/mol;V 为水样的体积,mL。

若水样的高锰酸盐指数超过 5mg/L 时,应少取水样稀释后再测定。稀释后水样的高锰酸盐指数(O_2,mg/L)按下式计算:

$$高锰酸盐指数(O_2,mg/L) =$$
$$\frac{1}{4} \times \frac{c\{[(10+V_1)\,K-10]-[(10+V_0)\,K-10]\,f\}\,M(O_2)}{V} \times 10^3$$

式中,c 为草酸钠 $\left(\frac{1}{2}\,Na_2C_2O_4\right)$ 标准溶液的浓度,mol/L;V_1 为滴定水样消耗高锰酸钾标准溶液的体积,mL;V_0 为空白试验消耗高锰酸钾标准溶液的体积,mL;K 为校正系数[每毫升高锰酸钾标准溶液相当于草酸钠标准溶液的体积(mL)];f 为稀释水样中含稀释水的比值;$M(O_2)$ 为氧气的摩尔质量,g/mol;V 为水样的体积,mL;V 为原水样的体积,mL。

国际标准化组织(ISO)建议高锰酸盐指数仅限于测定地表水、饮用水和生活污水。

若水样中氯离子含量不高于 300 mg/L 时,采用酸性高锰酸钾法;若氯离子含量高于 300mg/L 时,采用碱性高锰酸钾法。

三、生化需氧量

生化需氧量（biochemical oxygen demand，BOD）是指在规定的条件下，微生物分解水中某些物质（主要为有机物）的生物化学过程中所消耗的溶解氧。由于规定的条件是在（20±1）℃条件下暗处培养 5d，因此被称为五日生化需氧量，用 BOD_5 表示，单位为 mg/L。

BOD_5 是反映水体被有机物污染程度的综合指标，也是研究污水的可生化降解性和生化处理效果，以及生化处理污水工艺设计和动力学研究中的重要参数。

测定五日生化需氧量的方法可以分为溶解氧含量测定法、微生物传感器快速测定法和测压法三类。溶解氧的含量测定法是分别测定培养前后培养液中溶解氧的含量，进而计算出 BOD_5 的值，根据水样是否稀释或接种又分为非稀释法、非稀释接种法、稀释法和稀释接种法。如样品中的有机物含量较少，BOD_5 的质量浓度不大于 6 mg/L，且样品中有足够的微生物，用非稀释法测定；若样品中的有机物含量较少，BOD_5 的质量浓度不大于 6 mg/L，但样品中缺少足够的微生物，如酸性废水、碱性废水、高温废水、冷冻保存的废水或经过氯化处理等的废水，须采用非稀释接种法测定。若试样中的有机物含量较多，BOD_5 的质量浓度大于 6 mg/L，且样品中有足够的微生物，采用稀释法测定；若试样中的有机物含量较多，BOD_5 的质量浓度大于 6 mg/L，但试样中无足够的微生物必须采用稀释接种法测定。该方法适用于地表水、工业废水和生活污水中 BOD_5 的测定。

1.溶解氧含量测定法

（1）非稀释法

①水样的采集与保存。采集的样品应充满并密封于棕色玻璃瓶中，样品量不小于 1 000 mL，在 0～4 ℃的暗处运输和保存，并于 24h 内尽快分析。

②试样的制备与培养。若样品中溶解氧浓度低，需要用曝气装置曝气 15 min，充分振摇赶走样品中残留的空气泡；若样品中氧过饱和，使样品量达到容器 2/3 体积，用力振荡赶出过饱和氧。将试样充满溶解氧瓶中，使试样少量溢出，防止试样中的溶解氧质量浓度改变，使瓶中存在的气泡靠瓶壁排出，盖上瓶塞。在制备好的试样的溶解氧瓶上加上水封，在瓶塞外罩上密封罩，防止培养期间水封水蒸发干，在恒温培养箱中于（20±1）℃条件下培养 5d±4h。

③溶解氧的测定与结果计算。在制备好试样 15 min 后测定试样在培养前溶解氧的质量浓度，在培养 5d 后测定试样在培养后溶解氧的质量浓度。测定前待测试样的温度应达到（20±2）℃，测定方法可采用碘量法或电化学探头法，按下式计算 BOD_5。

$$BOD_5(O_2，mg/L) = DO_1 - DO_2$$

式中，DO_1 为水样在培养前溶解氧的质量浓度，mg/L；DO_2 为水样在培养后溶解氧的质量浓度，mg/L。

（2）非稀释接种法

向不含有或少含有微生物的工业废水中引入能分解有机物的微生物的过程，称为接种。用来进行接种的液体称为接种液。

①接种液的制备。获得适用的接种液的方法有：购买接种微生物用的接种物质，按说明书的要求操作配制接种液；采用未受工业废水污染的生活污水，要求化学需氧量不大于300 mg/L，总有机碳不大于 100 mg/L；采取含有城镇污水的河水或湖水；采用污水处理厂

的出水。

当需要测定某些含有不易被一般微生物所分解的有机物工业污水的 BOD_5 时，需要进行微生物的驯化。通常在工业废水排污口下游适当处取水样作为废水的驯化接种液，也可采用一定量的生活污水，每天加入一定量的待测工业废水，连续曝气培养，当水中出现大量的絮状物时(驯化过程一般需 3～8d)，表明微生物已繁殖，可用作接种液。

②接种水样、空白样的制备与培养。水样中加入适量的接种液后作为接种水样，按非稀释法同样的培养方法培养。若试样中含有硝化细菌，有可能发生硝化反应，需在每升试样中加入 2 mL 丙烯基硫脲硝化抑制剂(1.0g/L)。

在每升稀释水(配制方法见稀释法)中加入与接种水样中相同量的接种液作为空白样，需要时每升空白样中加入 2 mL 丙烯基硫脲硝化抑制剂(1.0g/L)。与接种水样同时、同条件进行培养。

③溶解氧的测定与结果计算。采用碘量法或电化学探头法分别测定培养前后接种水样、空白样中溶解氧的质量浓度，按下式计算 BOD_5。

$$BOD_5(O_2, mg/L) = (DO_1 - DO_2) - (D_1 - D_2)$$

式中，DO_1 为接种水样在培养前溶解氧的质量浓度，mg/L；DO_2 为接种水样在培养后溶解氧的质量浓度，mg/L；D_1 为空白样在培养前溶解氧的质量浓度，mg/L；D_2 为空白样在培养后溶解氧的质量浓度，mg/L。

(3)稀释法

①水样的预处理。若样品或稀释后样品 pH 值不在 6～8 的范围内，应用盐酸溶液(0.5 mol/L)或氢氧化钠溶液(0.5 mol/L)调节其 pH 值至 6～8；若样品中含有少量余氯，一般在采样后放置 1～2 h，游离氯即可消失。对在短时间内不能消失的余氯，可加入适量亚硫酸钠溶液去除样品中存在的余氯和结合氯；对于含有大量颗粒物、需要较大稀释倍数的样品或经冷冻保存的样品，测定前均需将样品搅拌均匀；若样品中有大量藻类存在，会导致 BOD_5 的测定结果偏高。当分析结果精度要求较高时，测定前应用滤孔为 1.6 μm 的滤膜过滤，检测报告中注明滤膜滤孔的大小。

②稀释水的制备。在 5～20L 的玻璃瓶中加入一定量的水，控制水温在(20±1) ℃，用曝气装置至少曝气 1h，使稀释水中的溶解氧达到 8 mg/L 以上。使用前每升水中加磷酸盐缓冲溶液、硫酸镁溶液(11 g/L)、氯化钙溶液(27.6 g/L)和氯化铁溶液(0.15 g/L)各 1.0 mL，混匀，于 20 ℃保存。在曝气的过程中应防止污染，特别是防止带入有机物、金属、氧化物或还原物。稀释水中氧的质量浓度不能过饱和，使用前需开口放置 1h，且应在 24h 内使用。

③稀释水样、空白样的制备与培养。用稀释水(配制方法同非稀释接种法)稀释后的样品作为稀释水样。按照确定的稀释倍数，将一定体积的试样或处理后的试样用虹吸管加入已盛有部分稀释水的稀释容器中，加稀释水至刻度，轻轻混合避免残留气泡。若稀释倍数超过 100 倍，可进行两步或多步稀释。若样品中含有硝化细菌，有可能发生硝化反应，需在每升培养液中加入 2 mL 丙烯基硫脲硝化抑制剂(1.0 g/L)。在制备好的稀释水样的溶解氧瓶上加上水封，在瓶塞外罩上密封罩，在恒温培养箱中于(20±1) ℃条件下培养 5d+4h。

以稀释水作为空白样，需要时每升稀释水中加入 2 mL 丙烯基硫脲硝化抑制剂

（1.0 g/L）。与稀释水样同时、同条件进行培养。

④溶解氧的测定与结果计算。采用碘量法或电化学探头法分别测定培养前后稀释水样、空白样中溶解氧的质量浓度，按下式计算 BOD_5。

$$BOD_5(O_2,mg/L) = \frac{(DO_1 - DO_2) - (D_1 - D_2)f_1}{f_2}$$

式中，DO_1 为接种水样在培养前溶解氧的质量浓度，mg/L；DO_2 为接种水样在培养后溶解氧的质量浓度，mg/L；D_1 为空白样在培养前溶解氧的质量浓度，mg/L；D_2 为空白样在培养后溶解氧的质量浓度，mg/L；f_1 为稀释水在培养液中所占比例；f_2 为水样在培养液中所占比例。

2.微生物传感器快速测定法

微生物传感器（microorganism sensor）由氧电极和微生物菌膜组成，当含有饱和溶解氧的样品进入流通池中与微生物传感器接触时，样品中溶解的可生化降解的有机物受到微生物菌膜中菌种的作用而消耗一定量的氧，使扩散到氧电极表面上氧质量减少。当样品中可生化降解的有机物向菌膜扩散速度（质量）达到恒定时，此时扩散到氧电极表面上的氧质量也达到恒定，从而产生一个恒定的电流。由于恒定电流差值与氧的减少量存在定量关系，可直接读取仪器显示浓度值，或由工作曲线查出水样中的 BOD_5。

该法适用于地表水、生活污水及不含对微生物有明显毒害作用的工业废水中 BOD_5 的测定。

3.测压法

在密闭的培养瓶中，系统中的溶解氧由于微生物降解有机物而不断消耗。产生与耗氧量相当的 CO_2 被吸收后，使密闭系统的压力降低，通过压力计测出压力降，即可求出水样的 BOD_5。在实际测定中，先以标准葡萄糖谷氨酸溶液的 BOD_5 和相应的压差进行曲线校正，便可直接读出水样的 BOD_5。

四、总需氧量

总需氧量（total oxygen demand，TOD）是指水中能被氧化的物质，主要是有机质在燃烧中变成稳定的氧化物时所需要的氧量，结果以氧气的质量浓度（mg/L）表示。

总需氧量常用 TOD 测定仪来测定，将一定量水样注入装有铂催化剂的石英燃烧管中，通入含已知氧浓度的载气（氮气）作为原料气，则水样中的还原性物质在 900 ℃下被瞬间燃烧氧化，测定燃烧前后原料气中氧浓度减少量，即可求出水样的 TOD 值。

TOD 是衡量水体中有机物污染程度的一项指标。TOD 值能反映几乎全部有机物质经燃烧后变成 CO_2、H_2O、NO、SO_2 等所需要的氧量，它比 BOD_5、COD 和高锰酸盐指数更接近理论需氧量值。

有资料表明 BOD/TOD 为 0.1～0.6，COD/TOD 为 0.5～0.9，但它们之间没有固定相关关系，具体比值取决于污水性质。

研究表明，水样中有机物的种类可用 TOD 和 TOC 的比例关系来判断。对于含碳化合物来说，碳原子被完全氧化时，一个碳原子需要两个氧原子，而两个氧原子与一个碳原子的原子量比值为 2.67，于是理论上 TOD/TOC＝2.67。若某水样的 TOD/TOC≈2.67，可认为主要是含碳有机物；若 TOD/TOC＞4.0，可认为有较大量含硫、磷的有机物；若

TOD/TOC<2.6,可认为有较大量的硝酸盐和亚硝酸盐,它们在高温和催化作用下分解放出氧,使 TOD 测定呈现负误差。

五、总有机碳

总有机碳(total organic carbon,TOC)指溶解和悬浮在水中所有有机物的含碳量,是以碳的含量表示水体中有机物质总量的综合指标。近年来,国内外已研制各种总有机碳分析仪,按工作原理可分为燃烧氧化—非色散红外吸收法、电导法、气相色谱法、湿法氧化—非色散红外吸收法等。目前广泛采用燃烧氧化—非色散红外吸收法。

1.差减法

将试样连同净化气体分别导入高温燃烧管(900 ℃)和低温反应管(150 ℃)中,经高温燃烧管的试样被高温催化氧化,其中的有机碳和无机碳均转化为二氧化碳,低温石英管中装有磷酸浸渍的玻璃棉,能使无机碳酸盐在 150 ℃分解为二氧化碳,而有机物却不能被氧化分解。将两种反应管中生成的二氧化碳分别导入非分散红外检测器,分别测得总碳(TC)和无机碳(IC),二者之差即为总有机碳(TOC)。

2.直接法

试样经过酸化将其中的无机碳转化为二氧化碳,曝气去除二氧化碳后,再将试样注入高温燃烧管中,以铂和三氧化钴或三氧化二铬为催化剂,使有机物燃烧转化为二氧化碳,导入非分散红外检测器直接测定总有机碳。

该方法适用于地表水、地下水、生活污水和工业废水中总有机碳(TOC)的测定,检出限为 0.1 mg/L,测定下限为 0.5 mg/L。

由于该法可使水样中的有机物完全氧化,因此 TOC 比 COD、BOD_5 和高锰酸盐指数能更准确地反映水样中有机物的总量。当地表水中无机碳含量远高于总有机碳时,会影响总有机碳的测定精度。地表水中常见共存离子无明显干扰,当共存离子浓度较高时,可影响红外吸收,用无二氧化碳水稀释后再测。

第四章　空气质量和废气监测

第一节　空气污染基本知识

一、空气污染

包围在地球周围厚度为 1000～1400 km 的气体称为大气,其中近地面约 10 km 厚度的气层是对人类及生物生存起重要作用的空气层。平时所说的环境空气是指人群、动物、植物和建筑物等所暴露的室外空气,清洁的空气是人类和生物赖以生存的环境要素之一。

空气污染通常是指由于人类活动或自然过程引起某些物质进入空气中,呈现出足够的浓度,持续了足够的时间,并因此而危害了人体的舒适、健康和福利或危害了环境。

二、空气污染的危害

空气污染会对人体健康和动、植物产生危害,对各种材料产生腐蚀损害。

对人体健康的危害可分为急性作用和慢性作用。急性作用,它是指人体受到污染的空气侵袭后,在短时间内即表现出不适或中毒症状的现象。历史上曾发生慢性作用是指人体在含低浓度污染物的空气长期作用下产生的慢性危害。这种危害往往不易引人注意,而且难以鉴别,其危害途径是污染物与呼吸道黏膜接触,主要症状是眼、鼻黏膜刺激,慢性支气管炎、哮喘、肺癌及因生理机能障碍而加重高血压、心脏病的病情。根据动物试验的结果,已确定有致癌作用的污染物质多达数十种,如某些多环芳烃、脂肪烃类、金属类(砷、镍、铍等)。近年来,世界各国肺癌发病率和死亡率明显上升,特别是工业发达国家增长尤其快速,而且城市高于农村。大量事实和研究证明,空气污染是重要的致癌因素之一。

空气污染对动物的危害与对人的危害情况相似,对植物的危害可分为急性、慢性和不可见三种。急性危害是在高浓度污染物作用下短时间内造成的危害,常使作物产量显著降低,甚至枯死。慢性危害是在低浓度污染物作用下长时间内造成的危害,会影响植物的正常发育,有时出现危害症状,但大多数症状不明显。不可见危害只造成植物生理上的障碍,使植物生长在一定程度上受到抑制,但从外观上一般看不出症状。常采用植物生产力测定、叶片内污染物分析等方法判断慢性和不可见危害情况。

空气污染能使某些物质发生质的变化,造成损失,如 SO_2 能很快腐蚀金属制品及使皮革、纸张、纺织制品等变脆,光化学烟雾能使橡胶轮胎龟裂等。

第二节　空气污染监测方案的制订

制订环境空气质量监测方案的程序同制订水质监测方案一样,首先要根据监测目的进行调查研究,收集相关的资料,然后经过综合分析,确定监测项目,设置监测点位,选定采样频率、采样方法和监测技术,建立质量保证程序和措施,提出进度安排计划和对监测结果报告的要求等。

一、环境空气质量监测点位布设

环境空气质量监测点位的布设应遵循代表性、可比性、整体性、前瞻性和稳定性的原则。根据监测评价的目的可将环境空气质量监测点位分为污染监控点、路边交通点、环境空气质量评价城市点、环境空气质量评价区域点和环境空气质量背景点。

(一)污染监控点

为监测本地区主要固定污染源及工业园区等污染源聚集区对当地环境空气质量的影响而设置的监测点。每个点代表范围一般为半径 $100\sim500$ m 的区域,有时也可扩大到半径 $0.5\sim4$ km(较高的点源)的区域。原则上应设在可能对人体健康造成影响的污染物高浓度区以及主要固定污染源对环境空气质量产生明显影响的地区。

(二)路边交通点

为监测道路交通污染源对环境空气质量影响而设置的监测点。其代表范围为人们日常生活和活动场所中受道路交通污染源排放影响的道路两旁及其附近区域。一般应在行车道的下风侧,根据车流量的大小、车道两侧的地形、建筑物的分布等情况确定路边交通点的位置,采样口距道路边缘距离不得超过 20m。

(三)环境空气质量评价城市点

环境空气质量评价城市点是以监测城市建成区的空气质量整体状况和变化趋势为目的而设置的监测点,参与城市环境空气质量评价。每个点代表范围一般为半径 $0.5\sim4$ km 的区域,有时也可扩大到半径大于 4 km 的区域。按城市建成区城市人口和面积确定监测点位数如表 4-1 所示。

表 4-1　国家环境空气质量评价点设置数量要求

建成区城市人口/万人	建成区面积/ km²	最少监测点数
<25	<20	1
25~50	20~50	2
50~100	50~100	4
100~200	100~200	6
200~300	200~400	8
>300	>400	按每 50~60 km² 建成区面积设 1 个监测点,并且不少于 10 个点

城市加密网格点是指将城市的建成区划为规则的正方形网格状,单个网格应不大于 2 km×2 km,加密网格点设在网格中心或网格线的交点上。

(四)环境空气质量评价区域点

以监测区域范围空气质量状况和污染物区域传输及影响范围为目的而设置的监测点,参与区域环境空气质量评价。区域点原则上应远离城市建成区和主要污染源 20 km 以上,应根据我国的大气环流特征设置在区域大气环流路径上。

(五)环境空气质量背景点

以监测国家或大区域范围的环境空气质量本底水平为目的而设置的监测点。每个点的代表性范围一般为半径 100 km 以上的区域。背景点原则上应远离城市建成区和主要污染源 50 km 以上,设置在不受人为活动影响的清洁地区。

二、调查及资料收集

(一)污染源分布及排放情况

通过调查,弄清监测区域内的污染源类型、数量、位置、排放的主要污染物及其排放量,同时还要了解所用原料、燃料及消耗量。注意区分高烟囱排放的较大污染源与低烟囱排放的小污染源。

(二)气象资料

污染物在空气中的扩散、迁移和一系列的物理、化学变化在很大程度上取决于当时当地的气象条件。因此,要收集监测区域的风向、风速、气温、气压、降水量、日照时间、相对湿度、温度垂直梯度和逆温层底部高度等资料。

(三)地形资料

地形对当地的风向、风速和大气稳定情况有影响,是设置监测网点应当考虑的重要因素。为掌握污染物的实际分布状况,监测区域的地形越复杂,要求布设的监测点越多。

(四)土地利用和功能分区情况

监测区域内土地利用情况及功能区划分也是设置监测网点应考虑的重要因素之一。不同功能区的污染状况是不同的,如工业区、商业区、混合区、居民区等。另外,还可以按照建筑物的密度、有无绿化地带等作进一步分类。

(五)人口分布及人群健康状况

环境保护的目的是维护自然环境的生态平衡,保护人群的健康。因此,掌握监测区域的人口分布、居民和动植物受空气污染危害情况及流行性疾病等资料,有助于监测方案的制订。

三、环境空气质量监测项目

环境空气质量评价城市点监测项目分为基本项目和其他项目如表 4 - 2 所示,环境空气质量评价区域点、背景点的监测项目如表 4 - 3 所示。

表 4 - 3　**环境空气质量评价城市点监测项目**

基本项目	其他项目	基本项目	其他项目
二氧化硫 二氧化氮 一氧化碳	总悬浮颗粒物 氮氧化物 铅	臭氧 可吸入颗粒物 细颗粒物	苯并[a]芘

表 4 - 3　**环境空气质量评价区域点、背景点的监测项目**

基本项目		二氧化硫、二氧化氮、一氧化碳、臭氧、可吸入颗粒物 PM10、细颗粒物 PM2.5
其他项目	湿沉降	降雨量、pH、电导率、氯离子、硝酸根离子、硫酸根离子、钙离子 、镁离子、钾离子、钠离子、铵离子
	有机物	挥发性有机物、持久性有机物
	温室气体	二氧化碳、甲烷、氧化亚氮、六氟化硫、氢氟碳化物、全氟碳化物
	颗粒物主要理化特性	颗粒物数浓度谱分布,PM10 或 PM2.5 中的硫酸盐、硝酸盐、氯盐、钾盐、钠盐、铵盐、钙盐、镁盐

四、采样点布设方法

常见的采样点布设方法有功能区布点法、网格布点法、同心圆布点法和扇形布点法。

(一)功能区布点法

多用于区域性常规监测。布点时先将监测地区按环境空气质量标准划分成若干功能区,如工业区、商业区、居民区、交通密集区、清洁区等,再按具体污染情况和人力、物力条件在各区域内设置一定数目的采样点。各功能区的采样点数不要求平均,一般在污染较集中的工业区和人口较密集的居民区多设采样点。

(二)网格布点法

对于多个污染源,且在污染源分布较均匀的情况下,通常采用此布点法。该法是将监测区域地面划分成若干均匀网状方格,采样点设在两条直线的交点处或方格中心。网格大小视污染强度、人口分布及人力、物力条件等确定。若主导风向明显,下风向设点要多一些,一般约占采样点总数的 60%。

(三)同心圆布点法

主要用于多个污染源构成的污染群,且重大污染源较集中的地区。先找出污染源的中心,以此为圆心在地面上画若干个同心圆,再从圆心作若干条放射线,将放射线与圆周的交点作为采样点,如图4-1所示。圆周上的采样点数目不一定相等或均匀分布,常年主导风向的下风向应多设采样点。例如,同心圆半径分别取5 km、10 km、15 km、25 km,从里向外各圆周上分别设4、8、8、4个采样点。

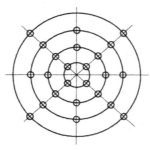

图4-1　同心圆布点法

(四)扇形布点法

适用于孤立的高架点源,且主导风向明显的地区。以点源为顶点,成45°扇形展开,夹角可大些,但不能超过90°,采样点设在扇形平面内距点源不同距离的若干弧线上,如图4—2所示。每条弧线上设3~4个采样点,相邻两点与顶点的夹角一般取10°~20°,在上风向应设对照点。

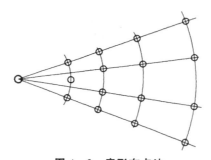

图4-2　扇形布点法

五、采样时间

采样时间是指每次采样从开始到结束所经历的时间,也称采样时段,分为24 h连续采样和间断采样。

24 h连续采样是指24 h连续采集一个环境空气样品,监测污染物24 h平均浓度的采样方式。适用于测定环境空气中二氧化硫、二氧化氮、可吸入颗粒物、总悬浮颗粒物、苯并[a]芘、氟化物、铅的采样。

间断采样是指在某一时段或1 h内采集一个环境空气样品,监测该时段或该小时环境空气中污染物的平均浓度所采用的采样方法。

对环境空气中的总悬浮颗粒物、可吸入颗粒物、铅、苯并[a]芘及氟化物,其采样频率及采样时间应根据《环境空气质量标准》(GB3095—2012)中各污染物监测数据统计的有效性规定确定;对其他污染物的监测,其采样频率及采样时间应根据监测目的、污染物浓度水平及监测分析方法的检测限确定。要获得 1 h 平均浓度值,样品的采样时间应不少于 45 min;要获得 24h 平均浓度值,气态污染物的累计采样时间应不少于 18 h,颗粒物的累计采样时间应不少于 12 h。

通常,硫酸盐化速率及氟化物采样时间为 7~30 d。但要获得月平均浓度值,样品的采样时间应不少于 15 d。

第三节　空气样品的采集方法和采样仪器

一、采样方法

按采样原理可将空气采样方法分为直接采样法、富集(浓缩)采样法和无动力采样法三种;按采样时间和方式可分为间断采样和 24h 连续采样。

(一)直接采样法

当大气污染物浓度较高,或测定方法较灵敏,用少量气样就可以满足监测分析要求时,用直接采样法。如用氢火焰离子化检测器测定空气中的苯系物。常用的采样工具有塑料袋、注射器、采样管和真空采样瓶等。

(1)塑料袋采样

应选择与气样中待测组分既不发生化学反应,也不吸附、不渗漏的塑料袋。常用的有聚四氟乙烯袋、聚乙烯袋及聚酯袋等。为减小对被测组分的吸附,可在袋的内壁衬银、铝等金属膜。采样时,袋内应保持干燥,先用现场气体冲洗 2~3 次,再充满气样,封闭进气口,带回实验室分析。用带金属衬里的采样袋可以延长样品的保存时间,如聚氯乙烯袋对一氧化碳可保存 10~15 h,而铝膜衬里的聚酯袋可保存 100 h。

(2)注射器采样

如图 4-3 所示是常用的 100 mL 注射器,适用于采集有机蒸气样品。采样时,先用现场气体抽洗 2~3 次,然后抽取 100 mL 样品,密封进气口,带回实验室在 12 h 内进行分析。

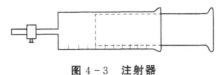

图 4-3　注射器

(3)采气管采样

采气管是两端具有旋塞的管式玻璃容器,其容积为 100~500 mL,如图 4-4 所示。采样时,打开两端旋塞,将二连球或抽气泵接在管的一端,迅速抽进比采气管容积大 6~10 倍的气样,完全置换出采气管中原有气体,关上两端旋塞。

图 4-4　采气管

（4）真空瓶采样

真空采样瓶是一种用耐压玻璃制成的固定容器,容积为 500～1 000 mL,如图 4-5 所示。采样时,先用抽真空装置将采气瓶内抽至剩余压力达 1.33 kPa 左右。若瓶内预先装入吸收液,可抽至溶液冒泡为止,关闭旋塞。采样时,打开旋塞,被采空气即进入瓶内,关闭旋塞,则采样体积为真空采气瓶的容积。如果采气瓶内真空度达不到 1.33kPa,则实际采样体积应根据剩余压力进行计算。

图 4-5　真空采样瓶

（5）不锈钢采样罐采样

不锈钢采样罐的内壁经过抛光或硅烷化处理。可根据采样要求,选用不同容积的采样罐。使用前采样罐被抽成真空,采样时将采样罐放置现场,采用不同的限流阀可对空气进行瞬时采样或编程采样。该方法可用于空气中总挥发性有机物的采样。

（二）富集采样法

当大气中被测物质浓度很低,或所用分析方法灵敏度不高时,需用富集采样法对大气中的污染物进行浓缩。富集采样的时间一般都比较长,测得结果是在采样时段内的平均浓度。富集采样法有溶液吸收法、固体阻留法和低温冷凝法。

1.溶液吸收法

溶液吸收法是采集空气中气态、蒸汽态及某些气溶胶态污染物的常用方法。采样时,用抽气装置将空气以一定流量抽入装有吸收液的吸收瓶(管)。采样结束后,倒出吸收液进行测定,根据测得结果及采样体积计算空气中污染物的浓度。

溶液吸收法常用的气样吸收瓶(管)有多孔玻璃筛板吸收瓶、气泡式吸收瓶和冲击式吸收瓶。

如图 4-6 所示是多孔玻璃筛板吸收瓶,分为小型(容积为 5～30 mL)和大型(容积为 50～100 mL)两种规格。

气样通过吸收瓶的筛板后,被分散成很小的气泡,且阻留时间长,大大增加了气液接触面积,从而提高了吸收效果。其不仅适合采集气态和蒸汽态物质,而且能采集气溶胶态物质。

如图 4-7 所示是气泡式吸收瓶,容积为 5～10 mL,适用于采集气态和蒸汽态污染物。采样时,吸收管要垂直放置,不能有泡沫溢出。

如图 4-8 所示是冲击式吸收瓶,分为小型(容积为 5～10 mL)和大型(容积为 50～100

mL)两种规格,适用于采集气溶胶态物质。由于吸收瓶的进气管喷嘴孔径小,距瓶底又很近,当被采气样快速从喷嘴喷出冲向管底时,气溶胶颗粒因惯性作用冲击到管底而被分散,因此易被吸收液吸收。冲击式吸收管不适合采集气态和蒸汽态物质,因为气体分子的惯性小,在快速抽气情况下,容易随空气一起跑掉。

图 4-6　多孔玻璃筛板吸收瓶

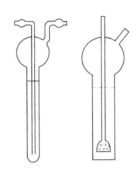

图 4-7　气泡式吸收瓶

图 4-8　冲击式吸收瓶

2.固体阻留法

固体阻留法分为填充柱阻留法和滤膜阻留法。

(1)填充柱阻留法　填充柱是一根长 6～10 cm、内径为 3～5 cm 的玻璃管,或者是内壁抛光的不锈钢管,内装颗粒状或纤维状填充剂。采样时,让气样以一定流速通过填充柱,待测组分因吸附、溶解或化学反应等作用被阻留在填充剂上,从而达到富集采样的目的。采样后,通过解吸或溶剂洗脱,使被测组分从填充剂上释放出来。根据填充剂阻留作用的原理,填充柱可分为吸附型、分配型和反应型三种类型。

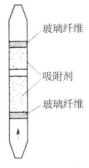

玻璃纤维

吸附剂

玻璃纤维

图 4-9　吸附型填充柱

a.吸附型填充柱。如图 4-9 所示是吸附型填充柱示意图,其填充剂是颗粒状固体吸附剂,如活性炭、硅胶、分子筛、高分子多孔微球等。这些多孔物质的比表面积大,对气体和蒸汽有较强的吸附能力。

b.分配型填充柱。这类填充柱的填充剂是表面涂高沸点有机溶剂的惰性多孔颗粒物(如硅藻土),类似于气液色谱柱中的固定相。当被采集气样通过填充柱时,在有机溶剂(固定液)中分配系数大的组分保留在填充剂上而被富集。例如,空气中的有机氯农药(六六六、DDT 等)和多氯联苯(PCB)多以蒸汽或气溶胶态存在,用溶液吸收法采样效率低,但用涂渍 5% 甘油的硅酸铝载体填充剂采样,采集效率可达 90% 以上。

c.反应型填充柱。这种柱的填充剂是由惰性多孔颗粒物(如石英砂、玻璃微球等)或纤维状物(如滤纸、玻璃棉等)表面涂渍能与被测组分发生化学反应的试剂制成,也可用能与被测组分发生化学反应的纯金属(如金、银、铜等)丝或细粒作填充剂,适用于采集气态、蒸汽态和气溶胶态物质。气样通过填充柱时,被测组分在填充剂表面因发生化学反应而被阻留。采样后,将反应产物用适宜溶剂洗脱或加热吹气解吸下来进行分析。例如,空气中的微量氨可用装有涂渍硫酸的石英砂填充柱富集,采样后用水洗脱下来进行测定。

(2)滤膜阻留法

该方法是将滤膜放在采样夹上(如图 4-10 所示),用抽气装置抽气。则空气中的颗粒物被阻留在滤膜上,称量滤膜上富集的颗粒物质量,根据采样体积,即可计算出空气中颗粒物的浓度。

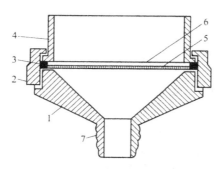

图 4-10　颗粒物采样夹

1—底座;2—紧固圈;3—密封圈;4—接座圈;5—支撑网;6—滤膜;7—抽气接口

滤膜采集空气中的气溶胶颗粒物是利用直接阻截、惯性碰撞、扩散沉降、静电引力和重力沉降等作用。滤膜的采集效率除与自身性质有关外,还与采样速度、颗粒物的大小等因素有关。低速采样时以扩散沉降为主,对细小颗粒物的采集效率高;高速采样时以惯性碰撞作用为主,对较大颗粒物的采集效率高。

常用的滤膜有玻璃纤维滤膜、聚氯乙烯纤维滤膜、微孔滤膜等。

玻璃纤维滤膜吸湿性小、耐高温、阻力小,但其机械强度差。其常用于采集空气中的悬浮颗粒物,样品用酸或有机溶剂提取,可用于不受滤膜组分及所含杂质影响的元素分析及有机污染物分析。

聚氯乙烯纤维滤膜吸湿性小、阻力小、有静电现象、采样效率高、不亲水、能溶于乙酸丁酯,适用于重量法分析,消解后可做元素分析。

微孔滤膜是由醋酸纤维素或醋酸-硝酸混合纤维素制成的多孔性有机薄膜,孔径细小、均匀、质量小,微孔滤膜阻力大,吸湿性强,有静电现象,机械强度好,可溶于丙酮等有机溶剂。不适用于进行重量分析,消解后适用于元素分析。由于金属杂质含量极低,因此特别适用于采集分析金属的气溶胶。

(3)低温冷凝法　空气中某些沸点比较低的气态污染物,如烯烃类、醛类等,在常温下用固体填充剂等方法富集效果不好,采用低温冷凝法可提高采集效率。

低温冷凝法是将 U 形管或蛇形采样管插入冷阱中,当空气流经采样管时,被测组分因冷凝而凝结在采样管底部,如图 4 – 11 所示。

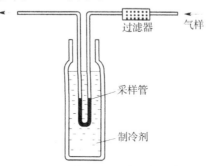

图 4 – 11　低温冷凝法采样示意图

制冷的方法有半导体制冷器法和制冷剂法。常用的制冷剂有冰(0 ℃)、冰－盐水(－10 ℃)、干冰－乙醇(－72 ℃)、干冰(－78.5 ℃)、液氧(－183 ℃)、液氮(－196 ℃)。

低温冷凝采样法具有效果好、采样量大、利于组分稳定等优点;但空气中的水蒸气、二氧化碳等组分也会同时被冷凝下来,在气化时,这些组分也会气化,增大了气体总体积,从而降低浓缩效果,甚至干扰测定。为此,应在采样管的进气端装置选择性过滤器(内装高氯酸镁、碱石棉、氯化钙等),以除去空气中的水蒸气和二氧化碳等。但所用干燥剂和净化剂不能与被测组分发生作用,以免引起被测组分损失。

(三)无动力采样法

将采样装置或气样捕集介质暴露于环境空气中,不需要抽气动力,利用环境空气中待测污染物分子的自然扩散、迁移、沉降或化学反应等原理直接采集污染物的采样方式。其监测结果可代表一段时间内环境空气污染物的时间加权平均浓度或浓度变化趋势。

自然降尘量、硫酸盐化速率及空气中氟化物的测定常采用无动力采样法。

二、采样仪器

(一)气态污染物采样器

如图 4 – 12 所示为气态污染物采样装置示意图,主要由气样捕集装置、滤水井和气体采样器组成。

采样器主要由流量计、流量调节阀、稳流器、计时器及采样泵等组成。采样流量范围为 0.5～2.0 L/min。常见的采样器分为单路(如图 4 – 13 所示)、双路(如图 4 – 14 所示)和多路(如图 4 – 15 所示),一般可用交流、直流两种电源。双路采样器可同时采集两种污染物,多路采样器可以同时采集多种污染物,也可以采集平行样。有的采样器上带有恒温装置,将采样吸收瓶放在恒温装置内,就可以保证在采集样品过程中吸收液温度保持恒定。

这不仅可以提高吸收效率,而且可以保证待测组分的稳定。

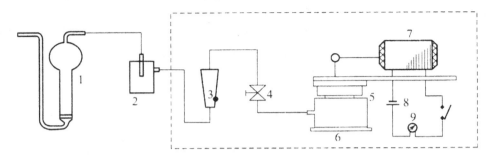

图 4-12　气态污染物采样装置示意图

1—吸收瓶;2—滤水井;3—流量计;4—流量调节阀;5—抽气泵;6—稳流器;7—电动机;8—电源;9—计时器

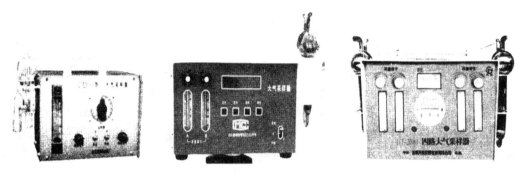

图 4-13　单路大气采样器　图 4-14　双路大气采样器　图 4-15　多路大气采样器

(二)颗粒污染物采样器

常见的颗粒污染物采样器分为大流量和中流量两种。

1.大流量采样器

大流量采样器由采样夹、抽气风机、流量记录仪、计时器及控制系统、壳体等组成,如图 4-16 所示。滤料夹可安装 20×25 cm 的长方形玻璃纤维滤膜,以 $1.1 \sim 1.7 \mathrm{m}^3/\mathrm{min}$ 的流量采样 $8 \sim 24$ h。

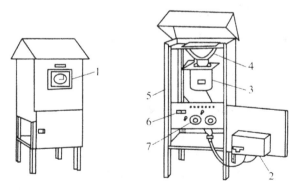

图 4-16　TSP 大流量采样器结构示意图

1—流量记录器;2—流量控制器;3—风机;4—滤膜夹;5—外壳;6—工作计时器;7—计时器的程序控制器

2.中流量采样器

常见的中流量采样器分别如图4-17、图4-18和图4-19所示,采样器流量一般为0.05~0.15m³/min。

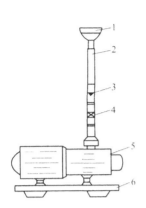

图4-17　TSP中流量采样器结构示意图　　图4-18 TSP中流量采样器　　图4-19　KC-6120型

1—采样头;2—采样管;3—流量计;　　　　　　　　　　　　　　　　　综合采样器

4—调节阀;5—采样泵;6—消声器

(三)24h连续采样系统

1.采样系统组成

主要由采样头、采样总管、采样支管、引风机、气体样品吸收装置及采样器等组成,如图4-17所示。

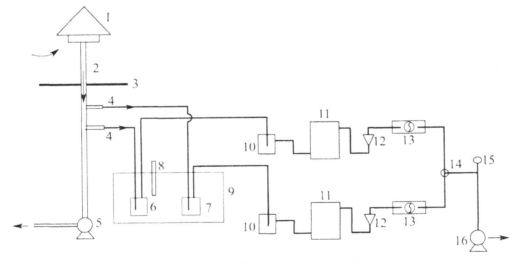

图4-17　连续采样系统装置示意图

1—采样头;2—采样总管;3—采样亭屋顶;4—采样支管;5—引风机;6—二氧化氮吸收瓶;7—二氧化硫吸收瓶;8—温度计;9—恒温装置;10—滤水井;11—干燥器;12—转子流量计;13—限流孔;14—三通阀;15—真空表;16—抽气泵

（1）采样头

采样头为一个能防雨、防雪、防尘及其他异物（如昆虫）的防护罩，其材质为不锈钢或聚四氟乙烯。采样头、进气口距采样亭顶盖上部的距离应为 1～2 m。

（2）采样总管

通过采样总管将环境空气垂直引入采样亭内，采样总管内径为 30～150 mm，内壁应光滑。采样总管气样入口处到采样支管气样入口处之间的长度不得超过 3 m，其材质为不锈钢、玻璃或聚四氟乙烯等。为防止气样中的湿气在采样总管中发生凝结，可对采样总管采取加热保温措施，加热温度应在环境空气露点以上，一般在 40 ℃左右。在采样总管上，二氧化硫进气口应先于二氧化氮进气口。

（3）采样支管

通过采样支管将采样总管中的气样引入气样吸收装置。采样支管内径一般为 4～8 mm，内壁应光滑，采样支管的长度应尽可能短，一般不超过 0.5 m。采样支管的进气口应置于采样总管中心和采样总管气流层流区内。采样支管材质应选用聚四氟乙烯或不与被测污染物发生化学反应的材料。

（4）引风机

用于将环境空气引入采样总管内，同时将采样后的气体排出采样亭外的动力装置，安装于采样总管的末端。采样总管内样气流量应为采样亭内各采样装置所需采样流量总和的 5～10 倍。采样总管进气口到出气口气流的压力降要小，以保证气样的压力接近于环境空气大气压。

（5）采样器

采样器应具有恒温、恒流控制装置和流量、压力及温度指示仪表，采样器应具备定时、自动启动及计时的功能。进行采样时，二氧化硫及二氧化氮吸收瓶在加热槽内的最佳温度分别为 23 ℃～29 ℃及 16 ℃～24 ℃，且在采样过程中保持恒定。要求计时器在 24 h 内的时间误差应小于 5 min。

2.采样操作

表 4-4　气态污染物现场采样记录表

市（县）：　　　测点：　　污染物：

采样日期	采样时间		气温/℃	大气压/kPa	流量/(L/min)			采集空气			天气状况
	天气	开始			开始后	结束前	平均	时间/min	体积/L	标准体积/L	

采样人：　　　审核人：

采样前应对采样总管和采样支管进行清洗，并对采样系统的气密性、采样流量、温度控制系统及时间控制系统进行检查,确保各项功能正常后方可进行采样。采样时,将装有吸收液的吸收瓶,连接到采样系统中,启动采样器,进行采样。记录采样流量、开始采样时间、温度和压力等参数。采样结束后,取下样品,并将吸收瓶进、出口密封,填写气态污染物现场采样记录表,如表4-4所示。

3.采样质量保证

(1)采样总管及采样支管应定期清洗,干燥后方可使用。一般采样总管至少每6个月清洗1次,采样支管至少每月清洗1次。

(2)吸收瓶阻力测定应每月1次,当测定值与上次测定结果之差大于0.3 kPa时,应做吸收效率测试,吸收效率应大于95%。不符合要求的,不能继续使用。

(3)采样系统不得有漏气现象,每次采样前应进行采样系统的气密性检查。确认不漏气后,方可采样。

(4)使用临界限流孔控制采样流量时,采样泵的有载负压应大于70 kPa,且24 h连续采样时,流量波动应不大于5%。

(5)定期更换过滤膜,一般每周1次,当干燥器硅胶有1/2变色时,需进行更换。

第四节　　颗粒物的测定

一、总悬浮颗粒物

总悬浮颗粒物(TSP)的测定是指一定体积的空气通过已恒重的滤膜,空气中的悬浮颗粒物被阻留在滤膜上,根据采样前后滤膜质量之差及采样体积,计算出TSP的质量浓度。滤膜经处理后,可进行化学组分分析。

根据采样流量不同,可分为大流量采样法和中流量采样法。大流量采样($1.1\sim1.7\mathrm{m}^3/$min),使用大流量采样器连续采样24 h,按下式计算TSP浓度:

$$c_{\mathrm{TSP}} = \frac{W}{Q_{\mathrm{n}}t}$$

式中,c_{TSP}为P浓度,mg/m³;W为阻留在滤膜上的TSP质量,mg;Q_{n}为标准状态下的采样流量,m³/min;t为采样时间,min。

按照技术规范要求,采样器在使用期内,每月应用孔板校准器或标准流量计对采样器流量进行校准。

二、可吸入颗粒物(飘尘)

粒径小于10 μm的颗粒物,称为可吸入颗粒物或飘尘,常用P mL。这一符号表示。测定飘尘的方法有重量法、压电晶体振荡法、β射线吸收法及光散射法等。

1.重量法

重量法根据采样流量不同,分为大流量采样重量法和小流量采样重量法。

大流量法使用带有10 μm以上颗粒物切割器的大流量采样器采样。根据采样前后滤膜质量之差及采样体积,即可计算出飘尘的浓度。使用时,应注意定期清扫切割器内的颗粒物;采样时必须将采样头及入口各部件旋紧,以免空气从旁侧进入采样器造成测定误差。

小流量法使用小流量采样器。使一定体积的空气通过配有分离和捕集装置的采样器,首先将粒径大于 $10\mu m$ 的颗粒物阻留在撞击挡板的入口挡板外,飘尘则通过入口挡板被捕集在预先恒重的玻璃纤维滤膜上,根据采样前后的滤膜质量及采样体积计算飘尘的浓度,用 mg/m^3 表示。滤膜还可供进行化学组分分析。

2.压电晶体振荡法

这种方法以石英谐振器为测定飘尘的传感器,其工作原理示如图 4-18 所示。气样经粒子切割器剔除粒径大于 $10\mu m$ 的颗粒物,小于 $10\mu m$ 的飘尘进入测量气室。测量气室内有高压放电针、石英谐振器及电极构成的静电采样器,气样中的飘尘因高压电晕放电作用而带上负电荷,继之在带正电的石英谐振器电极表面放电并沉积,除尘后的气样流经参比室内的石英谐振器排出。因参比石英谐振器没有集尘作用,当没有气样进入仪器时,两谐振器固有振荡频率相同,无信号送入电子处理系统,数显屏幕上显示零。当有气样进入仪器时,则测量石英谐振器因集尘而质量增加,使其振荡频率(f_1)降低,两振荡器频率之差(Δf)经信号处理系统转换成飘尘浓度并在数显屏幕上显示,从而换算得知飘尘浓度。

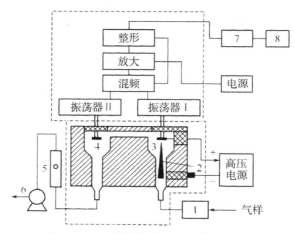

图 4-18　石英晶体飘尘测定仪工作原理

1—大粒子切割机;2—放电针;3—测量石英谐振器;4—参比石英谐振器;5—流量计;6—抽气泵;7—浓度计算器;8—显示器

3. β 射线吸收法

该测量方法的原理基于 B 射线通过特定物质后,其强度衰减程度与所透过的物质质量有关,而与物质的物理、化学性质无关。 β 射线飘尘测定仪的工作原理如图 4-19 所示。它是通过测定清洁滤带(未采尘)和采尘滤带(已采尘)对 β 射线吸收程度的差异来测定采尘量的。

假设同强度的 B 射线分别穿过清洁滤带和采尘滤带后的强度为 N_0 (计数)和 N (计数),则二者关系为:

$$N = N_0^{-K \cdot \Delta M}$$

式中,K——质量吸收系数,cm^2/rag;AM——滤带单位面积上尘的质量,mg/cm^2。

设滤带采尘部分的面积为 S,采气体积为 V,则大气中含尘浓度 c 为:

$$c = \frac{\Delta MS}{V} = \frac{S}{VK} \ln \frac{N_0}{N}$$

因此：当仪器工作条件选定后，气样含尘浓度只决定于 β 射线穿过清洁滤带和采尘滤带后的两次计数值。

β 射线源可用 ^{14}C、^{60}Co 等；检测器采用计数管，对放射性脉冲进行计数，反映 β 射线的强度。

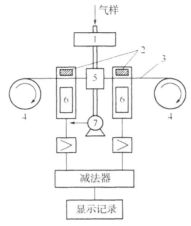

图 4-19　β 射线飘尘测定仪工作原理

1—大粒子切割器；2—射线源；3—玻璃纤维滤带；4—滚筒；5—集尘器；6—检测器（计数管）；7—抽气泵

4.颗粒物分布

飘尘粒径分布有两种表示方法，一种是不同粒径的数目分布，另一种是不同粒径的质量浓度分布。前者用光散射式粒子计数器测定，后者用根据撞击捕集原理制成的采样器分级捕集不同粒径范围的颗粒物，再用重量法测定。这种方法设备较简单，应用比较广泛，所用采样器称多级喷射撞击式或安德森采样器。

第五节　降水监测

大气降水监测的目的是了解在降雨(雪)过程中通过大气中沉降到地球表面的沉降物的主要组成、性质及有关组分的含量，为分析大气污染状况和提出控制污染途径、方法提供基础资料和依据。

一、布设采样点的原则

降水采样点的设置数目应视区域具体情况而定。我国技术规范中规定，人口 50 万以上的城市布三个采样点，50 万以下的城市布两个点，一般县城可设一个采样点。采样点位置要兼顾城市、农村或清洁对照区。

采样点的设置位置应考虑区域的环境特点，如地形、气象、工农业分布等。采样点应尽可能避开排放酸、碱物质和粉尘的局地污染源、主要街道交通污染源，四周应无遮挡雨、雪的高大树木或建筑物。

二、样品的采集

1.采样器

采集雨水使用聚乙烯塑料桶或玻璃缸,其上口直径为 20 cm,高为 20cm,也可采用自动采样器,采集雪水用上口径为 40cm 以上的聚乙烯塑料容器。图 4—20 是一种分段连续自动采集雨水的采样器。将足够数量的容积相同的采水瓶并行排列,当第一个瓶子装满后,则自动关闭,雨水继续流入第二、第三个瓶子等。例如,在一次性降雨中,每 1 mm 降雨量收集 100 mL 雨水,共收集三瓶,以后的雨水再收集在一起。

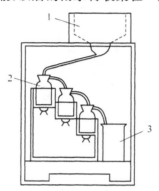

图 4－20 雨水自动采样器
1—接收器;2—采样瓶;3—烧杯

2.采样方法

(1)每次降雨(雪)开始,立即将清洁的采样器放置在预定的采样点支架上,采集全过程(开始到结束)雨(雪)样。如遇连续几天降雨(雪),则每天上午 8 时开始,连续采集 24h 为一次样。

(2)采样器应高于基础面 1.2 m 以上。

(3)样品采集后,应贴上标签,编好号,记录采样地点、日期、采样起止时间、雨量等。降雨起止时间、降雨量、降雨强度等可使用自动雨量计测量。

3.水样的保存

由于降水中含有尘埃颗粒物、微生物等微粒,所以除用于测定 pH 值和电导率的降水样无须过滤外,测定金属和非金属离子的水样均需用孔径 0.45 μm 的滤膜过滤。

降水中的化学组分含量一般都很低,易发生物理变化、化学变化和生物作用,故采样后应尽快测定,如需要保存,一般不主张添加保存剂,而应在密封后放于冰箱中。

三、降水中组分的测定

应根据监测目的确定监测项目。我国环境监测技术规范中对大气降水例行监测有明确的规定。pH 值、电导率、K^+、Na^+、Ca^{2+}、Mg^{2+}、SO_4^{2-}、NH_4^+、NO_3^-、Cl^-,每月测定不少于一次,每月选一个或几个随机降水样品分析上述十个项目。

降水的测定方法与"水和废水监测"中对应项目的测定方法相同,在此仅做简单介绍。

1.pH 值的测定

pH 值测定是酸雨调查最重要的项目。清洁的雨水一般 pH 值为 5.6,雨水的 pH 值小于该值时即为酸雨。常用测定方法为 pH 玻璃电极法。

2.电导率的测定

雨水的电导率大体上与降水中所含离子的浓度成正比,测定雨水的电导率能够快速地推测雨水中溶解物质的总量。一般用电导率仪或电导仪测定。

3.硫酸根的测定

降水中的 SO_4^{2-} 主要来自气溶胶和颗粒物中可溶性硫酸盐及气态 SO_2 经催化氧化形成的硫酸雾,其一般浓度范围为几个 mg/L 到 100 mg/L。该指标用于反映大气被含硫化合物污染的状况。其测定方法有铬酸钡－二苯碳酰二肼分光光度法、硫酸钡比浊法、离子色谱法等。

4.硝酸根的测定

大气中 NO_2 和颗粒物中的可溶性硝酸盐进入降水中形成 NO_3^-,其浓度一般在几个毫克每升以内,出现数十毫克每升的情况较少。该指标可反映大气被氮氧化物污染的状况,氮氧化物也是导致降水 pH 值降低的因素之一。测定方法有镉柱还原－偶氮染料分光光度法、紫外分光光度法及离子色谱法等。

5.氯离子的测定

氯离子是衡量大气中因氯化氢导致降水 pH 值降低的标志,也是判断海盐粒子影响的标志,其浓度一般在几个毫克每升,但有时高达几十毫克每升。测定方法有硫氰酸汞—高铁分光光度法、离子色谱法等。离子色谱法可以同时测定降水中的 F^-、Cl^-、NO_3^-、SO_4^{2-} 等。

6.铵离子的测定

大气中的氨进入降水中形成铵离子,它们能中和酸雾,对抑制酸雨是有利的。然而,其随降水进入河流、湖泊后,会导致水富营养化。大气中氨的浓度冬天较低、夏天较高,一般在几毫克每升。其常用测定方法为钠氏试剂分光光度法或次氯酸钠－水杨酸分光光度法。

7.钾、钠、钙、镁等离子的测定

降水中 K^+、Na^+ 的浓度一般在几毫克每升,常用空气—乙炔(贫焰)原子吸收分光光度法测定。

Ca^{2+} 是降水中的主要阳离子之一,其浓度一般在几毫克每升至数十毫克每升,它对降水中的酸性物质起着重要的中和作用。其测定方法有原子吸收分光光度法、络合滴定法、偶氮氯膦Ⅲ分光光度法等。

Mg^{2+} 在降水中的含量一般在几毫克每升以下,常用原子吸收分光光度法测定。

第六节　污染源监测

空气污染源包括固定污染源和流动污染源。对污染源进行监测的目的是检查污染源排放废气中的有害物质是否符合排放标准的要求;评价净化装置的性能和运行情况及污染防治措施的效果;为大气质量管理与评价提供依据。

污染源监测的内容包括:排放废气中有害物质的浓度(mg/m^3);有害物质的排放量(kg/h);废气排放量(m^3/h)。在有害物质排放浓度和废气排放量的计算中,都采用现行监测方法中推荐的标准状态(温度为 0 ℃,大气压力为 101.3 kPa 或 760mm Hg 柱)下的干气体表示。

污染源监测要求生产设备处于正常运转状态下进行;根据生产过程所引起的排放情况的变化特点和周期进行系统监测;测定工业锅炉烟尘浓度时,应稳定运转,并不低于额定负荷的 85%。

一、固定污染源监测

(一)采样点数目

烟道内同一断面上各点的气流速度和烟尘浓度分布通常是不均匀的,因此,必须按照一定原则进行多点采样。采样点的位置和数目主要根据烟道断面的形状、尺寸大小和流速分布情况确定。

1.圆形烟道

在选定的采样断面上设两个相互垂直的采样孔。按照如图 4-21 所示的方法将烟道断面分成一定数量的等面积同心圆环,沿着两个采样孔中心线设四个采样点。若采样断面上气流速度较均匀,可设一个采样孔,采样点数减半。当烟道直径小于 0.3m,且流速均匀时,可在烟道中心设一个采样点。

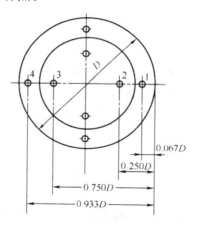

图 4-21　圆形烟道采样点分布

2.矩形(或方形)烟道

将烟道断面分成一定数目的等面积矩形小块,各小块中心即为采样点位置,如图 4-22所示。

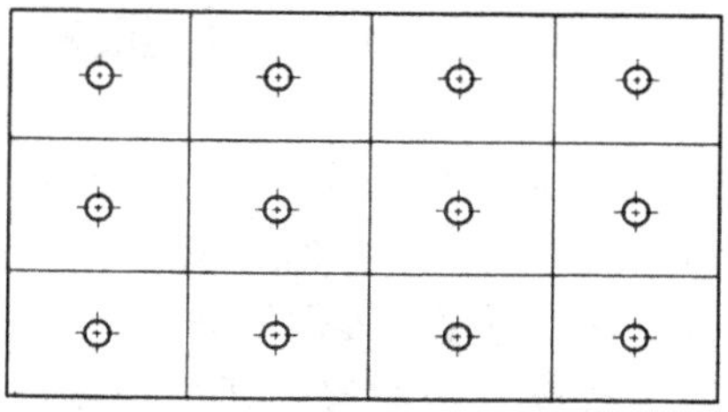

图 4-22　矩形烟道采样点分布

3.拱形烟道

因这种烟道的上部为半圆形,下部为矩形,故可分别按圆形和矩形烟道的布点方法确定采样点的位置及数目,如图 4-23 所示。

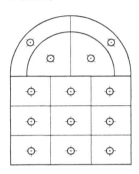

图 4-23 拱形烟道采样点分布

当水平烟道内有积灰时,应将积灰部分的面积从断面内扣除,按有效面积设置采样点。

在能满足测压管和采样管达到各采样点位置的情况下,要尽可能地少开采样孔。一般开两个互成 90°的孔,最多开四个。采样孔的直径应不小于 75 mm。当采集有毒或高温烟气,且采样点处烟气呈正压时,采样孔应设置防喷装置。

(二)基本状态参数的测定

1.温度的测量

对于直径小、温度不高的烟道,可使用长杆水银温度计。对于直径大、温度高的烟道,则要用热电偶测温毫伏计测量。根据所测温度的高低,应选用不同材料的热电偶。测量 800 ℃以下的烟气可选用镍铬—康铜热电偶;测量 1 300 ℃以下烟气选用镍铬—镍铝热电偶;测量 1 600 ℃以下的烟气则需用铂—铂铑热电偶。

2.压力的测量

烟气的压力分为全压(P_1)、静压(P_s)和动压(P_v)。静压是单位体积气体所具有的势能,表现为气体在各个方向上作用于器壁的压力。动压是单位体积气体具有的动能,是使气体流动的压力。全压是气体在管道中流动具有的总能量。在管道中任意一点上,三者的关系为: $P_1 = P_s + P_v$ 。测量烟气压力常用测压管和压力计。

(1)测压管 常用的测压管有两种,即标准皮托管和 S 型皮托管。

标准皮托管的结构如图 4-24 所示。

它是一根弯成 90°的双层同心圆管,其开口端与内管相通,用来测量全压;在靠近管头的外管壁上开有一圈小孔,用来测量静压。标准皮托管具有较高的测量精度,其校正系数近似等于 1,但测孔很小,如果烟气中烟尘浓度大,易被堵塞,因此只适用于含尘量少的烟气,或用作其他测压管的校正。

S 型皮托管由两根相同的金属管并联组成如图 4-25 所示,其测量端有两个大小相等、方向相反的开口。测量烟气压力时,一个开口面向气流,接受气流的全压;另一个开口背向气流,接受气流的静压。由于气体绕流的影响,测得的静压比实际值小,因此,在使用前必须用标准皮托管进行校正。其开口较大,可用于测烟尘含量较高的烟气。

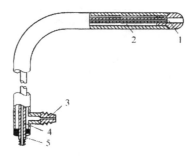

图 4 - 24　标准皮托管

1—全压测孔;2—静压测孔;3—静压管接口;4—全压管;5—全压管接口

图 4 - 25　S 型皮托管

(2)压力计

常用的压力计有 U 形压力计和倾斜式微压计。

U 形压力计较为常见,是一个内装工作液体的 U 形玻璃管。常用的工作液体有乙醇、水、汞,根据被测烟气的压力范围而定。U 形压力计的误差可达 $1 \sim 2 \text{mmH}_2\text{O}$($1\text{mmH}_2\text{O}$ $= 9.80665\text{Pa}$),故不适宜测量微小压力。

倾斜式微压计构造如图 4 - 26 所示。由一截面积(F)较大的容器和一截面积(f)很小的玻璃斜管组成,内装工作溶液,玻璃管上的刻度表示压力读数。测压时,将微压计容器开口与测压系统中压力较高的一端相连,斜管与压力较低的一端相连,作用在两个液面上的压力差使液柱沿斜管上升。

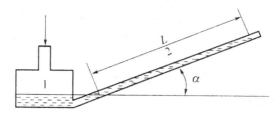

图 4 - 26　倾斜式微压计

1—容器;2—玻璃管

(三)含湿量的测定

与大气相比,烟气中的水蒸气含量较高,变化范围较大,为便于比较,监测方法规定以除去水蒸气后标准状态下的干烟气为基准表示烟气中有害物质的测定结果。含湿量的测定方法有重量法、冷凝法、干湿球法等。

1.重量法

一定体积的烟气,通过装有吸收剂的吸收管,吸收管增加的重量即为所采烟气中的水蒸气质量。其测定装置如图 4 - 27 所示。

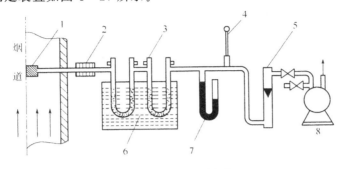

图 4 - 27　含湿量的测定装置

1—过滤器;2—保温或加热器;3—吸湿管;4—温度计;5—流量计;6—冷却器;7—压力计;8—抽气泵

装置所带的过滤器可防止烟尘进入采样管;保温或加热装置可防止水蒸气冷凝,U 形吸湿管由硬质玻璃制成,常用的吸湿剂有氯化钙、氧化钙、硅胶、氧化铝、五氧化二磷、过氯酸镁等。

2.冷凝法

一定体积的烟气,通过冷凝器,根据获得的冷凝水量和从冷凝器排出的烟气中的饱和水蒸气量计算烟气的含湿量。含湿量可按下式计算:

$$X_w = \frac{1.24G_w + V_s \dfrac{P_z}{P_A + P_r} \times \dfrac{273}{273 + t_r} \times \dfrac{P_A + P_r}{101.3}}{1.24G_w + \dfrac{273}{273 + t_r} \times \dfrac{P_A + P_r}{101.3}} \times 100\%$$

G_w 为冷凝器中的冷凝水量,g;

V_s 为测量状态下抽取烟气的体积,L;

P_z 为冷凝器出口烟气中饱和水蒸气压,kPa(可根据冷凝器出口气体温度 t_r,从"不同温度下水的饱和蒸气压"的表中查知)。

3.干湿球温度计法

烟气以一定流速通过干湿球温度计,根据干湿球温度计读数及有关压力计算烟气含湿量。

（四）烟尘浓度测定的采样方法

抽取一定体积的烟气通过已知质量的捕尘装置,根据捕尘装置采样前后的质量差和采样体积,计算烟尘的浓度。

烟气的采样包括移动采样与定点采样两类。移动采样是指为测定烟道断面上烟气中烟尘的平均浓度,用同一个尘粒捕集器在已确定的各采样点上移动采样,各点的采样时间相同,这是目前普遍采用的方法;定点采样是指为了解烟道内烟尘的分布状况和确定烟尘的平均浓度,分别在断面的每个采样点采样,即每个采样点采集一个样品。

1.等速采样法

测定烟气烟尘浓度必须采用等速采样法,即烟气进入采样嘴的速度应与采样点烟气流速相等。采样速度大于或小于采样点烟气流速都将造成测定误差。如图 4-28 所示为不同采样速度下尘粒运动状况。当采样速度(Vn)大于采样点的烟气流速(Vs)时,由于气体分子的惯性比尘粒惯性小,易改变方向,所以采样嘴边缘以外的部分气流被抽入采样嘴,而其中的尘粒则按原方向前进,不进入采样嘴,从而导致测量结果偏低;当采样速度(Vn)小于采样点烟气流速(Vs)时,情况正好相反,使测定结果偏高;只有 Vn＝Vs 时,气体和尘粒才会按照它们在采样点的实际比例进入采样嘴,采集的烟气样品中烟尘浓度才会与烟气实际浓度相同。

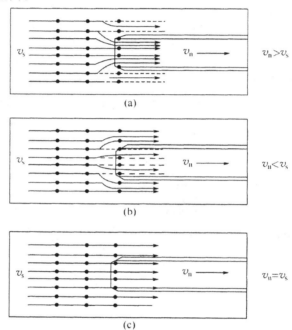

图 4-28　不同采样速度时尘粒的运动状况

2.预测流量法

在采样前先测出采样点的烟气温度、压力、含湿量,计算出烟气流速,再结合采样嘴直径计算出等速采样条件下各采样点的采样流量。

3.平行采样法

将 S 型皮托管和采样管固定在一起插入采样点处,当与皮托管相连的微压计指示出动压后,利用预先绘制的皮托管动压和等速采样流量关系计算图立即算出等速采样流量,及时调整流速进行采样。平行采样法中,测定流速和采样几乎同时进行,减小了由于烟气流速改变而带来的采样误差。

二、流动污染源监测

汽车尾气是石油体系燃料在内燃机内燃烧后的产物,含有 NO_x、碳氢化合物、CO 等有害组分。汽车尾气中污染物的含量与其行驶状态有关,空转、加速、匀速、减速等行驶状态下尾气中的污染物含量均应测定。

1.汽车怠速 CO、烃类化合物的测定

一般采用非色散红外气体分析仪对其进行测定,可直接显示 CO 和烃类化合物的测定结果。测定时,先将汽车发动机由怠速加速至中等转速,维持 5s 以上,再降至怠速状态,插入取样管(深度不少于 300 mm)测定,读取最大指示值。若为多个排气管,应取各排气管测定值的算术平均值。

2.汽油车尾气中 NO_x 的测定

在汽车尾气排气管处用取样管将废气引出(用采样泵),经冰浴(冷凝除水)、玻璃棉过滤器(除油尘),抽取到 100 mL 注射器中,然后将抽取的气样经氧化管注入冰乙酸—对氨基苯磺酸—盐酸萘乙二胺吸收显色液,显色后用分光光度法测定,测定方法同大气中 NO_x 的测定。

3.尾气烟度的测定

汽车柴油机或柴油车排出的黑烟含有多种颗粒物,其组分复杂,有碳、氧、氢、灰分和多环芳烃化合物等。

烟度的含义是使一定体积的排气透过一定面积的滤纸后,滤纸被染黑的程度,用波许单位(R_b)表示。当一定体积的尾气通过一定面积的白色滤纸时,排气中的炭粒就附着在滤纸上,将滤纸染黑,然后用光电测量装置测量染黑滤纸的吸光度,以吸光度大小表示烟度大小。规定洁白滤纸的烟度为零,全黑滤纸的烟度为 10。滤纸式烟度计烟度刻度计算式为:

$$R_b = 10 \times \left(1 - \frac{I}{I_0}\right)$$

式中,R_b 为波许烟度单位;I 为被测烟样滤纸反射光强度;I_0 为洁白滤纸反射光强度。

烟度可用波许烟度计直接测定。

第五章　噪声监测

第一节　噪声概述

一、噪声

人类生活的环境中充满了声音,也包括噪声。例如,人们交谈、广播、电视、通讯联络、社会交往、车马运行、家禽家畜、机器工作都会发出声音。保证人际间的正常交往必须要有声音。生活在完全寂静无声的世界里会使人感到压抑、郁闷甚至疯狂。但声音如果过强,就会影响人们正常的工作、学习、休息和睡眠。这些令人烦躁讨厌,甚至引起疾病的声音,从生理学的观点而言,称之为噪声;从物理学的角度讲,一切杂乱无章,频率和振幅都在变化的声音都是噪声;从环保角度讲,一切人们不需要的声音,都称为噪声。

二、噪声的来源

噪声的种类很多,产生噪声的来源也不同,噪声来源包括自然界的噪声和人为活动产生的噪声。人为活动产生的噪声主要有以下几种。

(1)交通噪声

包括汽车、火车、飞机等交通工具产生的噪声。

(2)工业噪声

包括厂矿企业的鼓风机、汽轮机、织布机、冲床等各种机器设备产生的噪声。

(3)建筑施工的噪声

包括建筑施工用打桩机、混凝土搅拌机、推土机等机械工作时产生的噪声。

(4)生活噪声

主要有人们社会生活活动中产生的噪声,如广播、电视机、收音机等家电及小贩的叫卖等所产生的噪声。

三、噪声危害

噪声对人体的影响是多方面的。其首先表现在对人的听力的影响,同时也表现在对人体各器官的影响,强烈的噪声对物体也能产生损伤。

(一)噪声对人的听力的影响

人们在强烈的噪声环境中待上一段时间后,会感到耳朵里嗡嗡响,什么也听不清,出现听力下降。例如,人们进入织布车间然后再出来就有这种现象,这就是暂时性听阈偏移,也称作听觉疲劳。但如果长期(几十年)在这种强噪声环境下工作,听觉将不能恢复,且人耳内部将产生器质性病变,人耳器官受损失,暂时性听阈偏移变成了永久性听阈偏移,这就是噪声性听力损失或噪声性耳聋。由此可见,噪声性耳聋是强噪声长期作用于人耳造成的。目前国际上使用较多的听力损伤临界值是由 ISO 于 1964 年提供的,规定以 500 Hz、1000 Hz、2000 Hz 听力损失的平均值超过 25 dB 作为听力损失的起点。凡听力损失小于 25 dB 时均视作听力正常,超过 25dB 时为轻度聋,听力损失 40~55 dB 时为中度聋,听力损失 55~70 dB 时为显著聋,损失 70~90 dB 时为重度聋,损失 90 dB 以上时为极端聋。

(二)噪声对人体其他部分的影响

1.对神经系统的影响

长期接触噪声的人往往会出现头痛、头晕、多梦、失眠、心慌、全身乏力、记忆力减退等症状,这就是神经衰弱。

有人曾调查接触 80~85 dB 噪声的车工和钳工,82~87 dB 噪声的镟工,95~99 dB 噪声的自动机床操作工。结果发现:随着噪声强度的不同,神经衰弱的症状亦有不同,车工和钳工以头痛(占 15.6%)和睡眠不好(占 24.4%)为主,镟工和自动机床操作工除了头痛之外,还表现疲倦及易怒等症状。

2.噪声对心血管系统的影响

强噪声可使人们心跳加快,心律不齐,血管痉挛,血压发生变化。

有人调查过 85~95 dB 高频噪声下工作的工人,发现高血压患者占 7.6%,低血压患者占 12.3%。还有人在噪声为 95~117 dB 的绳索厂对工人观察了 8 年,发现许多人有心血管系统功能改变和血压不稳的情况。当工人超过 40 岁以后,高血压患者的人数比同年龄组不接触噪声的工人高 2 倍多。高血压患者中还有少数人表现为合并冠状动脉损伤、血脂偏高、胆固醇过多等症状。

在电机厂接触高噪声的电机工人比对照组的高血压患者多 3 倍,低血压患者多 2 倍半,同时发现工龄短的年轻工人中低血压患者较多。

脉冲噪声比稳态噪声引起的血压变化要大得多,脉冲噪声环境中工作的工人,其舒张压明显降低,而收缩压则明显增高。

3.噪声对视觉器官的影响

有人曾用 800 Hz 和 2000 Hz 的噪声进行试验,发现视觉功能发生一定的改变,视网膜轴体细胞光受性降低。

蓝色光、绿色光使人的视野增大,金红色光使视野缩小。

噪声强度也影响视力清晰度,噪声强度越大,视力清晰度越差。如在 80 dB 噪声下工作后,经 1h 视力清晰度才恢复稳定;而在 70 dB 噪声下,工作后只需 20 min 就可恢复。长期接触强噪声,会损害视觉器官,并出现眼花、眼痛、视力减退等症状。

4.噪声对消化系统的影响

噪声也会影响消化系统,使肠胃功能紊乱,产生食欲不振、恶心、肌无力、消瘦、体质减弱等症状。有调查表明,在被调查者中,1/3 的人胃酸度降低,个别人胃酸度增高;1/3 的人胃液分泌机能降低,少数人反而增高;半数以上的人胃排空机能减慢。

（三）噪声对人的工作、学习、休息、睡眠和谈话、通讯的干扰

毫无疑问，人们都有这样的经验，噪声会干扰人的工作、学习、睡眠、谈话等，在强噪声下，情况尤其如此。

嘈杂的强噪声使人讨厌、烦恼、精神不集中，影响工作效率，妨碍休息和睡眠。通常当噪声低于 50 dB 时，人们认为环境是安静的；当噪声级高到 80 dB 左右，就认为是比较吵闹了；若噪声级达到 100 dB 就会使人感到非常吵闹；当噪声达到 120 dB，就令人难以忍受了。除了噪声声级的高低外，噪声的频率特性和时间特性也会产生影响。一般而言，高频声比低频声对人的影响更大，非稳态声、脉冲声也比连续的稳态声对人的影响要大；对于同一噪声，对精细的工作如精密装配、刺绣、打字等比对一般性的工作影响大，对非熟练工人的影响比对熟练工人大。

睡眠时对安静的要求更高。噪声对睡眠的影响程度大致与噪声的声级成正比。40～50 dB 的噪声对一般人没有干扰，而突发的噪声的干扰当然更为严重，通常夜间睡眠时要求噪声的声级不超过 40 dB。

噪声对人的谈话的影响是广泛且显而易见的，这种影响是通过对人耳听力的影响实现的。噪声的声级较高时人的听力下降就听不清对方的谈话。这种影响在一般情况下并不明显，但是在工作时，这种影响可能导致工作事故的发生。根据现场测试统计，一般谈话声级达 60 dB，提高嗓音时是 66 dB，大声说话可达 72 dB。如果环境噪声等于或小于这些数值，交谈就没有困难，但如果噪声高于这些数值时交谈就会受到干扰。电话通讯也是如此。当环境噪声低于 57 dB 时，打电话的质量就很好；噪声在 57～72 dB 时，通话质量较差；噪声在 72～78 dB 时，打电话感到很困难，在更高的噪声环境中，打电话就不可能了。

（四）强噪声的效应

强噪声对建筑物有破坏作用。当噪声强度达 140 dB 时，对建筑物的轻型结构开始有破坏作用；相当于 160～170 dB 的噪声能够使窗玻璃破裂。一般住宅的窗玻璃的固有频率为 30～40 Hz，在此频段，内部产生的压力最大，破坏效应也最强。

强噪声会影响精密仪表的正常工作。宇航器和喷气式飞机在开始发动后会处于 50～160 dB 的噪声环境中，这种噪声会使飞行器或喷气飞机上的仪器设备受到干扰、失效以至损坏。这里干扰是指仪器由于处在强噪声中而使内部电噪声增大以至不能正常工作。失效是指电子元器件或设备在高强度噪声作用下特性变坏不能工作，但强噪声消失后仪器又恢复正常。声破坏是指声场激发的振动传递到仪表上产生破裂，仪器不再正常工作。一般说来，噪声强度在 135～150dB 时影响还不明显。

强噪声还会使飞行中的宇航器和喷气机上的金属薄板结构由于声致振动而产生疲劳，或引起铆钉松动。由于这种声疲劳断裂是突然发生的，所以一旦出现往往会引起灾难性事故。

第二节 声环境质量监测

一、声环境质量标准

《声环境质量标准》(GB 3096—2008)规定了 5 类声环境功能区的环境噪声限值及测量方法,适用于声环境质量评价与管理。

标准中规定了各类声环境功能区适应的环境噪声等效声级限制,见表 5-1。

表 5-1 环境噪声限值　　　　　　单位:dB(A)

声环境功能区类别		0 类	1 类	2 类	3 类	4 类	
						4a 类	4b 类
时段	昼间	50	55	60	65	70	70
	夜间	40	45	50	55	55	60

各类标准的适用区域如下:

0 类声环境功能区适应于康复疗养区等特别需要安静的区域。

1 类声环境功能区适用于以居民住宅、医疗卫生、文化教育、科研设计、行政办公为主要功能,需要保持安静的区域。

2 类声环境功能区适用于商业金融、集市贸易为主要功能,或者居住、商业、工业混杂,需要维护住宅安静的区域。

3 类声环境功能区适用于工业生产、仓储物流为主要功能,需要防止工业噪声对周围环境产生严重影响的区域。

4 类声环境功能区适用于交通干线两侧一定距离之内,需要防止交通噪声对周围环境产生严重影响的区域,包括 4a 类和 4b 类两种类型。4a 类为高速公路、一级公路、二级公路、城市快速路、城市主干路、城市次干路、城市轨道交通(地面段)、内河航道两侧区域 4b 类为铁路干线两侧区域。

各类声环境功能区夜间突发性噪声,其最大声级超过环境噪声限值的幅度不得高于15 dB(A)。

二、噪声监测仪器

常用的噪声监测仪器有声级计、声级频谱仪、噪声统计分析仪。

(一)声级计

声级计主要由传声器、放大器、衰减器、计权网络、电表电路及电源等部分组成。

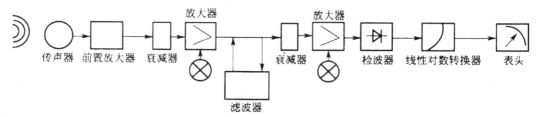

图 5-1　声级计工作原理示意图

声级计的工作原理(如图 5-1 所示)是声压由传声膜片接受后,将声压信号转换成电信号。由于表头指示范围一般只有 20 dB,而声音范围变化可高达 140 dB,甚至更高,所以,此信号经前置放大器作阻抗变换后,经输入衰减器衰减后的信号再由输入放大器进行定量放大,放大后的信号由计权网络进行计权。计权网络是模拟人耳对不同频率有不同灵敏度的听觉响应,在计权网络处可外接滤波器进行频谱分析。经计权后的信号由输出衰减器减到额定值,随即送到输出放大器放大,使信号达到相应的功率输出,输出信号经检波后送出有效电压,推动电表显示所测的声压级数值。

声级计按其用途可分为:一般声级计、车辆声级计、脉冲声级计、积分声级计和噪声计量计等。按其精度可分为四种类型:0 型声级计(精度为 ±0.4 dB),为标准声级计;Ⅰ 型声级计(精度为 ±0.7 dB),为精密声级计;Ⅱ 型声级计(精度为 ±1.0 dB)和 Ⅲ 型声级计(精度为 ±1.5 dB),作为一般用途的普通声级计。按其体积大小可分便携式声级计和袖珍式声级计。国际标准化组织(ISO)及国际电工委员会(IEC)规定普通声级计的频率范围是 20～8 000 Hz,精密声级计的频率范围为 20～12500 Hz。

声级计是噪声测量最基本最常用的仪器,适用于环境噪声、室内噪声、机器噪声、建筑噪声等各种噪声测量,常见的有 AWA5633A、PAS5633、TES－1352、PSJ－2 型。

积分声级计是一种直接显示某一测量时间内被测噪声等效连续声级的仪器,主要用于环境噪声和工厂噪声的测量。常见的产品有 AWA5610B、AWA5671、TES－1353、HS5618 型。

(二)声级频谱仪

频谱仪是测量噪声频谱的仪器,它的基本组成大致与声级计相似。但是在频谱分析仪中,设置了完整的计权网络(滤波器)。借助于滤波器的作用,可以将声频范围内的频率分成不同的频带进行测量。例如做倍频程划分时,若将滤波器置于中心频率 500 Hz,通过频谱分析仪的则是 335～710 Hz 的噪声,其他频率就不能通过,因此在频谱分析仪上所显示的就是频率为 335～710 Hz 噪声的声压级,其他类推。由于频谱分析仪能分别测量噪声中所包含的各种频带的声压级,因此它是进行噪声频谱分析不可缺少的仪器。一般情况下,进行频谱分析时,都采用倍频程划分频带。如果对噪声要进行更详细的频谱分析,就要用窄频带分析仪,例如用 1/3 频程划分频带。在没有专用的频谱分析仪时,也可以把适当的滤波器接在声级计上进行频谱测定。

(三)噪声统计分析仪

噪声统计分析仪是用来测量噪声级的统计分布,并直接指示累计百分声级的一种测量仪器。一般来说,噪声统计分析仪均可测量声压级、A 计权声级、累计百分声级 L_N、等效声级 L_{eq} 标准偏差、概率分布和累积分布。与声级计相比,噪声统计分析仪的显著优点是取样和数据处理的自动化,提高了测量的精度。常见的产品有 AWA 6218A、AWA 6218B 型等。

三、测量仪器校准与使用

声校准器是一种能在一个或多个规定频率上,产生一个或多个已知声压级的装置。声校准器有两个主要用途:测量传声器的声压灵敏度;检查或调节声学测量装置或系统的总灵敏度。

在《电声学 声校准器》(GB/T 15173—2010)中,将声校准器的准确度等级分为 Ls 级、1 级、2 级。Ls级声校准器一般只在实验室中使用,1 级和 2 级声校准器为现场使用。按照工作原理,声校准器主要有活塞发声器和声级校准器两种。

活塞发声器是一种由电动机转动带动活塞在空腔内往复移动,从而改变空腔的压力,产生声音的仪器,见图 5-2。由于活塞的表面积、活塞行程和空腔容积(活塞在中间位置时)都保持不变,因此产生的声压非常稳定。在频率为 250 Hz、声压级为 124 dB 时,其准确度能达到 0.2 dB,通常能满足 1 级声校准器的要求,有的还可作为 Ls 级声校准器。活塞发声器的最大缺点是其声压级受大气压影响很大,如在高原地区的西藏拉萨市(海拔 3 600 m),活塞发生器产生的声压级比在平原地区低 3 dB 左右,需要进行大气压修正,才能达到规定等级要求。另外,活塞发声器失真也较大,而且工作频率只能到 250 Hz。

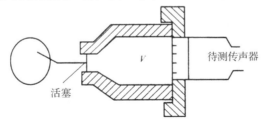

图 5-2 活塞发声器原理

声级校准器的发声方法是采用压电陶瓷片的弯曲振动,后面耦合一个亥姆霍兹共鸣器发声,见图 5-3。大多数声级校准器的声源为 94 dB(1 000 Hz)和 114 dB(250 Hz)。其优点有:由于参考传声器的灵敏度不随大气压变化而变化,因此该声校准器产生的声压级不需要进行大气压修正;校准时传声器与耦合腔配合不必非常紧密,而且可以校准不同等效容积的传声器。

测量仪器和校准仪器应定期检定合格,并在有效使用期限内使用;每次测量前、后必须在测量现场进行声学校准,其前、后校准示值偏差不得大于 0.5 dB,否则测量结果无效。

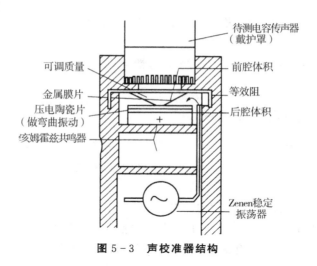

图 5－3　声校准器结构

四、监测点位布设方法

根据监测对象和目的,可选择以下三种测点条件(至传声器所置位置)进行环境噪声的测量。

(1)一般户外

距离任何反射物(地面除外)至少 3.5 m 外测量,距离地面高度 1.2 m 以上。必要时可置于高层建筑上,以扩大监测受声范围。使用监测车辆测量,传声器应固定在车顶部1.2 m 高度处。

(2)噪声敏感建筑物户外

在噪声敏感建筑物外,距墙壁或窗户 lm 处,距地面高度 1.2 m 以上。

(3)噪声敏感建筑物室内

距离墙面和其他反射面至少 1 m,距窗约 1.5 m 处,距地面 1.2～1.5 m 高。

五、监测与评价方法

监测应在无雨雪、无雷电天气,风速 5m/s 以下时进行。

根据监测对象和目的,环境噪声监测分为声环境功能区监测和噪声敏感建筑物监测两种类型。

(一)声环境功能区监测与评价

声环境功能区监测可分为定点监测法和普查监测法。

1.定点监测法

(1)监测要求

选择能反映各类功能区声环境质量特征的监测点 1 至若干个,进行长期定点监测,每次测量的位置、高度应保持不变。

对于 0、1、2、3 类声环境功能区,该监测点应为户外长期稳定、距地面高度为声场空间垂直分布的可能最大值处,其位置应能避开反射面和附近的固定噪声源;4 类声环境功能区监测点设于 4 类区内第一排噪声敏感建筑物户外交通噪声空间垂直分布的可能最大值处。

声环境功能区监测每次至少进行一昼夜 24 h 的连续监测,得出每小时及昼间、夜间的等效声级 L_{eq}、L_d、L_n 和最大声级 L_{max}。用于噪声分析目的,可适当增加监测项目,如累积百分声级 L_{10}、L_{50}、L_{90} 等。监测应避开节假日和非正常工作日。

（2）监测结果评价

各监测点位监测结果独立评价,以昼间等效声级 La 和夜间等效声级 Ln 作为评价各监测点位声环境质量是否达标的基本依据。

一个功能区设有多个测点的,应按点次分别统计昼间、夜间的达标率。

2.普查监测法

（1）对 0～3 类声环境功能区普查监测

a.监测要求。将要普查监测的某一声环境功能区划分成多个等大的正方格,网格要完全覆盖住被普查的区域,且有效网格总数应多于 100 个。测点应设在每一个网格的中心,测点条件为一般户外条件。监测分别在昼间工作时间和夜间 22:00～24:00（时间不足可顺延）进行。在前述监测时间内,每次每个测点测量 10 min 的等效声级 L_{eq},同时记录噪声主要来源。监测应避开节假日和非正常工作日。

b.监测结果评价。将全部网格中心测点测量 10 min 的等效声级 L_{eq} 做算术平均运算,所得到的平均值代表某一声环境功能区的总体环境噪声水平,并计算标准偏差。根据每个网格中心的噪声值及对应的网格面积,统计不同噪声影响水平下面积百分比,以及昼间、夜间的达标面积比例。有条件的可估算受影响人口。

（2）对 4 类声环境功能区普查监测

a.监测要求。以自然路段、站场、河段等为基础,考虑交通运行特征和两侧噪声敏感建筑物分布情况,划分典型路段（包括河段）。在每个典型路段对应的 4 类区边界上（指 4 类区内无噪声敏感建筑物存在时）或第一排噪声敏感建筑物户外（指 4 类区内有敏感建筑物存在时）选择 1 个测点进行噪声监测。这些测点应与站、场、码头、岔路口、河流汇入口等相隔一定的距离,避开这些地点的噪声干扰。

监测分昼、夜两个时段进行。分别测量如下规定时间内的等效声级 L_{eq} 和交通流量,对铁路、城市轨道交通线路（地面段）,应同时测量最大声级 L_{max},对道路交通噪声应同时测量累积百分声级 L_{10}、L_{50}、L_{90}。

根据交通类型的差异,规定的测量时间如下。铁路、城市轨道交通（地面段）、内河航道两侧:昼、夜间各测量不低于平均运行密度的 1h 值,若城市轨道交通（地面段）的运行车次密集,测量时间可缩短至 20 min。高速公路、一级公路、二级公路、城市快速路、城市主干路、城市次干路两侧:昼、夜间各测量不低于平均运行密度的 20 min 值。监测应避开节假日和非正常工作日。

b.监测结果评价。将某条交通干线各典型路段测得的噪声值,按路段长度进行加权算术平均,以此得出某条交通干线两侧 4 类声环境功能区的环境噪声平均值。也可以对某一区域内的所有铁路、确定为交通干线的道路、城市轨道交通（地面段）、内河航道按前述方法进行长度加权统计,得出针对某一区域某一交通类型的环境噪声平均值。

根据每个典型路段的噪声值及对应的路段长度,统计不同噪声影响水平下的路段百分比,以及昼间、夜间的达标路段比例。有条件的可估算受影响人口。对某条交通干线或某一区域某一交通类型采取抽样测量的,应统计抽样路段比例。

(一)噪声敏感建筑物监测与评价

1.监测要求

监测点一般设于噪声敏感建筑物户外。不得不在噪声敏感建筑物室内监测时,应在门窗全打开状况下进行室内噪声监测,并采用较该噪声敏感建筑物所在声环境功能区对应环境噪声限值低 10 dB(A)的值作为评价依据。

对敏感建筑物的环境噪声监测应在周围环境噪声源正常工作条件下测量,视噪声源的运行工况,分昼、夜两个时段连续进行。根据环境噪声源的特征,可优化测量时间。

(1)受固定噪声源的噪声影响

稳态噪声测量 1 min 的等效声级 L_{eq};非稳态噪声测量整个正常工作时间(或代表性时段)的等效声级 L_{eq}。

(2)受交通噪声源的噪声影响

对于铁路、城市轨道交通(地面段)、内河航道,昼、夜各测量不低于平均运行密度的 1h 等效声级 L_{eq},若城市轨道交通(地面段)的运行车次密集,测量时间可缩短至 20 min;对于道路交通,昼、夜各测量不低于平均运行密度的 20 min 等效声级 L_{eq}。

(3)受突发噪声的影响

以上监测对象夜间存在突发噪声的,应同时监测测量时段内的最大声级 L_{max}。

2.监测结果评价

以昼间、夜间环境噪声源正常工作时段的 L_{eq} 和夜间突发噪声 L_{max} 作为评价噪声敏感建筑物户外(或室内)环境噪声水平是否符合所处声环境功能区的环境质量要求的依据。

第三节　工业企业噪声监测

一、布点

测量工业企业外环境噪声,应在工业企业边界线外 1 m、高度 1.2 m 以上的噪声敏感处进行。围绕厂界布点,布点数目及时间间距视实际情况而定,一般根据初测结果中,声级每涨落 3dB 布一个测点。如边界模糊,以城建部门划定的建筑红线为准。如与居民住宅毗邻,应取该室内中心点的测量数据为准,此时标准值应比室外标准值低 10 dB(A)。如边界设有围墙、房屋等建筑物,应避免建筑物的屏障作用对测量的影响。

测量车间内噪声时,若车间内部各点声级分布变化小于 3 dB,只需要在车间选择 1~3 个测点;若声级分布差异大于 3 dB,则应按声级大小将车间分成若干区域,使每个区域内的声级差异小于 3 dB,相邻两个区域的声级差异应大于或等于 3 dB,并在每个区选取 1~3 个测点。这些区域必须包括所有工人观察和管理生产过程而经常工作活动的地点和范围。

二、测量

测量应在工业企业的正常生产时间内进行,分昼间和夜间两部分。传声器应置于工作人员的耳朵附近,测量时工作人员应从岗位上暂时离开,以避免声波在工作人员头部引起的散射声使测量产生误差,必要时适当增加测量次数。计权特性选择 A 声级,动态特性选择慢响应。稳态噪声只测量 A 声级。非稳态噪声则在足够长时间内(能代表 8 h 内起伏状况的部分时间)测量,若声级涨落在 3～10 dB 范围,每隔 5 s 连续读取 100 个数据;若声级涨落在 10 dB 以上,则连续读取 200 个数据。

第六章　土壤质量监测

土壤是自然环境的重要组成部分,是人类生存的基础和活动的场所。然而由于一些地方所进行的不合理生产、生活活动,不仅造成了土壤的污染,还严重影响到人们的生活和健康。土壤污染问题越来越受到人们的关注。土壤污染监测即是指对土壤各种金属、有机污染物、农药与病原菌的来源、污染水平及积累、转移或降解途径进行的监测活动。

土壤是指陆地地表具有肥力并能生长植物的疏松表层。它介于大气圈、岩石圈、水圈和生物圈之间,是环境中特有的组成部分。土壤是人类环境的重要组成部分,它同人类的生产、生活有密切的联系。人类的产生、生活活动造成了土壤的污染,污染的结果又影响到人类的健康。由于污染物可以在大气、水体、土壤各部分进行迁移转化运动,所以不论哪一部分受到污染都必然影响到整个环境。因此,土壤污染监测是环境监测不可缺少的重要内容。

第一节　土壤监测方案的制定

土壤污染监测方案的制定和水环境质量监测方案、大气环境质量监测方案的流程相近,首先根据监测目的进行基础资料的调查与收集、在综合分析的基础上确定监测项目,合理布设采样点,确定采样频率和采样时间,选择合适的监测方法,全程实行质量控制监督,提出监测数据处理要求。

一、确定监测目的

(1)调查土壤环境污染状况

主要目的是根据《土壤环境质量标准》(Ⅰ、Ⅱ、Ⅲ类土壤分别执行一、二、三级标准)、判断土壤是否被污染或污染的程度,并预测其发展变化的趋势。

(2)调查区域土壤环境背景值

通过长期分析测定土壤中某种元素的含量,确定这些元素的背景值水平和变化,为保护土壤生态环境、合理施用微量元素及地方病的探讨和防治提供依据。

(3)调查土壤污染事故

污染事故会使土壤结构和性质发生变化,也会对农作物产生伤害,分析主要污染物种类、污染程度、污染范围等信息,为相关部门采取对策提供科学依据。

(4)土壤环境科学研究

通过土壤相关指标的测定,为污染土壤环境修复、污水土地处理等科研工作提供基础数据。

二、调研收集资料

土壤污染源调查一般包括工业污染源、生活污染源、农业污染源和交通污染源。

工业污染源调查的内容主要包括企业概况,工艺调查,能源、水源、原辅材料情况,生产布局调查,污染物治理调查,污染物排放情况调查,污染危害调查,发展规划调查等几个方面。

生活污染源主要指住宅、学校、医院、商业及其他公共设施,它排放的主要污染物包括污水、粪便、垃圾、污泥、废气等。生活污染源调查的内容主要包括城市居民人口调查,城市居民用水和排水调查,民用燃料调查,城市垃圾及处置方法调查等。

农业常常是环境污染的主要受害者,同时,由于农业活动中施用农药、化肥,如果使用不合理也会产生环境污染。农业污染源调查一般包括农药使用情况调查,化肥使用情况调查,农业废弃物调查,农业机械使用情况调查等。

交通污染源主要是指公路、铁路等运输工具。其造成土壤污染的原因有:运输有毒有害物质的泄漏、汽油柴油等燃料燃烧时排出的废气。其一般调查运输工具的种类、数量、用油量、排气量、燃油构成、排放浓度等。

在进行一个地区的污染源调查或某一单项污染源调查时,都应同时进行自然环境背景调查和社会环境背景调查。根据调查的目的不同、项目不同,调查内容可以有所侧重。自然背景调查包括地质、地貌、气象、水文、土壤、生物;社会背景调查包括居民区、水源区、风景区、名胜古迹、工业区、农业区、林业区。

三、确定监测项目

环境是个整体,无论污染物进入哪一个部分都会造成对整个环境的影响。因此,土壤监测必须与大气、水体和生物监测相结合才能全面客观地反映实际。确定土壤中优先监测物的依据是国际学术联合会环境问题科学委员会(SCOPE)提出的《世界环境监测系统》草案,该草案规定:空气、水源、土壤以及生物界中的物质都应与人群健康联系起来。土壤中优先监测物有以下两类。

第一类:汞、铅、镉、DDT 及其代谢产物与分解产物,多氯联苯。

第二类:石油产品,DDT 以外的长效性有机氯、四氯化碳、醋酸衍生物、氯化脂肪族砷、锌、硒、铬、镍、锰、钒,有机磷化合物及其他活性物质(抗生素、激素、致畸性物质、催畸性物质和诱变物质)等。

我国土壤常规监测项目如下:

金属化合物:镉(Cd)、铬(Cr)、铜(Cu)、汞(Hg)、铅(Pb)、锌(Zn)。

非金属化合物:砷(As)、氰化物、氟化物、硫化物等。

有机无机化合物:苯并[a]芘、三氯乙醛、油类、挥发酚、DDT、六六六等。

四、布点

土壤是固、液、气三相的混合物,主体是固体,污染物质进入土壤后不易混合,所以样品往往有很大的局限性。在一般的土壤监测中,采样误差对结果的影响往往大于分析误差。所以,在进行土壤样品采集时,要格外注意样品的合理代表性,最好能在采样前通过一定的调查研究,选择出一定量的采样单元,合理布设采样点。

（一）布点原则

（1）不同土壤类型都要布点。

（2）污染较重的地区布点要密些，常根据土壤污染发生原因来考虑布点多少。

（3）对大气污染物引起的土壤污染，采样点布设应以污染源为中心，并根据当地风向、风速及污染强度等因素来确定；由城市污水或被污染的河水灌溉农田引起的土壤污染，采样点应根据水流的路径和距离来考虑；如果是由化肥、农药引起的土壤污染，它的特点是分布比较均匀、广泛。

（4）要在非污染区的同类土壤中布设一个或几个对照采样点。

总之，采样点的布设既应尽量照顾到土壤的全面情况，又要视污染情况和监测目的而定，尽可能做到与土壤生长作物监测同步进行布点、采样、监测，以利于对比和分析。

（二）布点方法

采样地点的选择应具有代表性。因为土壤本身在空间分布上具有一定的不均匀性，故应多点采样、均匀混合，以使所采样品具有代表性。采样地如面积不大，在 $2\sim3$ 亩以内，可在不同方位选择 $5\sim10$ 个有代表性的采样点。如果面积较大，采样点可酌情增加。采样点的布设应尽量照顾土壤的全面情况，不可太集中。下面介绍几种常用采样布点方法，如图 $6-1$ 所示。

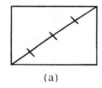
(a)

(b)
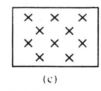
(c)
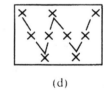
(d)

图 6-1　土壤采样布点法

（1）对角线布点法如图 $6-1$(a)所示，该法适用于面积小、地势平坦的受污水灌溉的田块。布点方法是由田块进水口向对角线引一条斜线，将此对角线三等分，等分点作为采样点。但由于地形等其他情况，也可适当增加采样点。

（2）梅花形布点法如图 $6-1$(b)所示，该法适用于面积较小、地势平坦、土壤较均匀的田块，中心点设在两对角线相交处，一般设 $5\sim10$ 个采样点。

（3）棋盘式布点法如图 $6-1$(c)所示，适宜于中等面积、地势平坦、地形开阔、但土壤较不均匀的田块，一般设 10 个以上采样点。此法也适用于受固体废物污染的土壤，因为固体废物分布不均匀，应设 20 个以上采样点。

（4）蛇形布点法如图 $6-1$(d)所示，这种布点方法适用于面积较大、地势不很平坦、土壤不够均匀的田块。布设采样点数目较多。

五、样品的采集与制备

Fe^{2+}、NH_4^+-N、NO_3^--N、S^{2-}、挥发酚等易变成分需用鲜样，样品采集后直接用于分析。大多数成分测定需要用风干或烘干样品，干燥后的样品容易混合均匀，分析结果的重复性、准确性都比较好。

六、分析测试土壤样品

土壤中污染物质种类繁多,不同污染物在不同土壤中的样品处理方法及测定方法各异。同时要根据不同监测要求和监测目的,选定样品处理方法。

仲裁监测必须选定《土壤环境质量标准》中选配的分析方法规定的样品处理方法,其他类型的监测优先使用国家土壤测定标准,如果是《土壤环境质量标准》中没有的项目或国家土壤测定方法标准暂缺项目则可使用等效测定方法中的样品处理方法,见表 6-2、表 6-3。

表 6-2　土壤常规监测项目及分析方法

监测项目	监测仪器	监测方法	方法来源
镉	原子吸收光谱仪	石墨炉原子吸收分光光度法	GB/T17141
	原子吸收光谱仪	KI—MIBK 萃取原子吸收分光光度法	GB/T17140
汞	测汞仪	冷原子吸收法	GB/T17136
砷	分光光度计	二乙基二硫代氨基甲酸银分光光度法	GB/T17134
	分光光度计	硼氢化钾—硝酸银分光光度法	GB/T17135
铜	原子吸收光谱仪	火焰原子吸收分光光度法	GB/T17138
铅	原子吸收光谱仪	石墨炉原子吸收分光光度法	GB/T17141
	原子吸收光谱仪	KI—MIBK 萃取原子吸收分光光度法	GB/T17140
铬	原子吸收光谱仪	火焰原子吸收分光光度法	GB/T17137
锌	原子吸收光谱仪	火焰原子吸收分光光度法	GB/T17138
镍	原子吸收光谱仪	火焰原子吸收分光光度法	GB/T17139
六六六、滴滴涕	气相色谱仪	电子捕获气相色谱法	GB/T14550
六种多环芳烃	液相色谱仪	高效液相色谱法	GB13198
稀土总量	分光光度计	对马尿酸偶氮氯膦分光光度法	GB 6262
pH	pH 计	森林土壤 pH 测定	GB7859
阳离子交换量	滴定仪	乙酸铵法	①

①中国科学院南京土壤研究所编,《土壤理化分析》,上海科技出版社,1978。

表 6-3　土壤监测项目与分析方法

监测项目	推荐方法	等效方法
砷	COL	HG—AAS、HG—AFS、XRF
镉	GF—AAS	POI—ICP—MS
钴	AAS	GF—AAS、ICP—AES、ICP—MS
铬	AAS	GF—AAS、ICP—AES、XRF、1CP—MS
铜	AAS	GF—AAS、ICP—AES、XRF、ICP—MS
氟	1SE	
汞	HG—AAS	HG—AFS
锰	AAS	ICP—AES、INAA、ICP—MS
镍	AAS	GF—AAS、XRF、ICP—AES、ICP—MS
铅	GF—AAS	ICP—MS、XRF
监测项目	推荐方法	等效方法
硒	HG—AAS	HG—AFS、DAN 荧光、GC
钒	COI	ICP—AES、XRF、INAA、ICP—MS
锌	AAS	ICP—AES、XRF、INAA、1CP～MS
硫	COL	ICP—AES、ICP—MS
pH	ISE	
有机质	VOL	
PCB、PAH	LC、GC	
阳离子交换量	VOL	
VOC	GC、GC—MS	
SVOC	GC、GC—MS	
除草剂和杀虫剂类	GC、GC—MS、IC	
POP	GC、GC—MS、LC、LC—MS	

　　注:ICP—AES—等离子发射光谱;XRF—X 荧光光谱分析;AAS—火焰原子吸收;GF—AAS—石墨炉原子吸收;HG—AAS—氢化物发生原子吸收法;HG—AFS—氢化物发生原子荧光法;POL—催化极谱法;ISE—选择性离子电极;VOL—容量法;INAA—中子活化分析法;GC—气相色谱法;LC—液相色谱法;GC—MS—气相色谱—质谱联用法;COL—分光比色法;ICP—MS—液相色谱—质谱联用法;ICP—

MS—等离子体质谱联用法。

一般区域背景值调查和《土壤环境质量标准》中重金属测定的是全量（除特殊说明，如六价铬），其测定土壤中金属全量的方法见相应的分析方法。

七、数据处理

土壤中污染项目的测定，属痕量分析和超痕量分析，尤其是土壤环境的特殊性，所以更须注意监测结果的准确性。

土壤分析结果以 mg/kg（烘干土）表示。平行样的测定结果用平均数表示，一组测定数据用 Dixon 法、Grubbs 法检验剔除离群值后以平均值报出；低于分析方法检出限的测定结果以"未检出"报出，参加统计时按二分之一最低检出限计算。

土壤样品测定一般保留三位有效数字，含量较低的镉和汞保留两位有效数字，并注明检出限数值。分析结果的精密度数据，一般只取一位有效数字，当测定数据很多时，可取两位有效数字。表示分析结果的有效数字的位数不可超过方法检出限的最低位数。

八、质量控制

执行《全国土壤污染状况调查质量保证技术规范》和《土壤环境监测技术规范》（HJ/T166—2004）。质量保证和质量控制的目的是为了保证所产生的土壤环境质量监测资料具有代表性、准确性、精密性、可比性和完整性，质量控制涉及监测的全部过程。

每批样品每个项目分析时均须做 20%平行样品，当 5 个样品以下时，平行样不少于 1 个。平行双样测试结果的误差在允许误差范围之内者为合格，见表 6-4。

表 6-4 土壤监测平行双样测定值的精密度和准确度允许误差

监测项目	样品含量	精密度		准确度			
	范围/(mg/kg)	室内相对标准偏差/%	室间相对标准偏差/%	加标回收率/%	室内相对误差/%	室间相对误差/%	适用的分析方法
镉	<0.1	±35	±40	75~110	±35	±40	原子吸收光谱法
	0.1~0.4	±30	±35	85~110	±30	±35	
	>0.4	+25	±30	90~105	±25	±30	
汞	<0.1	±35	±40	75~110	±35	±40	冷原子吸收法 原子荧光法
	0.1~0.4	±30	±35	85~110	±30	±35	
	>0.4	±25	±30	90~l05	±25	±30	
砷	<10	±20	±30	85~105	±20	±30	原子荧光法 分光光度法
	10~20	±15	±25	90~105	±15	±25	
	>20	±15	±20	90~105	±15	±20	

监测项目	样品含量	精密度		准确度			
	范围/(mg/kg)	室内相对标准偏差/%	室间相对标准偏差/%	加标回收率/%	室内相对误差/%	室间相对误差/%	适用的分析方法
铜	<20	±20	±30	85~105	±20	±30	原子吸收光谱法
	20~30	±15	±25	90~105	±15	±25	
	>30	±15	±20	90~105	±15	±20	
铅	<20	±30	±35	80~110	±30	±35	原子吸收光谱法
	20~40	±25	±30	85~110	±25	±30	
	>40	±20	±25	90~105	±20	±25	
铬	<50	±25	±30	85~110	±25	±30	原子吸收光谱法
	50~90	±20	±30	85~110	±20	±30	
	>90	±15	±25	90~105	±15	±25	
锌	<50	±25	±30	85~110	±25	±30	原子吸收光谱法
	50~90	±20	±30	85~110	±20	±30	
	>90	±15	±25	90~105	±15	±25	
镍	<20	±30	±35	80~110	±30	±35	原子吸收光谱法
	20~40	±25	±30	85~110	±25	±30	
	>40	±20	±25	90~105	±20	±25	

第二节　样品的采集与制备

　　土壤样品的采集和制备是土壤分析工作的一个重要环节,采集有代表性的样品,是测定结果能如实反映土壤环境状况的先决条件。实验室工作者只能对来样的分析结果负责,如果送来的样品不符合要求,那么任何精密仪器和熟练的分析技术都将毫无意义。因此,分析结果能否说明问题,关键在于样品的采集和处理。

一、土壤样品的采集

(一)收集基础资料

　　为了使采集的样品具有代表性,首先必须对监测的地区进行调查,收集以下基础资料:

　　(1)监测区域的交通图、土壤图、地质图、大比例尺地形图等资料,供制作采样工作图和标注采样点位用;

　　(2)监测区域土类、成土母质等土壤信息资料;

（3）土壤历史资料；

（4）监测区域工农业生产及排污、污灌、化肥农药施用情况资料；

（5）收集监测区域气候资料（温度、降水量和蒸发量）、水文资料。

（二）布设采样点

大气污染型土壤监测单元和固体废物堆污染型土壤监测单元以污染源为中心放射状布点，在主导风向和地表水的径流方向适当增加采样点；灌溉水污染监测单元、农用固体废物污染型土壤监测单元和农用化学物质污染型土壤监测单元采用均匀布点；灌溉水污染监测单元采用按水流方向带状布点，采样点自纳污口起逐渐由密变疏；综合污染型土壤监测单元布点采用综合放射状、均匀、带状布点法。由于土壤本身在空间分布上具有一定的不均匀性，所以应多点采样并均匀混合成为具有代表性的土壤样品；根据采样现场的实际情况选择合适的布点方法。

（三）准备采样器具

（1）工具类：铁锹、铁铲、圆状取土钻、螺旋取土钻、竹片以及适合特殊采样要求的工具等；

（2）器材类：罗盘、相机、卷尺、铝盒、样品袋、样品箱等；

（3）文具类：样品标签、采样记录表、铅笔、资料夹等；

（4）安全防护用品：工作服、工作鞋、安全帽、药品箱等；

（5）采样用车辆。

（四）确定采样频率

监测项目分常规项目、特定项目和选测项目。常规项目是指《土壤环境质量标准》中所要求控制的污染物。特定项目是指《土壤环境质量标准》中未要求控制的污染物.但根据当地环境污染状况，确认在土壤中积累较多、对环境危害较大、影响范围广、毒性较强的污染物，或者污染事故对土壤环境造成严重不良影响的物质，具体项目由各地自行确定。选测项目一般包括新纳入的在土壤中积累较少的污染物、由于环境污染导致土壤性状发生改变的土壤性状指标以及生态环境指标等。

土壤监测项目与监测频次见表6-5，常规项目可按实际情况适当降低监测频次，但不可低于5年一次，选测项目可按当地实际情况适当提高监测频次。

表6-5　土壤监测项目与监测频次

项目类别		监测项目	监测频次
常规项目	基本项目	pH、阳离子交换量	
	重点项目	镉、铬、汞、砷、铅、铜、锌、镍、六六六、滴滴涕	每3年一次，农田在夏收或秋收后采样

特定项目（污染事故）	特征项目	及时采样,根据污染物变化趋势决定监测频次	影响产量项目	全盐量、硼、氟、氮、磷、钾等
	污水灌溉项目	氰化物、六价铬、挥发酚、烷基汞、苯并［a］芘、有机质、硫化物、石油类等		
选测项目	POP 与高毒类农药	苯、挥发性卤代烃、有机磷农药、PCB、PAH 等	每 3 年监测一次,农田在夏收或秋收后采样	
	其他项目	结合态铝（酸雨区）、硒、钒、氧化稀土总量、钼、铁、锰、镁、钙、钠、铝、硅、放射性比活度等		

（五）确定采样类型及采样深度

1.土壤样品的类型

（1）混合样

一般了解土壤污染状况时采集混合样品。将一个采样单元内各采样分点采集的土样混合均匀制成。对种植一般农作物的耕地,只需采集 0～20 cm 耕作层土壤;对于种植果林类农作物的耕地,应采集 0～60 cm 耕作层土壤。

（2）剖面样品

特定的调查研究监测需了解污染物在土壤中的垂直分布时,需采集剖面样品,按土壤剖面层次分层采样。

2.采样深度

采样深度视监测目的而定。一般监测采集表层土,采样深度为 0～20 cm。如果需了解土壤污染深度,则应按土壤剖面层次分层采样。土壤剖面是指地面向下的垂直土体的切面。典型的自然土壤剖面分为 A 层（表层,淋溶层）、B 层（亚层,沉积层）、C 层（风化母岩层,母质层）和底岩层,如图 6－2 所示。地下水位较高时,剖面挖至地下水出露时为止;山地丘陵土层较薄时,剖面挖至风化层。

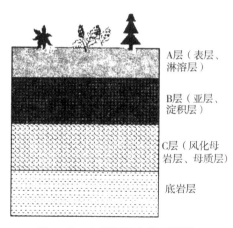

图 6-2　土壤剖面土层示意图

　　采样土壤剖面样品时,剖面的规格一般为长 1.5 m、宽 0.8 m、深 1～1.5 m,一般要求达到母质或潜水处即可,如图 6-3 所示。将朝阳的一面挖成垂直的坑壁,而与之相对的坑壁挖成每阶为 30～50 cm 的阶梯状,以便上下操作,表土和底土分两侧放置。根据土壤剖面颜色、结构、质地、松紧度、植物根系分布等划分土层,并进行仔细观察,将剖面形态、特征自上而下逐一记录。随后在各层最典型的中部自下而上逐层采样,先采剖面的底层样品,再采中层样品,最后采上层样品。在各层内分别用小土铲切取一片片土壤样,每个采样点的取土深度和取样量应一致。根据监测目的和要求可获得分层试样或混合样,用于重金属分析的样品,应将与金属采样器接触部分的土样弃去。对 B 层发育不完整(不发育)的山地土壤.只采 A、C 两层.

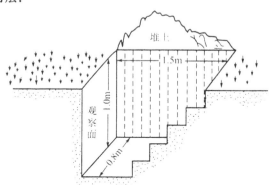

图 6-3　土壤剖面挖掘示意图

(六)确定采样方法

　　采样方法主要有采样筒取样、土钻取样、挖坑取样。

(七)确定采样量

　　具体需要多少土壤数量视分析测定项目而定,一般要求 1 kg 左右。对多点均量混合的样品可反复按四分法弃取,最后留下所需的土量,装入塑料袋或布袋中。

（八）采样注意事项

（1）采样点不能设在田边、沟边、路边或肥堆边。

（2）将现场采样点的具体情况，如土壤剖面形态特征等做详细记录，见表 6-6。

（3）采样的同时，由专人填写样品标签。标签一式两份（见表 6-7），一份放入袋中，一份系在袋口，标签上标注采样时间、地点、样品编号、监测项目、采样深度和经纬度。采样结束，需逐项检查采样记录、样袋标签和土壤样品，如有缺项和错误，及时补齐更正。将底土和表土按原层回填到采样坑中，方可离开现场，并在采样示意图上标出采样地点，避免下次在相同处采集剖面样。

表 6-6　土壤现场记录表

采用地点			东经		北纬	
样品编号			采样日期			
样品类别			采样人员			
采样层次			采样深度/cm			
样品描述	土壤颜色		植物根系			
	土壤质地		沙砾含量			
	土壤湿度		其他异物			
采样点示意图			自下而上植被描述			

表 6-7　土壤样品标签样式

样品编号：
采用地点： 东经北纬：
采样层次
特征描述：
采样深度：
监测项目：
采样日期：
采样人员：

(九)样品编码

全国土壤环境质量例行监测土样编码方法采用 12 位码,具体编码方法和各位编码的含义如图 6-4 所示。

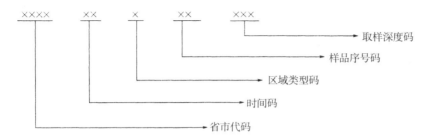

图 6-4　样品编码示意图

说明如下。

第 1~4 位数字:代表省市代码,其中省 2 位,市 2 位。

第 5~6 位数字:代表取样时间,取年份的后两位数计。

第 7 位数字:代表取样点位布设的重点区域类型,以一位数计,本次取数值 1。1 代表粮食生产基地;2 代表菜篮子种植基地;3 代表大中型企业周边和废弃地;4 代表重要饮用水源地周边;5 代表规模化养殖场周边及污水灌溉区等重要敏感区域。

第 8~9 位数字:代表样品序号,连续排列。以两位数计,不足两位的在前面加零补足两位。

第 10~12 位数字:代表取样深度,以三位数计,不足三位的在前面加零补足三位。

二、样品的制备

(一)制样工具及容器

(1)白色搪瓷盘。

(2)木槌、木滚、有机玻璃板(硬质木板)、无色聚乙烯薄膜。

(3)玛瑙研钵、白色瓷研钵。

(4)20 目、60 目、100 目尼龙筛。

(二)风干

除测定游离挥发酚、铵态氮、硝态氮、低价铁等不稳定项目需要新鲜土样外,多数项目需用风干土样。

土壤样品一般采取自然阴干的方法。将土样放置于风干盘中,摊成 2~3 cm 的薄层,适时地压碎、翻动,拣出碎石、沙砾、植物残体。

应注意的是,样品在风干过程中,应防止阳光直射和尘埃落入,并防止酸、碱等气体的污染。

（三）磨碎

进行物理分析时，取风干样品 100～200 g，放在木板上用圆木棍辗碎，并用四分法取压碎样，经反复处理使土样全部通过 2 mm 孔径的筛子。过筛后的样品全部置于无色聚乙烯薄膜上，并充分搅拌均匀，再采用四分法取其两份：一份储于广口瓶内，用于土壤颗粒分析及物理性质测定；另一份做样品的细磨用。

（四）过筛

进行化学分析时，一般常根据所测组分及称样量决定样品细度。分析有机质、全氮项目，应取一部分已过 2 mm 筛的土，用玛瑙或有机玻璃研钵继续研细，使其全部通过 60 目筛（0.25 mm）。用原子吸收光度法测 Cd、Cu、Ni 等重金属时，土样必须全部通过 100 目筛（尼龙筛 0.15 mm）。研磨过筛后的样品混匀、装瓶、贴标签、编号、储存。样品的制样过程如图 6-5 所示。

（五）分装

研磨混匀后的样品，分别装于样品袋或样品瓶，填写土壤标签一式两份，瓶内或袋内一份，瓶外或袋外贴一份。

（六）注意事项

（1）制样过程中采样时的土壤标签与土壤始终放在一起，严禁混错，样品名称和编码始终不变。

（2）制样工具每处理一份样后擦抹（洗）干净，严防交叉污染。

（3）分析挥发性、半挥发性有机物或可萃取有机物无须上述制样，用新鲜样按特定的方法进行样品前处理。

三、样品保存

（1）一般土壤样品需保存半年至一年，以备必要时查核之用。

（2）储存样品应尽量避免日光、潮湿、高温和酸碱气体等的影响。

（3）玻璃材质容器是常用的优质贮器，聚乙烯塑料容器也属推荐容器之一，该类贮器性能良好、价格便宜且不易破损。可将风干土样、沉积物或标准土样等贮存于洁净的玻璃或聚乙烯容器之内。在常温、阴凉、干燥、避阳光、密封（石蜡涂封）条件下保存 30 个月是可行的。

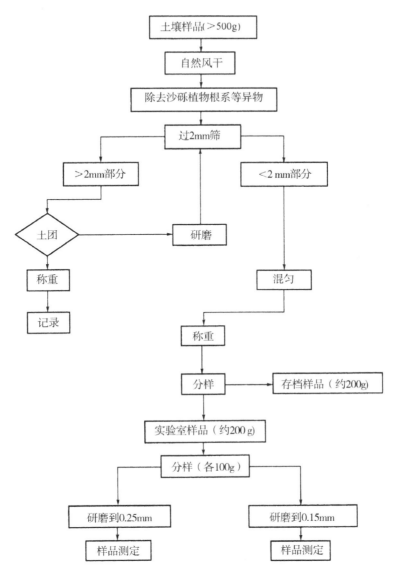

图 6-5　土壤制样流程图

第三节　金属污染物的测定

一、土壤样品的预处理方法

（一）酸溶解

1.普通酸分解法

准确称取 0.5000g（准确到 0.1 mg，以下都与此相同）风干土样于聚四氟乙烯坩埚中，用几滴水润湿后，加入 10 mLHCl（ρ =1.19g/ mL），于电热板上低温加热，蒸发至约剩 5

mL 时加入 15 mLHNO₃($\rho=1.42$g/ mL),继续加热蒸至近黏稠状,加入 10 mL HF($\rho=1.15$g/ mL)并继续加热,为了达到良好的除硅效果,应经常摇动坩埚。最后加入 5 mL HClO₄($\rho=1.67$g/ mL),并加热至白烟冒尽。对于含有机质较多的土样,应在加入 HClO₄ 之后加盖消解,土壤分解物应呈白色或淡黄色(含铁较高的土壤),倾斜坩埚时呈不流动的黏稠状。用稀酸溶液冲洗内壁及坩埚盖,温热溶解残渣,冷却后,定容于 100 mL 或 50 mL,最终体积依待测成分的含量而定。

2.高压密闭分解法

称取 0.5000g 风干土样于内套聚四氟乙烯坩埚中,加入少许水润湿试样,再加入 HNO₃($\rho=1.42$ g/ mL)、HClO₄($\rho=1.67$ g/ mL)各 5 mL,摇匀后将坩埚放入不锈钢套筒中,拧紧。放在 180 ℃的烘箱中分解 2h。取出,冷却至室温后,取出坩埚,用水冲洗坩埚盖的内壁,加入 3 mL HF($\rho=1.15$ g/ mL),置于电热板上,在 100 ℃～120 ℃温度下加热除硅,待坩埚内剩下 2～3 mL 溶液时,调高温度至 150 ℃,蒸至冒浓白烟后再缓缓蒸至近干,按普通酸分解法同样操作定容后进行测定。

3.微波炉加热分解法

微波炉加热分解法是以被分解的土样及酸的混合液作为发热体,从内部进行加热使试样受到分解的方法。有常压敞口分解和仅用厚壁聚四氟乙烯容器的密闭式分解法,也有密闭加压分解法。这种方法以聚四氟乙烯密闭容器作内筒,以能透过微波的材料如高强度聚合物树脂或聚丙烯树脂作外筒,在该密封系统内分解试样能达到良好的分解效果。

微波加热分解也可分为开放系统和密闭系统两种。

(1)开放系统可分解多量试样,且可直接和流动系统相组合实现自动化,但由于要排出酸蒸汽,所以分解时使用的酸量较大,易受外环境污染,挥发性元素易造成损失,费时间且难以分解多数试样。

(2)密闭系统的优点较多,酸蒸汽不会逸出,仅用少量酸即可,在分解少量试样时十分有效,不受外部环境的污染。在分解试样时不用观察及特殊操作,由于压力高,所以分解试样很快,不会受外筒金属的污染(因为用树脂作外筒)。可同时分解大批量试样。其缺点是:需要专门的分解器具,不能分解量大的试样,如果疏忽会有发生爆炸的危险。

在进行土样的微波分解时,无论是使用开放系统还是密闭系统,一般使用 HNO₃－HNO₃－HCl－ HF － HClO₄、HNO₃－ HF － HClO₄、HNO₃－ HCl － HF － H₂O₂、HNO₃－HF－ H₂O₂ 等体系。当不使用 HF 时(限于测定常量元素且称样质量小于 0.1g),可将分解试样的溶液适当稀释后直接测定。若使用 HF 或 HClO₄ 对待测微量元素有干扰时,可将试样分解液蒸发至近干,酸化后稀释定容。

(二)碱融法

1.碳酸钠熔融法(适合测定氟、钼、钨)

称取 0.5000～1.0000g 风干土样放入预先用少量碳酸钠或氢氧化钠垫底的高铝坩埚中(以充满坩埚底部为宜,以防止熔融物粘住底部),分次加入 1.5～3.0g 碳酸钠,并用圆头玻璃棒小心搅拌,使其与土样充分混匀,再放入 0.5～1g 碳酸钠,使平铺在混合物表面,盖好坩埚盖。移入马弗炉中,于 900 ℃～920 ℃熔融 0.5 h。自然冷却至 500 ℃左右时,可稍打开炉门(不可开缝过大,否则高铝坩埚骤然冷却会开裂)以加速冷却,冷却至 60 ℃～80

℃用水冲洗坩埚底部,然后放入 250 mL 烧杯中,加入 100 mL 水,在电热板上加热浸提熔融物,用水及(1+1)HCl 将坩埚及坩埚盖洗净取出,并小心用(1+1)HCl 中和、酸化(注意盖好表面皿,以免大量冒泡引起试样的溅失);待大量盐类溶解后,用中速滤纸过滤,用水及 5% HCl 洗净滤纸及其中的不溶物,定容待测。

2.碳酸锂－硼酸、石墨粉坩埚熔样法(适合铝、硅、钛、钙、镁、钾、钠等元素分析)

土壤矿质全量分析中土壤样品分解常用酸溶剂,酸溶试剂一般用氢氟酸加氧化性酸分解样品。其优点是酸度小,适用于仪器分析测定;但对某些难熔矿物分解不完全,特别对铝、钛的测定结果会偏低,且不能测定硅(已被除去)。

碳酸锂－硼酸在石墨粉坩埚内熔样,再用超声波提取熔块,分析土壤中的常量元素,速度快,准确度高。

在 30 mL 瓷坩埚内充满石墨粉,置于 900 ℃高温电炉中灼烧半小时,取出冷却,用乳钵棒压一空穴。准确称取经 105 ℃烘干的土样 0.2000 g 于定量滤纸上,与 1.5 g Li_2CO_3－H_3BO_3(Li_2CO_3：H_3BO_3＝1：2)混合试剂均匀搅拌,捏成小团,放入石墨粉洞穴中;然后将坩埚放入已升温到 950 ℃的马弗炉中,20 min 后取出,趁热将熔块投入盛有 100 mL 4% 硝酸溶液的 250 mL 烧杯中,立即于 250 W 功率清洗槽内超声(或用磁力搅拌),直到熔块完全熔解。将溶液转移到 200 mL 容量瓶中,并用 4% 硝酸定容。吸取 20.00 mL 上述样品液入 25 mL 容量瓶中,并根据仪器的测量要求决定是否需要添加基体元素及添加浓度,最后用 4% 硝酸定容,用光谱仪进行多元素同时测定。

(三)酸溶浸法

1. HCl－ HNO_3 溶浸法

准确称取 2.0000 g 风干土样,加入 15 mL 的(1+1) HCl 和 5 mL HNO_3(ρ＝1.42 g/mL),振荡 30 min,过滤定容至 100 mL,用 ICP 法测定 P、Ca、Mg、K、Na、Fe、Al、Ti、Cu、Zn、Cd、Ni、Cr、Pb、Co、Mn、Mo、Ba、Sr 等。

或采用下述溶浸方法:准确称取 2.0000 g 风干土样于干烧杯中,加少量水润湿,加入 15 mL(1+1) HCl 和 5 mL HNO_3(ρ＝1.42 g/mL)。盖上表面皿于电热板上加热,待蒸发至约剩 5 mL,冷却,用水冲洗烧杯和表面皿,用中速滤纸过滤并定容至 100 mL,用原子吸收法或 ICP 法测定。

2. HNO_3－ H_2SO_4－ $HClO_4$ 溶浸法

其方法特点是 H_2SO_4、$HClO_4$ 沸点较高,能使大部分元素溶出,且加热过程中液面比较平静,没有迸溅的危险。但 Pb 等易与 SO_4^{2-} 形成难溶性盐类的元素,使测定结果偏低。操作步骤是:准确称取 2.5000 g 风干土样于烧杯中,用少许水润湿,加入 HNO_3－ H_2SO_4－ $HClO_4$ 混合酸 12.5 mL,置于电热板上加热,当开始冒白烟后缓缓加热,并经常摇动烧杯,蒸发至近干。冷却,加入 5 mL HNO_3(ρ＝1.42 g/mL)和 10 mL 水,加热溶解可溶性盐类,用中速滤纸过滤,定容至 100 mL,待测。

3. HNO_3 溶浸法

准确称取 2.0000 g 风干土样于烧杯中,加少量水润湿,加入 20 mL HNO_3(ρ＝1.42 g/mL)。盖上表面皿,置于电热板或沙浴上加热,若发生迸溅,可采用每加热 20 min 关闭电源 20 min 的间歇加热法。待蒸发至约剩 5 mL,冷却,用水冲洗烧杯壁和表面皿,经中速滤纸过滤，将滤液定容至 100 mL，待测。

4.Cd、Cu、As 等的 0.1 mol/L HCl 溶浸法

土壤中 Cd、Cu、As 的提取方法，其中 Cd、Cu 的操作条件是：准确称取 10.0000g 风干土样于 100 mL 广口瓶中，加入 0.1 mol/LHCl 50.0 mL，在水平振荡器上振荡。振荡条件是温度 30 ℃、振幅 5～10 cm、振荡频次 100～200 次/min，振荡 1 h。静置后，用倾斜法分离出上层清液，用干滤纸过滤，滤液经过适当稀释后用原子吸收法测定。

As 的操作条件是：准确称取 10.0000g 风干土样于 100 mL 广口瓶中，加入 0.1mol/L HCl 50.0 mL，在水平振荡器上振荡。振荡条件是温度 30 ℃、振幅 10cm、振荡频次 100 次/min，振荡 30 min。用干滤纸过滤，取滤液进行测定。

除用 0.1 mol/L HCl 溶浸 Cd、Cu、As 以外，还可溶浸 Ni、Zn、Fe、Mn、CO 等重金属元素。0.1 mol/L HCl 溶浸法是目前使用最多的酸溶浸方法，此外也有使用 CO_2 饱和的水、0.5 mol/L KCl － HA_c（ρ =3）、0.1 mol/L $MgSO_4$ － H_2SO_4 等酸性溶浸方法。

二、土壤分析方法

土壤分析方法具体见本章第一节"六、分析测试样品土壤"。

三、分析记录与结果表示

（一）分析记录

（1）分析记录用碳素墨水笔填写翔实，字迹要清楚；需要更正时，应在错误数据（文字）上画一条横线，在其上方写上正确内容。

（2）记录测量数据，要采用法定计量单位，只保留一位可疑数字，有效数字的位数应根据计量器具的精度及分析仪器的示值确定，不得随意增添或删除。

（3）采样、运输、储存、分析失误造成的离群数据应剔除。

（二）结果表示

（1）平行样的测定结果用平均数表示，低于分析方法检出限的测定结果以"未检出"报出，参加统计时按二分之一最低检出限计算。

（2）土壤样品测定一般保留三位有效数字，含量较低的镉和汞保留两位有效数字，并注明检出限数值。

（3）分析结果的精密度数据，一般只取一位有效数字，当测定数据很多时，可取两位有效数字。表示分析结果的有效数字的位数不可超过方法检出限的最低位数。

第七章 固体废物监测

随着生产的发展和人民生活水平的提高,固体废物的排放量剧增。一方面,由于有害废物处置不当,造成了对大气、水体和土壤的污染;另一方面,由于自然资源的逐渐减少,迫使人们重视固体废物的再生利用。因此,对固体废物的监测、处理和处置,已是环境保护亟待解决的问题。

第一节 固体废物概述

一、固体废物概念

固体废物是指在生产建设、日常生活和其他活动中产生,在一定时间和地点无法利用而被丢弃的污染环境的固态、半固态物质。这里所说的生产建设,不是指某个具体建设项目的建设,而是指国民经济生产建设活动;日常生活是指人们居家过日子,吃穿住行等活动及为日常生活提供服务的活动;其他活动主要指商业活动及医院、科研单位、大专院校等非生产性的,又不属于日常生活活动范畴的活动。

固体废物是相对某一过程或一方面没有使用价值,具有相对性特点;另外固体废物概念具有时间性和空间性,一种过程的废物随着时空条件的变化,往往可以成为另一过程的原料,所以固体废物又有“放在错误地点的原料”之称。

二、固体废物来源与分类

固体废物来源大体上可分为两类:一是生产过程中所产生的废物,称为生产废物;另一类是在产品进入市场后,在流动过程中或使用消费后产生的废物,称为生活废物。

固体废物来源广泛,种类繁多,组成复杂。从不同的角度出发,可进行不同的分类。按其化学组成可以分为有机废物和无机废物;按其危害性可分为一般固体废物和危险性固体废物;按其来源的不同分为矿业固体废物、工业固体废物、城市生活垃圾、农业废物和放射性废物五类。

三、固体废物对环境的危害

固体废物是各种污染物的终态,特别是从污染控制设施排放出来的固体废物,浓集了许多污染成分,同时这些污染成分在条件变化时又可重新释放出来而进入大气、水体、土壤等,因而其危害具有潜在性和长期性。固体废物对人类环境的危害主要表现在以下几个方面。

1.侵占土地

固体废物不加利用时,需占地堆放。堆积量越大,占地也越多。据估算,目前我国每年产生工业固体废物 6.6 亿吨,累计量超过 64 亿吨,侵占土地 5 亿多平方米。

2.污染土壤

固体废物自然堆放,其中有毒、有害成分在雨水淋溶作用下,直接进入土壤。这些有毒、有害成分在土壤中长期累积而造成土壤污染,破坏土壤生态平衡,使土壤毒化、酸化、碱化,给人类和动植物带来危害。重庆市郊因农田长期施用垃圾,土壤中的汞浓度超过本底 3 倍,Cu、Pb 分别增加了 87% 和 55%。

3.污染水体

固体废物随天然降水和地表径流进入江河湖泊,或随风飘迁落入水体使地面水污染;随渗沥水进入土壤而使地下水污染;直接排入河流、湖泊或海洋,又会造成更大的水体污染。美国的"Love Canal 事件"就是典型的固体废物污染水体事件。

4.污染空气

固体废物一般通过如下途径污染空气:①一些有机固体废物在适宜的温度和湿度下被微生物分解,释放有毒气体;②以细粒状存在的废渣和垃圾,在大风吹动下会随风飘逸,扩散到空气中;③固体废物在运输和处理过程中,产生有害气体和粉尘。陕西铜川市由于堆放的煤矸石自燃产生的 SO_2 量每天达 37 t。

5.影响环境卫生

我国固体废物的综合利用率很低。工业废渣、生活垃圾在城市堆放,既有碍观瞻,又容易传染疾病。

第二节　固体废物样品的采集和制备

一、固体废物样品的采集

由于固体废物量大、种类繁多且混合不均匀,因此与水及大气试验分析相比,从固体废物这样的不均匀的批量中采集有代表性的试样比较困难。为使采集的固体废物样品具有代表性,在采集之前要研究生产工艺、废物类型、排放数量、堆积历史、危害程度和综合利用情况。如采集有害废物,则应根据其有害特征采取相应的安全措施。其主要参照《工业固体废物采样制样技术规范》(HJ/T20—1998)。

(一)确定监测目的

(1)鉴别固体废物的特性并对其进行分类,进行固体废物环境污染监测,为综合利用或处置固体废物提供依据。

(2)污染环境事故调查分析和应急监测。

(3)科学研究或环境影响评价。

(二)收集资料

(1)固体废物的生产单位或处置单位、产生时间、产生形式、贮存方式。

(2)固体废物的种类、形态、数量和特性。

(3)固体废物污染环境、监测分析的历史数据。

(4)固体废物产生、堆存、综合利用及现场勘探,了解现场及周围情况。

（三）准备采样工具

固体废物的采样工具包括：尖头钢锹、钢锤、采样探子、采样钻、气动和真空探针、取样铲、具盖盛样桶或内衬塑料的采样袋。

（四）选择采样方法

1.简单随机采样法

对于一批废物，若对其了解很少，且采取的份样比较分散也不影响分析结果时，对这一批废物可不做任何处理，不进行分类也不进行排队，而是按照其原来的状况从批废物中随机采取份样。

（1）抽签法：先对所有采份样的部位进行编号，同时把号码写在纸片上（纸片上号码代表采份样的部位），掺和均匀后，从中随机抽取纸片，抽中号码的部位，就是采样的部位，此法只宜在采份样的点不多时使用。

（2）随机数字法：先对所有采份样的部位进行编号，有多少部位就编多少号，最大编号是几位数，就要用随机数表的几栏（或几行），并把几栏（或几行）合在一起使用，从随机数字表的任意一栏、任意一行数字开始数，碰到小于或等于最大编号的数码就记下来（碰上已抽过的数就不要它），直到抽够份数为止。抽到的号码就是采样的部位。

2.系统采样法

一批按一定顺序排列的废物，按照规定的采样间隔，每隔一个间隔采取一个份样，组成小样或大样。在一批废物以运送带、管道等形式连续排出的移动过程中，采样间隔可根据表 7-1 规定的份样数和实际批量按下式计算：

$$T \leqslant Q/n$$

式中，T 为采样质量间隔；Q 为批量；N 为规定的采样单元数（如表 7-1 所示）。

表 7-1　批量大小与最少份样数　单位：固体为 t；液体为×1000L

批量大小	最小份样数/个	批量大小	最小份样数／个
<1	5	100～500	30
1～5	10	500～1 000	40
5～30	1 5	1 000～5 000	50
30～50	20	5 000～10 000	60
50～100	25	≥10 000	80

注意事项：

（1）采第一个试样时，不能在第一间隔的起点开始，可在第一间隔内随机确定。

（2）在运送带上或落口处采样，应截取废物流的全截面。

（五）确定份样数和份样量

份样指用采样器一次操作从一批的一个点或一个部位按规定质量所采取的工业固体废物。份样数指从一批工业固体废物中所采取份样个数。份样量指构成一个份样的工业固体废物的质量。份样数的多少取决于两个因素。

（1）物料的均匀程度：物料越不均匀，份样数应越多；

（2）采样的准确度：采样的准确度要求越高，份样数应越多。最小份样数可以根据物料批量的大小进行估计。

一般来说，样品量多一些，才有代表性。因此，份样量不能少于某一限度；但份样量达到一定限度之后，再增加重量也不能显著提高采样的准确度。份样量取决于废物的粒度上限，废物的粒度越大，均匀性越差，份样量就越多，它大致与废物的最大粒度直径某次方成正比，与废物不均匀性程度成反比。如表 7 - 2 所示列出了每个份样应采的最小质量。所采的每个份样量应大致相等，其相对误差不大于 20%。表中要求的采样铲容量为保证在一个地点或部位能够取到足够数量的份样量。

对于液态批废物的份样量以不小于 100 mL 的采样瓶（或采样器）所盛量为宜。

表 7 - 2　份样量和采样铲容量

最大粒度 /mm	最小份样量 /kg	采样铲容量,/mL	最大粒度 /mm	最小份样量 /kg	采样铲容量 /mL
>150	30		20~40	2	800
100~150	15	16 000	10~20	1	300
50~100	5	7 000	<10	0.5	125
40~50	3	1 700			

（六）采样点

（1）对于堆存、运输中的同态工业固体废物和大池（坑、塘）中的液体工业固体废物，可按对角线形、梅花形、棋盘形、蛇形等点分布确定采样点。

（2）对于粉尘状、小颗粒的工业固体废物，可按垂直方向、一定深度的部位确定采样点。

（3）对于容器内的工业固体废物，可按上部（表面下相当于总体积的 1/6 深处）、中部（表面下相当于总体积的 1/2 深处）、下部（表面下相当于总体积的 5/6 深处）确定采样点。

（4）在运输一批固体废物时，当车数不多于该批废物规定的份样数时，每车应采份样数按下式计算：

每车应采份样数（小数应进为整数）＝规定的份样数/车数

当车数多于规定的份样数时，按如表 7 - 3 所示选出所需最少的采样车数，然后从所选车中各随机采集一个份样。

表 7 - 3　所需最少采样车数　　　单位:辆(个)

车数(容器)	所需最少采样车数(容器)
<10	5
10~25	10
25~50	20
50~100	30
>100	50

在车中,采样点应均匀分布在车厢的对角线上(如图 7 - 1 所示),端点距车角应大于 0.5 m,表层去掉 30 cm。

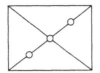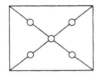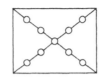

图 7 - 1　车厢中的采样布点的位置

【注意】　当把一个容器作为一个批量时,就按表 7—2 中规定的最少份样数的 1/2 确定;当把 2~10 个容器作为一个批量时,按下式确定最少容器数:

最少容器数＝表 7—2 中规定的最少份样数/容器数

(5)废渣堆采样法　在废渣堆两侧距堆底 0.5 m 处画第一条横线,然后每隔 0.5 m 画一条横线;再每隔 2m 画一条横线的垂线,其交点作为采样点。按表 7 - 4 规定的份样数确定采样点数,在每点上从 0.5~1.0 m 深处各随机采样一份(如图 7 - 2 所示)。

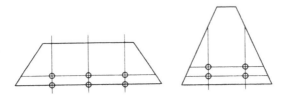

图 7 - 2　废渣堆中采样点的分布

二、固体废物样品的制备

采集的原始固废样品,往往数量很大,颗粒大小悬殊、组成不均匀,无法进行实验分析。因此在进行实验室分析之前,需对原始固体试样进行加工处理,称为样品的制备。制样的目的是从采取的小样或大样中获取最佳量、最具代表性、能满足试验或分析要求的样品。

1.准备制样工具

颚式破碎机、圆盘粉碎机、玛瑙研磨机、药碾、玛瑙研钵或玻璃研钵、钢锤、标准套筛、十字分样板、分样铲及挡板、分样器、干燥箱、机械缩分器、盛样容器等。

2.粉碎

经破碎和研磨以减小样品的粒度。粉碎可用机械或人工完成。将干燥后的样品根据其硬度和粒径的大小,采用适宜的粉碎机械,分段粉碎至所要求的粒度。

3.筛分

根据粉碎阶段排料的最大粒径选择相应的筛号,分阶段筛出一定粒度范围的样品。筛上部分应全部返回粉碎工序重新粉碎,不得随意丢弃。

4.混合

用机械设备或人工转堆法,使过筛的一定粒度范围内的样品充分混合,以达到均匀分布。

5.缩分

将样品缩分,以减少样品的质量。根据制样粒度,使用缩分公式求出保证样品具有代表性前提下应保留的最小质量。采用圆锥四分法进行缩分,即将样品置于洁净、平整板面(聚乙烯板、木板等)上,堆成圆锥形,将圆锥尖顶压平,用十字分样板自上压下,分成四等分,保留任意对角的两等分,重复上述操作至达到所需分析试样的最小质量。

第三节　危险废物鉴别

一、危险废物的定义

危险废物是指在《国家危险废物名录》中,或根据国务院环境噪护主管部门规定的危险废物鉴别标准认定的具有危险性的废物:工业固体废物中危险废物量占总量的 5% ~ 10%,并以 3% 的年增长率发展。因此,对危险废物的管理已经成为重要的环境管理问题之一。

我国于 2008 年公布了《国家危险废物名录》,其中包括 49 个类别,133 种行业来源和约 498 种常见危害组分或废物名称。凡《国家危险废物名录》中规定的废物直接属于危险废物,其他废物可按下列鉴别标准予以鉴别。

一种废物是否对人类和环境造成危害可用下列四点来鉴别:

(1)是否引起或严重导致人类和动、植物死亡率增加;

(2)是否引起各种疾病的增加;

(3)是否降低对疾病的抵抗力;

(4)在贮存、运输、处理、处置或其他管理不当时,对人体健康或环境会造成现实或潜在的危害。

由于上述定义没有量值规定,因此在实际使用时往往根据废物具有潜在危害的各种特性及其物理、化学和生物的标准试验方法对其进行定义和分类。危险废物特性包括易燃性、腐蚀性、反应性、放射性、浸出毒性、急性毒性(包括口服毒性、吸入毒性和皮肤吸收毒性),以及其他毒性(包括生物积累性、刺激性或过敏性、遗传变异性、水生生物毒性和传染性等)。美国对危险废物的定义及鉴别标准如表 7-4 所示:

表 7-4 美国对危险废物的定义及鉴别标准

序号		危险废物的特性及定义	鉴别值
1	易燃性	闪点低于定值，或经过摩擦、吸湿、自发的化学变化有着火的趋势，或在加工、制造过程中发热，在点燃时燃烧剧烈而持续，以致管理期间会引起危险	美国 ASTM 法，闪点低于 60 ℃
2	腐蚀性	对接触部位作用时，使细胞组织、皮肤有可见性破坏或不可治愈的变化；使接触物质发生质变，使容器泄漏	pH>12.5，或 pH<2 的液体；在 55.7 ℃ 以下时对钢制品腐蚀深度大于 0.64 cm/a
3	反应性	通常情况下不稳定，极易发生剧烈的化学反应，与水剧烈反应，或形成可爆炸的混合物，或产生有毒的气体、臭气，含有氰化物或硫化物；在常温、常压下即可发生爆炸反应，在加热或有引发源时可爆炸，对热或机械冲击有不稳定性	
4	放射性	由于核反应而能放出 α、β、γ 射线的废物中放射性核素含量超过最大允许放射性比活度	ZZ6 Ra 放射性比活度 ≥ 370 000 Bq/g
5	浸出毒性	在规定的浸出或萃取方法的浸出液中，任何一种污染物的浓度超过标准值。污染物指镉、汞、砷、铅、铬、硒、银、六氯苯、甲基氯化物、毒杀芬、2,4-D 和 2,4,5-T 等	美国 EPA/EP 法试验，超过饮用水 100 倍
6	急性毒性	一次投给实验动物的毒性物质，半数致死量（LD_{50}）小于规定值	美国国家职业安全与卫生研究所试验方法口服毒性 LD_{50} ≤ 50 mg/[kg（实验动物），吸入毒性 LD_{50} ≤2 mg/L，皮肤吸收毒性 LD_{50} ≤200 me−/kg（实验动物
7	水生生物毒性	用鱼类试验，96 h 半数存活浓度（TLm）小于规定值	96 h TL_m <1 000× 10^6
8	植物毒性		半数存活浓度 TL_m <1 000 mg/L
9	生物积累性	生物体内富集某种元素或化合物达到环境水平以上，试验时呈阳性结果	阳性

序号		危险废物的特性及定义	鉴别值
10	遗传变异性	由毒物引起的有丝分裂或减数分裂细胞的脱氧核糖核酸或核糖核酸分子的变化所产生的致癌、致畸、致突变的严重影响	阳性
11	刺激性	使皮肤发炎	皮肤发炎≥8级

我国对危险废物有害特性的定义如下：

（1）急性毒性：能引起小鼠（或大鼠）在48 h内死亡半数以上的固体废物，参考制定的有害物质卫生标准的试验方法，进行半数致死量（LD_{50}）试验，评定毒性大小。

（2）易燃性：经摩擦或吸湿和自发的变化具有着火倾向的固体废物（含闪点低于60 ℃的液体），着火时燃烧剧烈而持续.在管理期间会引起危险。

（3）腐蚀性：含水固体废物，或本身不含水但加入定量水后其浸出液的pH值＜2或pH值≥12.5的固体废物，或在55 ℃以下时对钢制品每年的腐蚀深度大于0.64cm的固体废物。

（4）反应性：当固体废物具有下列特性之一时为具有反应性：①在无爆震时就很容易发生剧烈变化；②和水剧烈反应；③能和水形成爆炸性混合物；④和水混合会产生毒性气体、蒸气或烟雾；⑤在有引发源或加热时能爆震或爆炸；⑥在常温、常压下易发生爆炸或爆炸性反应；⑦其他法规所定义的爆炸品。

（5）放射性：含有天然放射性元素，放射性比活度大于3 700 Bq/kg的固体废物；含有人工放射性元素的固体废物或者放射性比活度（以Bq/kg为单位）大于露天水源限值10～100倍（半衰期＞60 d）的固体废物。

（6）浸出毒性：按规定的浸出方法进行浸取，所得浸出液中有一种或者一种以上有害成分的质量浓度超过如表7-5所示鉴别标准的固体废物。

表7-5　中国危险废物浸出毒性鉴别标准（GB 5085.3—2007）（节选）

号	项目	浸出液的最高允许质量浓度/$(mg \cdot L^{-1})$
1	汞	0.1（以总汞计）
2	镉	1（以总镉计）
3	砷	5（以总砷计）
4	铬	5（以六价铬计）
5	铅	5（以总铅计）
6	铜	100（以总铜计）
7	锌	100（以总锌计）
8	镍	5（以总镍计）
9	铍	0.02（以总铍计）
10	无机氟化物	100（不包括氟化钙）

二、危险废物的鉴别方法

当无法确定固体废物是否存在危险特性或毒性物质时,需要对其进行鉴别。

（一）反应性鉴别

1.遇水反应性试验

固体废物与水发生反应放出热量,使体系的温度升高,用半导体点温计来测量固一液界面的温度变化,以确定温升值。

测定时,将点温计的探头输出端接在点温计接线柱上,开关置于"校"字样,调整点温计满刻度,使指针与满刻度线重合。将温升实验容器插入绝热泡沫块 12 cm 深处,然后将一定量的固体废物(1g、2g、5g、10g)置于温升实验容器内,加入 20 mL 蒸馏水,再将点温计探头插入固—液界面处,用橡皮塞盖紧,观察温升。将点温计开关转到"测"处,读取电表指针最大值,即为所测反应温度,此值减去室温即为温升测定值。

测定方法包括撞击感度测定、摩擦感度测定、差热分析测定、爆炸点测定、火焰感度测定五种方法。

2.遇酸生成氢氰酸和硫化氢试验

在通风橱中按如图 7 - 3 所示安装好实验装置。在刻度洗气瓶中加入 50mL0.25mol/L 的氢氧化钠溶液,用水稀释至液面高度。通入氮气,并控制流量为 60 mL/ min。向容积为 500 mL 的圆底烧瓶中加入 10g 待测固体废物。保持氮气流量,加入足量硫酸,同时开始搅拌,30 min 后关闭氮气,卸下洗气瓶,分别测定洗气瓶中氰化物和硫化物的含量。

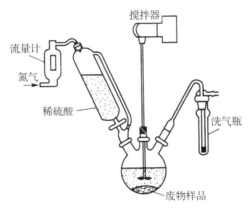

图 7 - 3　氰化物和硫化物释放和吸收实验装置

（二）易燃性鉴别

鉴别易燃性即测定闪点。闪点(flash point)是指在规定条件下,易燃性物质受热后所产生的蒸气与周围空气形成的混合气体,在遇到明火时发生瞬间着火(闪火现象)时的最低温度。闪点的测定有开口杯法(open cup method)和闭口杯法(closed cup method)两种。

对于含有固体物质的液态废物来说,若闪点温度低于 60 ℃(闭口杯),则属于易燃性固体废物。

对于固体废物来说,在标准温度和压力(25℃,101.3kPa)下因摩擦或自发性燃烧而着火,或者经点燃后能剧烈持续燃烧的固体废物,属于易燃性固体废物。

(三)腐蚀性鉴别

腐蚀性指通过接触能损伤生物细胞组织或腐蚀物体而引起危害。腐蚀性的鉴别方法一种是测定 pH,另一种是测定在 55.7℃以下对标准钢样的腐蚀深度。当固体废物浸出液的 pH≤2 或 pH≥12.5 时,则有腐蚀性;当在 55.7℃以下对标准钢样的腐蚀深度大于 0.64 cm/年时,则有腐蚀性。实际应用中一般使用 pH 判断腐蚀性。

(四)浸出毒性鉴别

若固体废物浸出液中任何一种危害成分含量超过规定的浓度限值,则判定该固体废物为具有浸出毒性特征的危险废物。固体废物浸出液中无机物浓度限值和分析方法如表7-6 所示,有机农药类浓度限值和分析方法见如表7-7 所示,非挥发性有机物浓度限值和分析方法如表7-8 所示,挥发性有机物浓度限值和分析方法如表7-9 所示。

表 7-6   浸出液中无机物浓度限值和分析方法

序号	危害成分项目	浸出液中的浓度限值/(mg/L)	分 析 方 法
1	铜	100	ICP—AES、ICP—MS、AAS
2	锌	100	ICP—AES、ICP—MS、AAS
3	镉	1	ICP—AES、ICP—MS、AAS
4	铅	5	ICP—AES、ICP—MS、AAS
5	总铬	15	ICP—AES、ICP—MS、AAS
6	铬(六价)	5	二苯碳酰二肼分光光度法
7	烷基汞	不得检出	GC
8	总汞	0.1	ICP—MS
9	总铍	0.02	ICP—AES、ICP—MS、AAS
10	总钡	100	ICP—AES、ICP—MS、AAS
11	总镍	5	ICP—AES、ICP—MS、AAS
12	总银	5	ICP—AES、ICP—MS、AAS
13	总砷	5	AAS、AFS
14	总硒	1	ICP—MS、AAS、AFS
15	无机氟化物(不含氟化钙)	100	IC
16	氰化物(以 CN— 计)	5	IC

表7-7 浸出液中有机农药类浓度限值和分析方法

序 号	危害成分项目	浸出液中的浓度限值/(mg/L)	分析方法
1	滴滴涕	0.1	GC
2	六六六	0.5	GC
3	乐果	8	GC
4	对硫磷	0.3	GC
5	甲基对硫磷	0.2	GC
6	马拉硫磷	5	GC
7	氯丹	2	GC
8	六氯苯	5	GC
9	毒杀芬	3	GC
10	灭蚊灵	0.05	GC

表7-8 浸出液中非挥发性有机物浓度限值和分析方法

序 号	危害成分项目	浸出液中的浓度限值/(mg/L)	分析方法
1	硝基苯	20	HPLC
2	二硝基苯	20	GC—MS
3	对硝基氯苯	5	HPLC
4	2,4—二硝基苯	5	HPLC
0	五氯酚	50	HPLC
6	苯酚酚	3	GC—MS
7	2,4—二氯苯酚	6	GC—MS
8	2,4,6—三氯苯酚	6	GC—MS
9	苯并[a]芘	0.0003	GC—MS
10	邻苯二甲酸二丁酯	2	GC—MS
11	邻苯二甲酸二辛酯	3	HPLC
12	多氯联苯	0.002	GC

表7-9 浸出液中挥发性有机物浓度限值和分析方法

序 号	危害成分项目	浸出液中的浓度限值/(mg/L)	分析方法
1	苯	1	GC—MS、GC、平衡顶空法
2	甲苯	1	GC—MS、GC、平衡顶空法
3	乙苯	4	GC
4	二甲苯	4	GC—MS、GC
5	氯苯	2	GC—MS、GC
6	1,2—二氯苯	4	GC—MS、GC
7	1,4—二氯苯	4	GC—MS、GC
8	丙烯腈	20	GC—MS
9	三氯甲烷	3	平衡顶空法
10	四氯化碳	0.3	平衡顶空法
11	三氯乙烯	3	平衡顶空法
12	四氯乙烯	1	平衡顶空法

（五）急性毒性鉴别

急性毒性试验是指一次或几次投给试验动物较大剂量的化合物，观察在短期内（一般 24 h 到两周以内）的中毒反应。

由于急性毒性试验的变化因子少、时间短、经济、容易试验，因此被广泛采用。

污染物的毒性和剂量关系可用下列指标区分：半数致死量（浓度），用 LD_{50} 表示；最小致死量（浓度），用 mLD 表示；绝对致死量（浓度），用 LD_{50} 表示；最大耐受量（浓度），用 MTD 表示。

半数致死量是评价毒物毒性的主要指标之一。根据染毒方式的不同，可将半数致死量分为经口毒性半数致死量 LD_{50}、皮肤接触毒性半数致死量 LD_{50} 和吸入毒性半数致死浓度 LD_{50}。

经口染毒法又分为灌胃法和饲喂法两种。这里简单介绍灌胃经口染毒法半数致死量试验。

急性毒性的初筛试验可以简便地鉴别并表达其综合急性毒性，方法如下：

以体重 18～24 g 的小白鼠（或 200～300 g 大白鼠）作为实验动物；若是外购鼠，必须在本单位饲养条件下饲养 7～10 d，仍活泼健康者方可使用。实验前 8～12 h 和观察期间禁食。

称取制备好的样品 100 g，置于 500 mL 具磨口玻璃塞的锥形瓶中，加入 100 mL 蒸馏水，振摇 3 min，在室温下静止浸泡 24 h，用中速定量滤纸过滤，滤液用于灌胃。

灌胃采用 1 mL（或 5 mL）注射器，注射针采用 9（或 12）号，去针头，磨光，弯成新月形。对 10 只小白鼠（或大白鼠）进行一次性灌胃，每只小白鼠不超过 0.40 mL/20 g，每只大白鼠不超过 1.0 mL/100 g。

灌胃时用左手捉住小白鼠，尽量使之呈垂直体位；右手持已吸取浸出液的注射器，对准小白鼠口腔正中，推动注射器使浸出液徐徐流入小白鼠的胃内。对灌胃后的小白鼠（或大白鼠）进行中毒症状观察，记录 48 h 内动物死亡数，确定固体废物的综合急性毒性。

（六）危险固体废物检测结果判断

在对固体废物进行检测后，若检测结果超过相应标准限值的份样数大于或等于如表 7-10 所示规定的下限，即可以判断该固体废物具有该种危险特性。

表 7-10　检测结果的判断方案

份样数	超标份样数下限	份样数	超标份样数下限
5	1	32	8
8	3	50	11
13	4	80	15
20	6	100	22

若采取的固体废物份样数与表 7-10 中的份样数不符，可按照与表 7-10 中份样数最接近的要求进行判断。

若固体份样数为 N（N＞100），则超标份样数的下限值用 22N/100 来计算。

阅读材料

电感耦合等离子体发射光谱法测定固体废物中 22 种金属元素

HJ781—2016 规定了电感耦合等离子体发射光谱法测定固体废物中钠、钾、铍、镁、钙、锶、钡、铝、铊、铅、锑、钛、钒、铬、锰、铁、钴、镍、铜、银、锌、镉 22 种金属元素。

1.方法原理

固体废物或固体废物浸出液经过消解后,进入等离子体发射光谱仪的雾化器中被雾化,由氩载气带入等离子体火炬中,目标元素在等离子体火炬中被气化、电离、激发并辐射出特征谱线。特征光谱的强度与试样中待测元素的含量在一定范围内成正比。

2.仪器及参考条件

电感耦合等离子体发射光谱仪(高频功率 1.0~1.6 kW,反射功率小于 5 W,载气流量 1.0~1.5 L/ min,蠕动泵转速 100~120 rpm,流速 0.2~2.5 mL/ rain);微波消解仪(具有程序升温功能,功率 600~1 500W)。

3.标准曲线的绘制

分别移取一定体积的多元素标准混合溶液,用稀硝酸溶液(1+99)按下表配制标准系列。

标准系列	1	2	3	4	5	6
铍、铊、银、镉/(mg/L)	0.00	0.20	0.40	0.60	0.80	1.00
锶、铅、锑、钛、钒、铬、钴、镍、铜、锌/(mg/L)	0.00	1.00	2.00	3.00	4.00	5.00
钠、钾、镁、钙、钡、铝、铁、锰/(mg/L)	0.00	5.00	10.0	15.0	20.0	25.0

将标准溶液由低浓度到高浓度依次导入电感耦合等离子体发射光谱仪,按照仪器参考条件测量发射强度,以目标元素系列质量浓度为横坐标,以发射强度为纵坐标,建立目标元素的标准曲线。

4.样品测定

用(1+99)稀硝酸溶液冲洗系统直至空白强度值降至最低,采用相同的仪器条件,待分析信号稳定后,将待测溶液导入电感耦合等离子体发射光谱仪,同时进行空白试验,根据发射强度和校准曲线方程分别计算样品中各金属元素的含量。

第四节　生活垃圾特性和渗沥水分析

生活垃圾是指城镇居民在日常生活中抛弃的固体废物,分为废品类、厨房类及灰土类。生活垃圾的处理方法一般有焚烧、卫生填埋和堆肥,对不同特性的生活垃圾采用的处理方法也有所不同。热值高的垃圾可以采用焚烧的方法处理,有机物含量高且易于降解的生活垃圾可以采用堆肥法处理,而含泥土多的生活垃圾只能采用卫生填埋的方法进行处理。因此,对生活垃圾的特性进行分析可以为垃圾处理部门提供科学依据。

一、生活垃圾特性分析

1.粒度分级的测定

垃圾粒度的分级常采用筛分法来确定。按筛目从小到大排列,依次连续摇动 15 min,依次转到下一号筛子,然后根据每号筛子里颗粒物的质量计算各种粒度颗粒物所占总样品的百分比。如果需要在试样干燥后再称量,则需在 70℃ 的温度下烘干 24 h,冷却后再称量。

2.淀粉的测定

垃圾在堆肥处理过程中,需借助淀粉含量分析来鉴定堆肥的腐熟程度。测定方法是基于在堆肥过程中形成了淀粉—碘配合物,这种配合物颜色的变化取决于堆肥的降解度。当堆肥降解尚未结束时呈蓝色,降解结束时则呈黄色。堆肥颜色的变化过程为:深蓝→浅蓝→灰→绿→黄。

测定时,将 1 g 堆肥置于 100 mL 烧杯中,滴入几滴酒精使其湿润,再加 20 mL 36% 的高氯酸。用纹网滤纸(90 号纸)过滤,然后加入 20 毫升碘反应剂(将 2 g 碘化钾溶解到 500 mL 水中,再加人 0.08 g 碘、36% 的高氯酸、酒精)到滤液中并搅动。将几滴滤液滴到白色板上,观察其颜色变化。

3.生物降解度的测定

垃圾中含有大量天然和人工合成的有机物质,有的容易被生物降解,有的难以降解。通过试验,已经寻找出一种可以在室温下对垃圾生物降解做出适当估计的 COD 试验法:

称取 0.5 g 已烘干磨碎的试样于 500 mL 锥形瓶中,准确量取 20 mL 重铬酸钾溶液 $\left[c\left(\dfrac{1}{6}K_2Cr_2O_7\right)=2mol/L\right]$ 加入样品瓶中,加入 20 mL 浓硫酸并充分混匀,在室温下将混合物放置 12 h 且不断摇动。加入大约 15 mL 蒸馏水,再依次加入 10 mL 磷酸、0.2g 氟化钠和 30 滴二苯胺指示剂,用硫酸亚铁铵标准溶液滴定至纯绿色为终点,滴定过程中颜色的变化是:棕绿色→绿蓝色→蓝色→绿色。用同样的方法进行空白试验。

4.热值的测定

焚烧是有机类工业有害废物、生活垃圾、部分医疗废物处理的重要方法。热值是废物焚烧处理的重要指标,分为高热指标和低热指标。废物中的可燃物燃烧时产生的水一般以蒸汽形式挥发,因此,相当一部分能量不能被利用。垃圾的高热值测出后应扣除水蒸发和燃烧时加热物质所需要的热量,由高热值换算成实际工作中意义更大的低热值。

热值的测定常采用量热计法。

二、渗沥水分析

渗沥水是指从生活垃圾中渗出来的水溶液,它提取或溶出了垃圾组成中的污染物质。渗沥水的分析项目包括色度、总固体、总溶解性固体与总悬浮性固体、硫酸盐、氨态氮、凯氏氮、氯化物、总磷、pH、BOD、钾、钠、细菌总数、总大肠菌数等。测定方法可参照水质相关项目的分析方法。

第八章 环境污染生物监测

第一节 环境污染的生物监测基础

当空气、水体、土壤受到污染后,生活在这些环境中的生物在摄取营养物质和水分的同时,也摄入了污染物质,并在体内迁移、积累、转化和产生毒害作用。生物污染监测就是应用各种检测手段测定生物体内的有害物质,及时掌握被污染的程度,以便采取措施,改善生物生存环境,保证生物食品的安全。

在我国的环境监测技术路线中规定:空气环境生物监测主要是对二氧化硫开展植物监测,监测指标为叶片中硫含量。测试植物选择当地分布较广、对 SO_2 具有较强吸附与积累能力的植物。

一、生物对污染物的吸收及在体内分布

污染物进入生物体内的途径主要有表面黏附(附着)、生物吸收和生物积累三种形式。由于生物体各部位的结构与代谢活性不同,进入生物体内的污染物分布也不均匀;因此,掌握污染物质进入生物体的途径和迁移,以及在各部位的分布规律,对正确采集样品、选择测定方法和获得正确的测定结果是十分重要的。

(一)植物对污染物的吸收及在体内分布

空气中的气态和颗粒态的污染物主要通过黏附、叶片气孔或茎部皮孔侵入方式进入植物体内。例如:植物表面对空气中农药、粉尘的黏附,其黏附量与植物的表面积大小、表面性质及污染物的性质、状态有关。表面积大、表面粗糙、有绒毛的植物比表面积小、表面光滑的植物黏附量大;黏度大、乳剂比黏度小、粉剂黏附量大。脂溶性或内吸传导性农药,可渗入作物表面的蜡质层或组织内部,被吸收、输导分布到植株汁液中。这些农药在外界条件和体内酶的作用下逐渐降解、消失,但稳定的农药直到作物收获时往往还有一定的残留量。试验结果表明,作物体内残留农药量的减少量通常与施药后的间隔时间成指数函数关系。

气态污染物如氟化物,主要通过植物叶面上的气孔进入叶肉组织,首先溶解在细胞壁的水分中,一部分被叶肉细胞吸收,大部分则沿纤维管束组织运输,在叶尖和叶缘中积累,使叶尖和叶缘组织坏死。

土壤或水体中的污染物主要通过植物的根系吸收进入植物体内,其吸收量与污染物的含量、土壤类型及植物品种等因素有关。污染物含量高,植物吸收的就多;在沙质土壤中的吸收率比在其他土质中的吸收率要高;块根类作物比茎叶类作物吸收率高;水生作物的吸收率比陆生作物高。

污染物进入植物体后,在各部位分布和积累情况与吸收污染物的途径、植物品种、污

染物的性质及其作用时间等因素有关。

从土壤和水体中吸收污染物的植物,一般分布规律和残留量的顺序是:根>茎>叶>穗>壳>种子。也有不符合上述规律的情况,如萝卜的含 Cd 量是地上部分(叶)>直根;莴苣是根>叶>茎。

从空气中吸收污染物的植物,一般叶部残留量最大。如表 8-1 所示是某氟污染区部分蔬菜不同部位的含氟量。

表 8-1　某氟污染区部分蔬菜不同部位的含氟量　　单位 $\mu g/g$

品种	叶片	根	茎	果实
番茄	149	32.0	19.5	2.5
茄子	107	31.0	9.0	3.8
黄瓜	110	50.0	—	3.6
菠菜	57.0	18.7	7.3	—

植物体内污染物的残留情况也与污染区的性质及残留部位有关。如表 8-2 所示列出了不同农药在水果中的残留情况。可见,渗透能力强的农药残留于果肉;渗透能力弱的农药多残留于果皮。P',P —DDT、敌菌丹、异狄氏剂、杀螟松等渗透能力弱,95%以上残留在果皮部位,而西维因渗透能力强,78%残留于苹果果肉中。

表 8-2　不同农药在水果中的残留情况

农药	品种	果皮中残留比例/%	果肉中残留比例/%	农药	品种	果皮中残留比例/%	果肉中残留比例/%
P',P —DDT	苹果	97	3	异狄氏剂	柿子	96	4
西维因	苹果	22	78		葡萄	98	2
敌菌丹	苹果	97	3	杀螟松	橘子	85	15
倍硫磷	桃	70	30	乐果			

(二)动物对污染物的吸收及在体内分布

环境中的污染物一般通过呼吸道、消化管、皮肤等途径进入动物体内。

空气中的气态污染物、粉尘从口鼻进入气管,有的可到达肺部。其中,水溶性较大的气态污染物,在呼吸道黏膜上被溶解,极少进入肺泡;水溶性较小的气态污染物,绝大部分可到达肺泡。直径小于 $5~\mu m$ 的尘粒可到达肺泡,而直径大于 $10~\mu m$ 的尘粒大部分被黏附在呼吸道和气管的黏膜上。

水和土壤中的污染物主要通过饮用水和食物摄入,经消化管被吸收。由呼吸道吸入并沉积在呼吸道表面的有害物质,也可以从咽部进入消化管,再被吸收进入体内。

皮肤是保护肌体的有效屏障,但具有脂溶性的物质,如四乙基铅、有机汞化合物、有机锡化合物等,可以通过皮肤吸收后进入动物肌体。

动物吸收污染物后,主要通过血液和淋巴系统传输到全身各组织,产生危害。按照污染物性质和进入动物组织类型的不同,大体有以下五种分布规律:

（1）能溶解于体液的物质，如钠、钾、锂、氟、氯、溴等离子，在体内分布比较均匀。

（2）镧、锑、钍等三价和四价阳离子，水解后生成胶体，主要积累于肝或其他网状内皮系统。

（3）与骨骼亲和性较强的物质，如铅、钙、钡、锶、镭、铍等二价阳离子在骨骼中含量较高。

（4）对某一种器官具有特殊亲和性的物质，则在该种器官中积累较多。如碘对甲状腺，汞、铀对肾有特殊的亲和性。

（5）脂溶性物质，如有机氯化合物（六六六、滴滴涕等），易积累于动物体内的脂肪中。

上述五种分布类型之间彼此交叉，比较复杂。一种污染物对某一种器官有特殊亲和作用，但同时也分布于其他器官。例如：铅离子除分布在骨骼中外，也分布于肝、肾中。同一种元素，由于价态和存在形态不同，在体内积累的部位也有差异。水溶性汞离子很少进入脑组织，但烷基汞不易分解，呈脂溶性，可通过脑屏障进入脑组织。

有机污染物进入动物体后，除很少一部分水溶性强、相对分子质量小的污染物可以原形排出外，绝大部分都要经过某种酶的代谢（或转化），增强其水溶性而易于排泄。通过生物转化，多数污染物被转化为惰性物质或解除其毒性，但也有转化为毒性更强的代谢产物，如：1605（农药）在体内被氧化成1600，其毒性增大。

无机污染物，包括金属和非金属污染物，进入动物体后，一部分参与生化代谢过程，转化为化学形态和结构不同的化合物，如金属的甲基化和脱甲基化反应、络合反应等；也有一部分直接积累于细胞各部分。

各种污染物经转化后，有的排出体外，也有少量随汗液、乳汁、唾液等分泌液排出，还有的在皮肤的新陈代谢过程中到达毛发而离开肌体。

二、生物样品的采集和制备

（一）植物样品的采集和制备

1.植物样品的采集

（1）对样品的要求：采集的植物样品要具有代表性、典型性和适时性。代表性系指采集代表一定范围污染情况的植物，这就要求对污染源的分布、污染类型、植物特征、地形地貌、灌溉出入口等因素进行综合考虑，选择合适的地段作为采样区，再在采样区内划分若干采样小区，采用适宜的方法布点，确定代表性的植物。不要采集田埂、地边及距田埂、地边2 m以内的植物。典型性系指所采集的植物部位要能充分反映通过监测所要了解的情况。根据要求分别采集植物的不同部位，如根、茎、叶、果实，不能将各部位样品随意混合。适时性系指在植物不同生长发育阶段，施药、施肥前后，适时采样监测，以掌握不同时期的污染状况和对植物生长的影响。

（2）布点方法：根据现场调查和收集的资料，先选择采样区，在划分的采样小区内，常采用梅花形布点法或交叉间隔布点法确定代表性的植物，如图8-1所示。

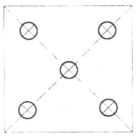
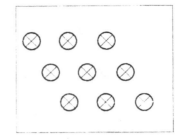

梅花形布点法　　　　　交叉间隔布点法

图 8-1　采样点布设方法

（3）采样方法：在每个采样小区内的采样点上分别采集 5～10 处植物的根、茎、叶、果实等，将同部位样混合，组成一个混合样；也可以整株采集后带回实验室再按部位分开处理。采集样品量要能满足需要，一般经制备后，至少有 20～50 g（干物质）样品。新鲜样品可按 80%～90% 的含水量计算所需样品量。若采集根系部位样品，应尽量保持根部的完整。对一般旱作物，在抖掉附在根上的泥土时，注意不要损失根毛；如采集水稻根系，在抖掉附着泥土后，应立即用清水洗净。根系样品带回实验室后，及时用清水洗（不能浸泡），再用纱布拭干。如果采集果树样品，要注意树龄、株型、生长势、载果数量和果实着生的部位及方向。如要进行新鲜样品分析，则在采集后用清洁、潮湿的纱布包住或装入塑料袋中，以免水分蒸发而萎缩。对水生植物，如浮萍、藻类等，应采集全株。从污染严重的河、塘中捞取的样品，需用清水洗净，挑去水草等杂物。采集后的样品装入布袋或聚乙烯塑料袋，贴好标签，注明编号、采样地点、植物名称、分析项目，并填写采样登记表。

（4）样品的保存：样品带回实验室后，如测定新鲜样品，应立即处理和分析。当天不能分析完的样品，暂时放于冰箱中保存，其保存时间的长短，视污染物的性质及在生物体内的转化特点和分析测定要求而定。如果测定干样，则将鲜样放在干燥通风处晾干或于鼓风干燥箱中烘干。

2.植物样品的制备

（1）鲜样的制备：测定植物内易挥发、转化或降解的污染物（如酚、氰、亚硝酸盐等）、营养成分（如维生素、氨基酸、糖、植物碱等），以及多汁的瓜、果、蔬菜样品，应使用新鲜样品。鲜样的制备方法是：①将样品用清水、去离子水洗净，晾干或拭干；②将晾干的鲜样切碎、混匀，称取 100 g 于电动高速组织捣碎机的捣碎杯中，加适量蒸馏水或去离子水，开动捣碎机捣碎 1～2 min，制成匀浆，对含水量大的样品，如熟透的番茄等，捣碎时可以不加水；③对于含纤维素较多或较硬的样品，如禾本科植物的根、茎秆、叶等，可用不锈钢刀或剪刀切（剪）成小片或小块，混匀后在研钵中加石英砂研磨。

（2）干样的制备：分析植物中稳定的污染物，如某些金属元素和非金属元素、有机农药等，一般用风干样品，其制备方法是：①将洗净的植物鲜样尽快放在干燥通风处风干（茎秆样品可以劈开），如果遇到阴雨天或潮湿气候，可放在 40 ℃～60 ℃ 鼓风干燥箱中烘干，以免发霉腐烂，并减少化学和生物化学变化；②将风干或烘干的样品去除灰尘、杂物，用剪刀剪碎（或先剪碎再烘干），再用磨碎机磨碎，谷类作物的种子样品如稻谷等，应先脱壳再粉碎；③将粉碎后的样品过筛，一般要求通过 1mm 孔径筛即可，有的分析项目要求通过 0.25 mm 孔径筛，制备好的样品贮存于磨口玻璃广口瓶或聚乙烯广口瓶中备用；④对于测定某些金属含量的样品,应注意避免受金属器械和筛子等污染,因此,最好用玛瑙研钵磨碎,尼龙筛过筛,聚乙烯瓶保存。

3.分析结果表示方法

植物样品中污染物的分析结果常以干物质质量为基础表示{mg/[kg(干物质)]},以便比较各样品中某一成分含量的高低。因此,还需要测定样品的含水量,对分析结果进行换算。含水量常用重量法测定,即称取一定量鲜样或干样,于 100 ℃～105 ℃烘干至恒重,由其质量减少量计算含水量。对含水量高的蔬菜、水果等,以鲜样质量表示计算结果为好。

(二)动物样品的采集和制备

动物的尿液、血液、唾液、胃液、乳液、粪便、毛发、指甲、骨骼和组织等均可作为检验样品。

1.尿液

动物体内绝大部分毒物及其代谢产物主要由肾经膀胱、尿道随尿液排出。尿液收集比较方便,因此,尿检在医学临床检验中应用广泛。尿液中的排泄物一般是早晨浓度较高,可一次收集,也可以收集 8 h 或 24 h 的尿样,测定结果为收集时间内尿液中污染物的平均含量。

2.血液

血液中有害物的浓度可反映近期接触污染物质的水平,并与其吸收量成正相关。传统的从静脉取血样的方法,其操作较烦琐,取样量大。随着分析技术的发展,减少了血样用量,用耳血、指血代替静脉血,给实际工作带来了方便。

3.毛发和指甲

积累在毛发和指甲中的污染物(如砷、锰、有机汞等)残留时间较长,即使已脱离与污染物接触或停止摄入污染食物,血液和尿液中污染物含量已下降,而毛发和指甲中仍容易检出。头发中的汞、砷等含量较高,样品容易采集和保存,故在医学和环境分析中应用较广泛。人的头发样品一般采集 2～5g,男性采集枕部头发,女性原则上采集短发。采样后,用中性洗涤剂洗涤,去离子水冲洗,最后用乙醚或丙酮洗净,室温下充分晾干后保存和备用。

4.组织和脏器

采用动物的组织和脏器作为检验样品,对调查研究环境污染物在机体内的分布、积累、毒性和环境毒理学等方面的研究都有重要意义。但是,组织和脏器的部位复杂,且柔软、易破裂混合,因此取样操作要小心。

以肝为检验样品时,应剥去被膜,取右叶的前上方表面下几厘米处纤维组织丰富的部位作为样品。检验肾时,剥去被膜,分别取皮质和髓质部分作为样品,避免在皮质与髓质结合处采样。

检验个体较大的动物受污染情况时,可在躯干的各部位切取肌肉片制成混合样。

采集组织和脏器样品后,应放在组织捣碎机中捣碎、混匀,制成浆状鲜样备用。

5.水产食品

水产品如鱼、虾、贝类等是人们常吃的食物,其中的污染物可通过食物链进入人体,对人体产生不良影响。

　　样品应从监测区域内水产品产地或最初集中地采集。一般采集产量高、分布范围广的水产品,所采品种尽可能齐全,以较客观地反映水产食品被污染的水平。

　　从对人体的直接影响考虑,一般只取水产品的可食部分进行检测。对于鱼类,先按种类和大小分类,取其代表性的数量(如大鱼3~5条,小鱼10~30条),洗净后滤去水分,去除鱼鳞、鳍、内脏、皮、骨等,分别取每条鱼的厚肉制成混合样,切碎、混匀,或用组织捣碎机捣碎成糊状,立即分析或贮存于样品瓶中,置于冰箱内备用。对于虾类,将原样品用水洗净,剥去虾头、甲壳、肠腺,分别取虾肉捣碎制成混合样。对于毛虾,先拣出原样中的杂草、沙石、小鱼等异物,晾至表面水分刚尽,取整虾捣碎制成混合样。贝类或甲壳类,先用水冲洗去除泥沙,滤干,再剥去外壳,取可食部分制成混合样,并捣碎、混匀,制成浆状鲜样备用。对于海藻类如海带,选取数条洗净,沿中央筋剪开,各取其半,剪碎混匀制成混合样,按四分法缩分至100~200 g备用。

三、生物样品的预处理

　　由于生物样品中含有大量有机物(母质),且所含有害物质一般都在痕量或超痕量级范围,因此测定前必须对样品进行预处理,对欲测组分进行富集和分离,或对干扰组分进行掩蔽等,常用方法与一般样品预处理的方法相似。其包括样品的分解和各种分离富集方法。

(一)消解和灰化

　　测定生物样品中的金属和非金属元素时,通常都要将其大量的有机物基体分解,使欲测组分转变成简单的无机化合物或单质,然后进行测定。分解有机物的方法有湿式消解法和干灰化法。这两种方法的基本内容在第二章已介绍,此处仅结合生物样品的分解略述之。

　　1.湿式消解法

　　生物样品中含大量有机物,测定无机物或无机元素时,需用硝酸—高氯酸或硝酸—硫酸等试剂体系消解。对于脂肪和纤维素含量高的样品,如肉、面粉、稻米、秸秆等,加热消解时易产生大量泡沫,容易造成被测组分损失,可采用先加浓硝酸,在常温下放置24 h后再消解的方法,也可以用加入适宜防起泡剂的方法减少泡沫的产生,如用硝酸—硫酸消解生物样品时加入辛醇,用盐酸—高锰酸钾消解生物体液时加入硅油等。

　　硝酸—高氯酸消解生物样品是破坏有机物比较有效的方法,但要严格按照操作程序,防止发生爆炸。

　　硝酸—硫酸消解法能分解各种有机物,但对吡啶及其衍生物(如烟碱)、毒杀芬等分解不完全。样品中的卤素在消解过程中可完全损失,汞、砷、硒等有一定程度的损失。

　　硝酸—过氧化氢消解法应用也比较普遍,有人用该方法消解生物样品测定氮、磷、钾、硼、砷、氟等元素。

　　高锰酸钾是一种强氧化剂,在中性、碱性和酸性条件下都可以分解有机物。测定生物样品中的汞时,用(1+1)浓硫酸和浓硝酸混合液加高锰酸钾,于60 ℃保温分解鱼、肉样品;用含50 g/L高锰酸钾的浓硝酸溶液于85 ℃回流消解食品和尿液;用浓硫酸加过量高锰酸钾分解尿液等,都可获得满意的效果。

测定动物组织、饲料中的汞,使用加五氧化二钒的浓硝酸和浓硫酸混合液催化氧化,温度可达 190 ℃,能破坏甲基汞,使汞全部转化为无机汞。

测定生物样品中的氮沿用凯氏消解法,即在样品中加浓硫酸消解,使有机氮转化为铵盐。为提高消解温度,加快消解过程,可在消解液中加入硫酸铜、硒粉或硫酸汞等催化剂。加硫酸钾对提高消解温度也可起到较好的效果。以—NH,及＝＝NH 形态存在的有机氮化合物,用浓硫酸、浓硝酸加催化剂消解的效果是好的,但杂环、氮氮键及硝酸盐氮和亚硝酸盐氮不能定量转化为铵盐,可加入还原剂如葡萄糖、苯甲酸、水杨酸、硫代硫酸钠等,使消解过程中发生一系列复杂氧化还原反应,则能将硝酸盐氮还原为氨。

用过硫酸盐(强氧化剂)和银盐(催化剂)分解尿液等样品中的有机物可获得较好的效果。

采用增压溶样法分解有机物样品和难分解的无机物样品具有溶剂用量少、溶样效率高、可减少沾污等优点。该方法将生物样品放入外包不锈钢外壳的聚四氟乙烯坩埚内,加入混合酸或氢氟酸,密闭加热,于 140 ℃～160 ℃保温 2～6 h,即可将有机物分解,获得清亮的样品溶液。

2.干灰化法

干灰化法分解生物样品不使用或少使用化学试剂,并可处理较大量的样品,故有利于提高测定微量元素的准确度。但是,因为灰化温度一般为 450 ℃～550 ℃不宜处理测定易挥发组分的样品。此外,灰化所用时间也较长。

根据样品种类和待测组分的性质不同,选用不同材料的坩埚和灰化温度。常用的有石英、铂、银、镍、铁、瓷、聚四氟乙烯等材质的坩埚。为促进分解或抑制某些元素挥发损失,常加入适量辅助灰化剂,如加入硝酸和硝酸盐,可加速样品氧化,疏松灰分,利于空气流通;加入硫酸和硫酸盐,可减少氯化物的挥发损失;加入碱金属或碱土金属的氧化物、氢氧化物或碳酸盐、乙酸盐,可防止氟、氯、砷等的挥发损失;加入镁盐,可防止某些待测组分和坩埚材料发生化学反应,抑制磷酸盐形成玻璃状熔融物包裹未灰化的样品颗粒等。但是,用碳酸盐作辅助灰化剂时,会造成汞和铊的全部损失,硒、砷和碘有相当程度的损失,氟化物、氯化物、溴化物有少量损失。

样品灰化完全后,经稀硝酸或盐酸溶解供分析测定。如酸溶液不能将其完全溶解,则需要将残渣加稀盐酸煮沸、过滤,然后再将残渣用碱熔法灰化。也可以将残渣用氢氟酸处理,蒸干后用稀硝酸或盐酸溶解供测定。

测定生物样品中的砷、汞、硒、氟、硫等挥发性元素,采用低温灰化技术,如高频感应激发氧灰化法和氧瓶燃烧法。

(二)提取、分离和浓缩

测定生物样品中的农药、石油烃、酚等有机污染物时,需要用溶剂将欲测组分从样品中提取出来,提取效率的高低直接影响测定结果的准确度。如果存在杂质干扰和待测组分浓度低于分析方法的最低检出浓度问题,还要进行分离和浓缩。

随着近代分析技术的发展,对环境样品中的污染物已从单独分析到多种污染物连续分析。因此,在进行污染物的提取、分离和浓缩时,应考虑到多种污染物连续分析的需要。

1.提取方法

提取生物样品中有机污染物的方法应根据样品的特点,待测组分的性质、存在形态和数量,以及分析方法等因素选择。常用的提取方法有:振荡浸取法、组织捣碎提取法和脂肪提取器提取法。

(1)振荡浸取法:蔬菜、水果、粮食等样品都可使用这种方法。将切碎的生物样品置于容器中,加入适当的溶剂,放在振荡器上振荡浸取一定时间,滤出溶剂后,用新溶剂洗涤样品滤渣或再浸取一次,合并浸取液,供分析或进行分离、富集用。

(2)组织捣碎提取法:取定量切碎的生物样品,放入组织捣碎机的捣碎杯中,加入适当的提取剂,快速捣碎 3～5 min,过滤,滤渣重复提取一次,合并滤液备用。该方法提取效果较好,应用较多,特别是从动、植物组织中提取有机污染物比较方便。

(3)脂肪提取器提取法:索格斯列特式脂肪提取器,简称索氏提取器或脂肪提取器,如图 8－2 所示,常用于提取生物、土壤样品中的农药、石油类、苯并[a]芘等有机污染物。其提取方法是:将制备好的生物样品放入滤纸筒中或用滤纸包紧,置于提取筒内;在蒸馏烧瓶中加入适当的溶剂,连接好回流装置,并在水浴上加热,则溶剂蒸气经侧管进入冷凝器,凝集的溶剂滴入提取筒,对样品进行浸泡提取。当提取筒内溶剂液面超过虹吸管的顶部时,就自动流回蒸馏烧瓶内,如此反复进行。因为样品总是与纯溶剂接触,所以提取效率高,且溶剂用量小,提取液中被提取物的浓度大,有利于下一步分析测定。但该方法比较费时,常用作研究其他提取方法的对比方法。

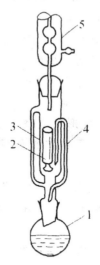

图 8－2　索氏提取器
1—蒸馏烧瓶;2—滤纸筒;3—提取筒;4—虹吸管;5—冷凝器

(4)直接球磨提取法:该方法用正己烷作提取剂,直接将样品在球磨机中粉碎和提取,可用于提取小麦、大麦、燕麦等粮食中的有机氯和有机磷农药。由于不用极性溶剂提取,可以避免后续费时的洗涤和液—液萃取操作,是一种快速提取方法,加标回收率和重现性都比较好。提取用的仪器是一个 50 mL 的不锈钢管,钢管内放两个小钢球,放入 1～5 g 样品,加 2～8 g 无水硫酸钠,20 mL 正己烷,将钢管盖紧,放在 350 r/min 的摇转机上,粉碎提取 30 min 即可。

　　提取剂应根据欲测有机污染物的性质和存在形式,利用"相似相溶"原理来选择,其沸点在 45 ℃～80 ℃为宜。因为生物样品中有机污染物含量一般都很低,故要求提取剂的纯度高。此外,还应考虑提取剂的毒性、价格、是否有利于下一步分离或测定等因素。常用的提取剂有:正己烷、石油醚、乙腈、丙酮、苯、二氯甲烷、三氯甲烷、二甲基甲酰胺等。为提高提取效果,常选用混合提取剂。

　　2.分离方法

　　用有机溶剂提取欲测组分的同时,往往也将能溶于提取剂的其他组分提取出来。例如:用石油醚等提取有机氯农药时,也将脂肪、蜡质、色素等提取出来,对测定产生干扰,因此,必须将其分离出去。常用的分离方法有:液－液萃取法、蒸馏法、层析法、磺化法、皂化法、气提法、顶空法、低温冷凝法等。

　　(1)液－液萃取法:液－液萃取法是依据有机物组分在不同溶剂中分配系数的差异来实现分离的。例如:农药与脂肪、蜡质、色素等一起被提取后,加入一种极性溶剂(如乙腈)振摇,由于农药的极性比脂肪、蜡质、色素大,故可被萃取分离。

　　(2)蒸馏法:蒸馏法的扫集共蒸馏法集蒸馏层析方法于一体,具有高效、省时和省溶剂等优点,适用于测定蔬菜、水果等生物样品中有机氯(磷)农药残留量。

　　(3)层析法:层析法分为柱层析法、薄层层析法、纸层析法等。其中,柱层析法在处理生物样品中应用较多,其原理是将生物样品的提取液通过装有吸附剂的层析柱,则提取物被吸附在吸附剂上。但由于不同物质与吸附剂之间的吸附力大小不同,当用适当的溶剂淋洗时,则按一定的顺序被淋洗出来,吸附力小的组分先流出,吸附力大的组分后流出,使它们彼此得以分离。常用的吸附剂有硅酸镁、活性炭、氧化铝、硅藻土、纤维素、高分子微球、网状树脂等。活化的硅酸镁层析柱常用于分离农药。如表 8 - 3 所示列出以乙醚－石油醚混合溶剂为淋洗液分离各种农药的情况,淋洗液极性依次增大,淋洗下来的农药极性也依次增大。

表 8 - 3　以乙醚－石油醚混合溶剂为淋洗液分离各种农药的情况

吸附剂	淋洗液	能分离出来的农药
硅酸镁	质量分数为 6% 的乙醚－石油醚	艾氏剂、六六六的各种异构体、$P,P'-DDT$、$O,P'-DDT$、$P,P'-DDD$、$P,P'-DDE$、七氯、多氯联苯等
硅酸镁	质量分数为 15% 的乙醚－石油醚	狄氏剂、异狄氏剂、地亚农、杀螟硫磷、对硫磷、倍硫磷等
硅酸镁	质量分数为 50% 的乙醚－石油醚	强碱农药,如马拉硫磷等

　　(4)磺化法和皂化法:磺化法的原理是利用提取液中的脂肪、蜡质等干扰物质能与浓硫酸发生磺化反应的性质,生成极性很强的磺酸基化合物,并进入硫酸层。分离硫酸层后,洗去残留在提取液中的硫酸,再经脱水,得到纯化的提取液。该方法常用于有机氯农药的净化,对于易被酸分解或与之发生反应的有机磷、氨基甲酸酯类农药则不适用。

　　皂化法是利用油脂等能与强碱发生皂化反应,生成脂肪酸盐而将其分离的方法。例如:用石油醚提取粮食中的石油烃,同时也将油脂提取出来,如在提取液中加入氢氧化钾

—乙醇溶液,油脂与之反应生成脂肪酸钾进入水相,而石油烃仍留在石油醚中。

(5)气提法和顶空法:这两种方法也常用于分离生物样品提取液中的欲测组分或干扰组分。

(6)低温冷凝法:该方法基于不同物质在同一溶剂中的溶解度随温度不同而不同的原理进行分离。例如:将用丙酮提取生物样品中农药的提取液置于—70 ℃的冰—丙酮冷阱中,则由于脂肪和蜡质的溶解度大大降低而沉淀析出,农药仍留在丙酮中。经过滤除去沉淀,获得经净化的提取液。这种方法的最大优点是有机化合物在净化过程中不发生变化,并且有良好的分离效果。

3.浓缩方法

生物样品的提取液经过分离净化后,欲测污染物浓度可能仍达不到分析方法的要求,这就需要进行浓缩。常用的浓缩方法有:蒸馏或减压蒸馏法、K—D浓缩器法、蒸发法等。其中,K—D浓缩器法是浓缩有机污染物的常用方法。早期的K—D浓缩器在常压下工作,后来加上了毛细管,可进行减压浓度,提高了浓缩速率。生物样品中的农药、苯并[a]芘等极毒、致癌性有机污染物含量都很低,其提取液经净化分离后,都可以用这种方法浓缩。为防止待测物损失或分解,加热K—D浓缩器的水浴温度一般控制在50 ℃以下,最高不超过80 ℃。特别要注意不能把提取液蒸干。若需进一步浓缩,需用微温蒸发,如用改进的微型 Snyder 柱再浓缩,可将提取液浓缩至0.1~0.2 mL。

四、污染物的测定

生物样品中的主要污染物有汞、镉、铅、铜、铬、砷、氟等无机化合物和农药(六六六、滴滴涕,有机磷等)、多环芳烃、多氯联苯、激素等有机化合物,其测定方法主要有分光光度法、原子吸收光谱法、荧光光谱法、色谱法、质谱法和联用法等。这些方法的基本原理在前面有关章节中已作介绍,下面简要介绍几个测定实例。

(一)粮食作物中有害金属元素测定

粮食作物中铜、镉、铅、锌、铬、汞、砷的测定方法可概括为:首先从前面介绍的植物样品采集和制备方法中选择适宜的方法采集和制备样品,然后用湿式消解法或干灰化法制备样品溶液,再用原子吸收光谱法或分光光度法测定。

(二)水果、蔬菜和谷类中有机磷农药测定

该方法测定要点为:首先,根据样品类型选择适宜的制备方法,对样品进行制备,如粮食样品用粉碎机粉碎、过筛,蔬菜用捣碎机制成浆状;然后,取适量制备好的样品,加入水和丙酮提取农药,经减压抽滤,所得滤液用氯化钠饱和,并将丙酮相和水相分离,水相中的农药再用二氯甲烷萃取,分离所得二氯甲烷萃取液与丙酮提取液合并,用无水硫酸钠脱水后,于旋转蒸发仪中浓缩至约2 mL,移至5~25 mL 容量瓶中,用二氯甲烷定容供测定;最后,分别取混合标准溶液和样品提取液注入气相色谱仪,用火焰光度检测器(FPD)测定,根据样品溶液峰面积或峰高与混合标准溶液峰面积或峰高进行比较定量。

该方法适用于水果、蔬菜、谷类中敌敌畏、速灭磷、久效磷、甲拌磷、巴胺磷、二嗪磷、乙嘧硫磷、甲基嘧啶硫磷、甲基对硫磷、稻瘟净、水胺硫磷、氧化喹硫磷、稻丰散、甲喹硫磷、虫

胺磷、乙硫磷、乐果、喹硫磷、对硫磷、杀螟硫磷的残留量测定。详细资料见 GB/T 5009. 20—2003。

（三）鱼组织中有机汞和无机汞测定

1.巯基棉富集—冷原子吸收光谱法

该方法可以分别测定样品中的有机汞和无机汞,其测定要点如下:

称取适量制备好的鱼组织样品,加 1 mol/L 盐酸提取出有机汞和无机汞化合物。将提取液的 pH 调至 3,用巯基棉富集两种形态的汞化合物,然后用 2 mol/L 盐酸洗脱有机汞化合物,再用氯化钠饱和的 6 mol/L 盐酸洗脱无机汞化合物,分别收集并用冷原子吸收光谱法测定。

2.气相色谱法测定甲基汞

鱼组织中的有机汞化合物和无机汞化合物用 1 mol/L 盐酸提取后,用巯基棉富集和盐酸溶液洗脱;再用苯萃取洗脱液中的甲基汞化合物,用无水硫酸钠除去有机相中的残留水分;最后,用气相色谱(ECD)法测定甲基汞的含量。

第二节　指示生物的环境监测

指示生物又叫作生物指示物,就是指那些在一定的自然地理范围内,能通过其数量、特性、种类或群落等变化,指示环境或某一环境因子特征的生物。水体遭受污染缺氧,导致水中的鱼类因窒息而纷纷浮出水面进行呼吸;水体受重金属或有机毒物的污染,会令鱼类骨骼产生畸变或肌肉有异味;大气受到污染,植物叶片变黄甚至枯萎;生物的生存环境遭到破坏,导致物种绝迹——生物以自己的身体行为乃至生命向人类发出指示。

然而,并非所有生物都对环境有指示作用,只有一种生物的存在给我们指示某种特定环境条件的存在,而其不存在又指示某种特定环境条件不存在,这种耐受环境范围非常狭窄的生物才能作为环境条件的指示生物。指示生物对特定环境的反应和表征即是生物的指示作用。生物与环境关系十分密切,生物的变化可以用作环境变化的指标。生物指示作用具有客观性(不受人为因素的干扰,真实反映环境状况)、综合性(多种影响因子综合作用的结果,全面体现环境质量)、连续性(生物长期接受环境影响的具体表征,极少受偶然因素影响)、直观性(直观、形象地展现生物对环境的适应性和指示特征)的特点。

利用指示生物的特定指标对环境进行监测和评价,已逐渐成为热门的课题。例如,上海投放胭脂鱼到苏州河,作为指示生物监测水环境。胭脂鱼是上海土著鱼,对水里溶解氧、重金属的敏感度较高,水质的好坏将影响它的生理指标、生长指标和死亡率,通过对它的体征状态的检测,可以达到监测水质的作用;又如德国在莱茵河治理过程中,治理目标是"让大马哈鱼重返莱茵河",大马哈鱼被视为是整治莱茵河的指示生物,可用以检验河流生态整体恢复的效果。然而,利用指示生物进行环境监测一直缺乏相应的规范和标准,且由于生物的自身特点,难以对监测结果进行定量化的描述,因此利用指示生物监测环境污染的需求一直缺乏迫切。随着生物科学技术的发展以及环境监测手段的进步,利用指示生物对环境污染进行定性定量监测已取得越来越大的成效。因此,利用指示生物系统化、规范化地评价环境污染以及提高其评价结果的可比性不久也将成为现实。

一、指示生物的特征及其作用

(一)指示生物的行为特征

指示生物的行为特征应用最多的是应激反应。应激反应是生物界普遍存在的特性,运动或游动能力较强的动物尤为明显。当动物接触低剂量有害污染物时,刺激动物的嗅觉、味觉和视觉等感觉器官,影响呼吸或作用于中枢神经系统,从而影响动物的活动水平、摄食、逃避捕食、繁殖或其他行为方式,改变其在环境中的分布。回避试验是目前应用最为广泛的方法,是以水生动物为指示生物,研究其对污染物尤其是有毒污染物的回避反应及引起回避的污染物浓度,以期对水体污染进行早期预报和评价。

大量研究表明,在人为设计污染水区和非污染水区的迷宫回避装置中,未经训练的鱼类在受到亚致死剂量的有毒污染物刺激时,能主动回避受污染水域,游向清洁水区。根据目测或利用电视摄像系统跟踪鱼的行为,观察污染物对鱼回避行为的影响。此外,其他水生动物如虾、蟹及某些水生昆虫等也存在有类似的回避反应。生物自有的活动方式,在外来污染物的作用下,可能会增强或减弱其活动性。利用光电设备对受试生物如鱼类、水潘、鳌虾、糠虾等的活动性进行监测,当其游过观察池时,光束受到干扰,转变成脉冲信号。光束干扰越多,表明受试生物的活动性越强,反之亦然。通过对照比较受试生物在未受污染水体中的活动性,来反映水体是否污染。其他还有诸如呼吸、代谢、习性、摄食、捕食等指标亦可用于对水体污染进行监测和评价。

另外,污染物的存在,也会造成微生物的行为异常。正常情况下,发光细菌中的核黄素－5′－单磷酸盐和醛类在胞内荧光素酶的催化作用下,氧化生成黄素腺嘌呤单核苷酸、酸和水,释放出蓝绿色荧光。当有害污染物存在时,发光行为受到干扰或阻碍,引起荧光强度变化,利用生物发光光度计测定光强,可以对污染物进行定量分析。细菌发光检测具有较好的剂量－效应关系,能获得可重复和可再现的试验结果。研究发现,当大气中光化学反应物的浓度为 $2\mu L/L$ 时,即阻碍发光菌发光。该方法已广泛用于废水、固体废物浸出液及重金属等的综合毒性的监测。

(二)指示生物的形态特征

许多植物对大气污染的反应非常敏感,即使在极低浓度的情况下,也能很快地表现出受害症状。将植物作为指示物,根据其表现出的受害症状,可以对污染物种类进行定性分析;也可以根据症状的轻重、面积大小,对污染物浓度进行初步的定量分析。

大气污染对植物的危害机制主要表现在:①外部伤害——污染物通过气孔被吸收进入植物体内,对叶面产生严重伤害;②组织伤害——污染物进入植物体内,引起阔叶树叶内海绵细胞和叶下表皮的破坏,使叶绿体发生畸变而引起栅栏细胞伤害,最后导致上表皮损伤;③影响代谢作用——大气污染改变了植物的生理生化过程,如蒸腾作用减弱、光合作用受到抑制等,引起形态变异。研究表明,当大气环境中二氧化硫含量的体积分数为 12×10^{-6} 时,紫花苜蓿暴露 1 h 后,叶片出现白色"烟斑",并逐渐枯萎,或在叶脉之间或叶缘出现明显的坏死;而二氧化硫体积分数高于 0.154×10^{-6},苔藓即产生急性伤害。氟化物体积分数为 1×10^{-9} 暴露 2～3 d 或浓度为 10×10^{-9} 暴露 20 h,唐菖蒲就会受到伤害,叶缘和叶尖组织出现坏死,坏死部分颜色呈浅褐色或褐红色,并且与健康组织有明显的界线,因而被公认是监测氟化物的理想植物。燕麦、烟草等暴露在接近背景浓度的臭氧环境中,可迅速做出反应或显示出明确可见的症状。

(三)指示生物的数量特征

在正常稳定的环境中,生物的种类比较多,个体数量适当。受到污染后,敏感指示生物种类的数量会逐渐减少甚至消失,与对照点相比显示出种类数量的差异。

采用指示生物的数量特征的方法在水环境中应用较多。由于不同污染程度的水体中各有其作为特征的生物存在,因此可以利用天然出现的生物来指示水体污染的程度。二十世纪初,德国科学家提出著名的污水生物体系法,将受有机物污染的河流,按其污染程度和自净过程,划分几个互相连续的污染带,每一带包含着各自独特的生物。在美国伊利湖污染的调查中,利用湖中原生动物颤蚓的数量作为评价指标,根据单位面积水体中颤蚓的数量,将受污染水域分为无污染、轻度污染、中度污染和重度污染,见表8—4。

表8—4　美国伊利湖污染调查(以颤蚓为评价指标)

颤蚓数量/(个/m² 水面)	水域受污染的程度
<100	无污染
100~990	轻度污染
1 000~5 000	中度污染
>5 000	重度污染

微生物对污染物也很敏感,叶生红酵母是生长在落叶表面的一种微生物,通过暴露试验,把不同时期的多次平行试验的结果累加,计算出菌落平均数,根据菌落数的多少反映污染的程度,菌落平均数多的树木所在地污染程度小,反之则大。苔藓地衣的共生性增加了其敏感性,在英国工业城市纽卡斯尔地区,由于二氧化硫污染,苔藓种类从55种下降到5种。细菌总数、总大肠菌群、水生真菌、放线菌等也常用作水体污染的指示物种。

(四)指示生物的种群、群落特征

生物的种群、群落特征也可应用于指示作用。早期通过种群的变化来反映或判断环境污染最具代表性的当数在英国伦敦郊区发现的黑斑蝶现象。十九世纪中叶,工业革命带来了生产力的极大解放,同时也造成以煤烟型为主的大气污染,原来生活在该地区的灰斑蝶种群逐渐消失,取而代之的是黑斑蝶种群。这种蝶类种群的变化,较好地反映了长期污染对生物的影响。

生物的种群、群落特征在实际应用中,水污染指示生物采用得较多,包括浮游生物、着生生物(如藻类、原生动物、真菌等)、大型水生植物(如海藻、大型褐藻)、底栖大型无脊椎动物(如软体动物、甲壳类、腔肠动物、棘皮动物等)、鱼类(如鲑鱼、河鲈等)等,以各类群在群落中所占比例作为水体污染的指标。通常采用多样性指数和各种生物指数来定量描述种群或群落变化,如香农多样性指数、Margalef多样性指数、Gleason指数和Menhinick指数,对水质进行生物学评价。

（五）指示生物的遗传特征

污染不仅会对生物的行为、形态、数量、种群或群落结构产生影响，而且可能造成细胞结构和遗传物质的破坏，导致机体畸变、致癌和变异。出于对人体健康的考虑，污染物的潜在遗传毒性逐步受到更多的关注，并可通过监测污染物对生物的三致效应来进行评价。早期开展的微核试验，以细胞中的微核数量作为指标，监测污染物对染色体的损伤。环境中存在的污染物越多，诱变因子诱发生物染色体的损害也越严重，其微核率愈高。蚕豆根尖细胞微核试验、小白鼠血红细胞微核试验等均表明，污染因子诱发染色体异常与微核率之间存在有较好的相关性。

二、生物样品的采集、保存与制备

（一）微生物样品

微生物样品的采集，必须按一般无菌操作的基本要求进行水样采样，严格保证运输、保存过程中不受污染。

一般江、河、湖泊、水塘、水库、浅层地下水可取水样 500～1 000 mL。医院废水、高浓度有机废水可取 100～500 mL。

取样一般用无色硬质具磨塞玻璃瓶，经高压灭菌器灭菌后备用。

1.自来水采样

自来水采样需先用清洁棉花将自来水龙头拭干，然后用酒精灯或酒精棉花球灼烧灭菌，再将龙头完全打开放水 5 min 左右，以排除管道内积存的死水，而后将龙头关小，打开采样瓶瓶塞，以无菌操作进行。如水样中含有余氯，则采样瓶在未灭菌前，按每采 500 mL 水样加 3% 硫代硫酸钠（$Na_2S_2O_3 \cdot 5H_2O$）溶液 l mL 的量预先加入采样瓶内，用以消除采样后水样内的余氯，以防止继续存在杀菌作用。

2.江、河、湖泊、池塘、水库等的采样

可利用采样器，器内的采样瓶应预先灭菌。用采样器采样的方法与水质化学检验方法相同。如没有采样器时，可直接将采样瓶放在上述水域中 30～50 cm 深处，再打开瓶塞采样。采样后，注意采样瓶内的水面与瓶塞底部应留有一些空隙，以便在检验时可充分摇动混匀水样。用同样的方法可采取高浓度有机废水以及医院废水样。

水样在采集后应立即送检，一般从取样到分析不得超过 2 h；条件不允许时，也应冷藏保存，但最长不得超过 6 h。

水样的采集情况、采样时间、保存条件等应详细记录，一并送检验单位，供水质评价时参考。

（二）植物样品

1.植物样品的采集

植物样品的采集应遵循以下几条原则：

（1）目的性。明确采样的具体目的和要求，对污染物性质及各种环境因素（如地质、气象、水文、土壤、植物等）进行调研，收集资料，以确定采样区、采样点等。

(2)代表性。选择能符合大多数情况和能反映研究目的的植物种类和数量。

(3)典型性。将植物采集部位进行严格分类,以便反映所需了解的情况。

(4)适时性。依据植物的生长习性确定采样时间,以便能够反映研究需要了解的污染情况。

采样前的准备工作如下:

(1)剪刀、锄、铲等采样工具的准备;

(2)布袋(聚乙烯袋)、标签、绳、记录簿等保存、记录用具的准备;

(3)实验室制备、预处理的用品前期准备。

根据污染物特点及各分析项目的要求,确定采样量,即保证在样品预处理后有足够数量用于分析测试等,一般需要 1 kg 左右的干物重样品。对于含水量为 80%～95%的水生植物、水果、蔬菜等新鲜样品,则取样应比干样品多 5～10 倍。

针对不同的植物样品,可选择的采样方法为:①在选定的小区中以对角线五点采样或平行交叉间隔采样,采取 5～10 个样品混合组成;②按植物的根、茎、叶、果、种子等不同部位分别采集,或整株带回实验室再按部位分开处理;③用清水洗去附着的泥土,根部要反复洗净,但不准浸泡;④果树样品,要注意树龄、株型、生长势、结果数量和果实着生部位及方向等资料的积累;⑤蔬菜样品,若要进行鲜样分析,尤其在夏天时,水分蒸发量大,植株最好连根带泥一同挖起,或用清洁的湿布包住,以免萎蔫。

2.植物样品的保存

采集好的样品装入布袋或塑料袋,按如表 8-5 所示进行登记。带回实验室后,再用清洁水洗净,然后立即放在干燥通风处晾干或鼓风干燥箱烘干,用于鲜样分析的样品,应立即进行处理和分析,当天不能处理、分析完的样品,应暂时冷藏在冰箱内。

表 8-5 样品采集登记表

样品编号	样品名称	采集地点	采样日期	采集部位	土壤类别	物候期	污染情况			分析项目	分析部位	采集人
							次数	成分	浓度			

3.植物样品的制备

(1)选取样品。根据植物特性进行样品选取,具体如下:

①果实、块根、块茎、瓜菜类样品,洗净后切成四块或八块,各取其 1/4 或 1/8。

②粮食、种子等经充分混匀后,平铺在木板或玻璃板上,按四分法多次选取,然后分别加工处理制成分析样品。

(2)鲜样的制备。测定植物体内易挥发、转化或降解的污染物,如酚、氰、亚硝酸盐、有机农药等,以及植物中的维生素、氨基酸、糖、植物碱等指标,以及多汁的瓜、果、蔬菜样品,应采用新鲜样品进行分析。将洗净、擦干后的样品切碎,混匀,称取 100 g 放入电动高速组织捣碎机的捣碎杯中,加适量蒸馏水或去离子水,捣碎 1～2 min,制成匀浆。含水量高的样品可不加水;含水量低的样品可增加水量 1～2 倍。对根、茎、叶等含纤维多或较硬的样品,可切成碎小块,混匀后在研钵中加石英砂研磨后供分析用。

(3)干样的制备。样品经洗净风干,或放在 60 ℃～70 ℃鼓风干燥箱中烘干,以免发霉腐烂。样品干燥后,去除灰尘杂物,将其剪碎,用电动磨碎机粉碎和过筛(通过 1 mm 或 0.25 mm 的筛孔)。各类作物的种子样品如稻谷等,要先脱壳再粉碎,然后根据分析方法的要求分别通过 40 目至 100 目的金属筛或尼龙筛,处理后的样品保存在玻璃广口瓶或聚乙烯广口瓶中备用。

对于测定金属元素含量的样品,应避免受金属器械和金属筛、玻璃瓶的污染,最好用玛瑙研钵磨碎,尼龙筛过筛,聚乙烯瓶贮存。

(三)动物样品

动物的尿液、血液、脑脊液、唾液、呼出的气体、胃液、胆汁、乳液、粪便以及其他生物材料如毛发、指甲、骨骼和脏器等均可作为检验环境污染物的材料。

1.尿液

尿检在医学临床中应用较为广泛,因为绝大多数毒物及其代谢物主要由肾脏经膀胱、尿道与尿液一起排出,同时尿液收集也较为方便。采样器具用稀硝酸浸泡洗净,再用蒸馏水清洗、烘干备用。一般早晨浓度较高,可一次收集,如测定尿中的铅、镉、氟、锰等应收集 8 h 或 24 h 尿样。

2.血液

用来检验金属毒物如铅、汞以及非金属如氟化物、酚等。采样器一般为硬质玻璃试管,先用普通水洗净,再用 3%～5% 的稀硝酸或稀醋酸浸泡洗净,最后用蒸馏水洗净,烘干备用。用注射器抽血样 10 mL(有时需加抗凝剂如二溴盐酸)放入试管备用。

3.毛发和指甲

某些毒物如砷、锰、有机汞等能长时间蓄积在指甲和毛发中。即使已脱离污染物或停止摄入污染食品后,血液和尿液中的毒物含量已下降,而在毛发和指甲中仍可检出。采样后,用中性洗涤剂处理,经蒸馏水或去离子水冲洗后再用丙酮或乙醚洗涤,或用酒精和 EDTA 洗涤,室温下充分干燥后装瓶备用。

4.组织和脏器

采用动物的组织和脏器作为检验标本,对研究污染物在体内的分布和蓄积、毒性试验和环境毒理学等方面均有一定意义。组织和脏器的部位很复杂,且柔软、易破裂混合,因此取样操作要细心。一般先剥去被膜,取纤维组织丰富的部分为样品,应避免在皮质与髓质接口处取样。

三、指示生物污染物测定

指示生物有指示植物、指示动物和指示微生物三类,它们都可用作水污染、大气污染和土壤污染等的监测。

指示生物对环境中污染物的指示作用主要有两类:敏感指示生物和耐性指示生物。

当环境中的污染物浓度含量很低,有时用化学分析方法尚不能测出时,指示生物就表现出某些灵敏的反应,如指示植物的叶片上出现受伤斑点,指示动物行为发生改变等。我们根据这种反应的症状来指示污染物的类型,根据反应的程度和以往的经验和指数来判断污染程度和范围,并提出相应的措施。这种反应灵敏的指示生物称为敏感指示生物。这种指示生物在目前的生物监测里应用相当普遍。例如,牵牛花对光化学烟雾的氧化剂很敏感,红色和紫色的牵牛花在 O_3 浓度为 $1.5\ cm^3/m^3$ 时,经过 $4\sim6\ h$ 以后,叶片上就出现漂白斑和叶脉间的枯斑。

另一类指示生物在不良的环境中却表现出良好的生长势,也可以说,污染了的环境反而对这类生物的生长有明显的促进作用。我们可以利用这种生物的生长状况来指示污染程度,这类生物称为耐性指示生物。例如,水体富营养化时,由于水体受氮、磷等的污染,蓝藻大量繁殖,个体数迅速增加,成为该水体中的优势种。我们可以利用蓝藻的生长状况来监测水体的富营养化程度。

(一)大气污染指示生物

大气污染指示生物是指能对大气中的污染物产生各种定性、定量反应的生物。大气污染多采用植物作为指示生物,因为植物分别范围广、易于管理,且有不少植物品种对不同的大气污染物能呈现出不同的受害症状。

应用动物作为指示生物管理比较困难,受到了不少客观条件的限制,因此,目前尚未形成一套完整的监测方法。但也有学者进行了一些研究,如研究发现金丝雀、狗和家禽对二氧化硫反应敏感;老鼠和家禽接触到微量瓦斯毒气时表现出异常反应;蜜蜂等昆虫以及鸟类对大气中某些污染物也反应敏感。

大气的污染状况密切影响着生活于其中的微生物区系组成及其数量的变化,因此也可应用微生物作为指示生物监测大气质量。但由于空气环境中没有固定的微生物种群,它主要是通过土壤尘埃、水滴、人和动物体表的干燥脱落物、呼吸道的排泄物等方式带入空气中。因此,采用微生物作为大气污染指示生物受到了一定限制,没有迅速发展起来。

1.常用大气污染指示植物及其受害症状

指示植物在受到大气污染物伤害后,能较敏感和迅速地产生明显反应,发出受污染信息。通常可以选择草本植物、木本植物以及地衣、苔藓等。大气污染指示植物应具备下列条件:

对污染物反应敏感;受污染后的反应症状明显;干扰症状少;生长期长,能不断萌发新叶;栽培管理和繁殖容易;尽可能具有一定的观赏或经济价值,从而起到美化环境与监测环境质量的双重作用。

对指示植物的选择方法是:通过调查找出某一污染区内最易受害而且症状明显的植物作为指示植物,或者通过人工熏气实验,再通过不同类型污染区的栽培试验及叶片浸蘸等方法进行筛选。那些最易受害、反应最快、症状明显的植物便可作为指示植物。

世界上有 300 多种植物可用于大气污染监测,目前比较常用的大气污染指示植物如下。

(1)二氧化硫污染指示植物。常用的二氧化硫指示植物有地衣、苔藓、紫花苜蓿、荞麦、金荞麦、芝麻、向日葵、大马蓼、土荆芥、藜、曼陀罗、落叶松、美洲五针松、马尾松、枫杨、加拿大白杨、杜仲、水杉、雪松(幼嫩叶)、胡萝卜、葱、菠菜、莴苣、南瓜等。

二氧化硫伤害植物的典型症状是在植物计片的叶脉间出现不规则的坏死区,斑点以灰白色和黄褐色居多。一般伸展的嫩叶易受害,中龄叶次之,老叶和未展开的嫩叶抗性较强。

（2）氟化氢污染指示植物。对氟化氢敏感的植物有唐菖蒲、郁金香、金荞麦、杏、葡萄、小苍兰、金线草、玉簪、梅、紫荆、雪松（幼嫩叶）、落叶松、美洲五针松和欧洲赤松等。

植物受氟伤害的典型症状是叶尖和叶缘坏死，伤害区和非伤害区之间有一条红色或深红色界线。氟污染容易危害正在伸展的幼嫩叶子或枝梢顶端，呈现枯死现象。

（3）臭氧污染指示植物。臭氧污染的指示植物有烟草、矮牵牛、牵牛花、马唐、燕麦、洋葱、萝卜、马铃薯、光叶桦、女贞、银槭、梓树、皂荚、丁香、葡萄和牡丹等。

臭氧伤害叶子的典型症状是在叶面上出现密集的细小斑点，主要危害栅栏组织，表皮呈现褐、黑、红或紫色，甚至失绿退色。针叶顶部出现坏死现象。一般中龄叶敏感，未伸展幼叶和老叶有抗性。

（4）过氧乙酰硝酸酯污染指示植物。常用的有早熟禾、矮牵牛、繁缕和菜豆等。

过氧乙酰硝酸酯伤害的叶片症状表现为叶背面呈银白色，进一步发展成青铜色。过氧乙酰硝酸酯主要危害幼叶。此外，植物在黑暗中受过氧乙酰硝酸酯影响小，抗性强，如光照 2～3h 再接触就变得敏感。

（5）乙烯污染指示植物。常用的乙烯污染指示植物有芝麻、番茄、香石竹和棉花等。

乙烯主要影响植物的生长及花和果实的发育，并且加速植物组织的老化。

（6）氯气污染指示植物。氯气污染指示植物主要有芝麻、荞麦、向日葵、大马蓼、藜、翠菊、万寿菊、鸡冠花、大白菜、萝卜、桃树、枫杨、雪松、复叶槭、落叶松、油松等。

氯气对植物的伤害症状大多为脉间点、块状伤斑，与正常组织之间界线模糊，或有过渡带，严重时全叶失绿漂白甚至脱落。

（7）二氧化氮污染指示植物。主要有悬铃木、向日葵、番茄、秋海棠、烟草等。

二氧化氮危害植物的症状是在叶脉之间和近叶缘处的组织显示出不规则的白色或棕色的解体损伤。

（8）POPs 指示植物。对 POPs 敏感的植物有地衣、苔藓以及某些植物的树叶等。

大气中的 POPs 从污染源排放到富集于地衣中至少需要 2～3 年的时间。因此，利用不同时间采集的地衣进行大气污染的时间分辨监测时，其分辨率在 3 年左右。利用不同地区地衣中 POPs 分布模式间的差异可进行污染源的追踪。苔藓没有真正的根、茎、叶的分化，不具有维管组织，仅靠茎叶体从周围大气中吸收养料，故苔藓能指示大气中 POPs 的污染状况而不受土壤条件差异的影响。研究表明，树叶中 POPs 的含量与大气中 POPs 的浓度呈线性相关。其中，松柏类针叶由于表面积大、脂含量高、气孔下陷、生活周期长，对 POPs 的吸附容量大，在大气 POPs 污染监测中的应用最广，所涉及的化合物还包括 PAHs、PCBs、OCPs、PCDD/Fs 等。

2.监测方法

（1）敏感植物受害症状现场调查法。植物受到污染影响后，常常会在叶片上出现肉眼可见的伤害症状，即可见症状。且不同的污染物质和浓度所产生的症状及程度各不相同。可以根据现场调查敏感植物在污染环境下叶片的受害症状、程度、颜色变化和受害面积等指标来指示空气的污染程度，判断主要污染物的种类。通常有如表 8－6 所示几种情况。

表 8 - 6　　大气污染程度与植物所表现的症状

污染程度	植　物　症　状
轻微污染区	观察植物出现的叶部症状
中度污染区	①敏感植物出现明显中毒症状 ②抗性中等的植物也可能出现部分症状 ③抗性较强的植物一般不出现症状
严重污染区	①自然分布的敏感植物可以绝迹,而人工栽培的敏感植物可以出现严重的受害症状 ②中等抗性的植物可出现明显的症状 ③抗性较强的植物也可能出现部分症状

此外,大气污染物对植物内部的生理代谢活动也产生影响。例如,使植物蒸腾率降低,呼吸作用加强,叶绿素含量减少,光合作用强度下降;进一步影响到生长发育,出现生长量减少、植株矮化、叶面积变小、叶片早落和落花落果等受害现象。这些都是利用植物判断大气污染的重要依据。

苔藓和地衣是低等植物,其分布广泛。其中某些种群对污染物如 SO_2、HF 等反应敏感。通过调查树干上的地衣和苔藓的种类、数量及其生长发育状况,就可以估计空气污染程度。在工业城市中,通常距离市中心越近,地衣的种类越少,重污染区内一般仅有少数壳状地衣分布;随着污染程度的减轻,便出现枝状地衣;在轻污染区,叶状地衣数量较多。

(2)盆栽定点监测法。盆栽定点监测法主要是将监测用的指示植物栽培在污染区选定的监测点上,定期观察,记录其受害症状和程度,来估测污染物的成分、浓度和范围,以此来监测该地区空气污染状况。

吉林通化园艺研究所曾用花叶莴苣作为指示生物定点栽培指示二氧化硫,以此来预防黄瓜苗期受害。其具体方法是:在黄瓜播种前 20d 将花叶莴苣栽培于烟道附近,或在黄瓜播种时将花叶莴苣苗盆栽于苗床周围,即可在黄瓜育苗阶段起指示参照物的作用。其后昼夜观察、记录各种浓度条件下黄瓜、花叶莴苣出现初始受害症状的时间,及相同条件下各自的受害症状表现,黄瓜、花叶莴苣的受害症状分级标准如表 8 - 7 所示;然后对不同受害级别的黄瓜秧苗进行分类管理,对黄瓜成苗的株高、茎粗、叶面积、根长、须根数等进行调查。

表 8 - 7　　黄瓜、花叶莴苣的受害症状分级标准

症　状　级　别	黄　　瓜	花　叶　莴　苣
0	植株无症状表现	植株无症状表现
1	子叶边缘线性变黄,俗称镶金边	叶片边缘向上(内)卷
2	子叶失绿、萎蔫	叶片边缘脱水、萎蔫
3	子叶枯萎、真叶褪绿	2/3 叶片萎蔫
4	植株死亡	植株死亡

研究也发现花叶莴苣较黄瓜对二氧化硫敏感,在同等二氧化硫浓度条件下,黄瓜出现初始受害症状的时间大约是花叶莴苣的 4 倍。在相同条件下,花叶莴苣的受害指数高于

黄瓜,当花叶莴苣受害指数高达 37 以上时,黄瓜才开始出现症状。黄瓜、花叶莴苣受害指数如表 8-8 所示。因此,当花叶莴苣出现叶缘上(内)卷,但未达到叶片边缘脱水萎蔫时,应及时采取措施,如通风换气、苗床四周过道洒水等就可有效预防黄瓜秧苗受害;而当黄瓜已出现受害症状时再采取措施,则只能起到降低危害程度的作用,达不到预防的目的。

表 8-8　黄瓜、花叶莴苣受害指数对照

作　　物	受　害　指　数			
黄瓜	0	5.1	18.7	31.2
花叶莴苣	6.3	37.0	46.3	68.7

也可使用如图 8-3 所示的植物监测器测定空气污染状况。该监测器由 A、B 两室组成,A 室为测量室,B 室为对照室。将同样大小的指示植物分别放入两室,用气泵将污染空气以相同流量分别打入 A、B 室的导管,并在通往 B 室的管路中串联一活性炭净化器,以获得净化空气。经过一定时间后,即可根据 A 室内指示植物出现的受害症状和预先确定的与污染物浓度的相关关系估算空气中污染物的浓度。

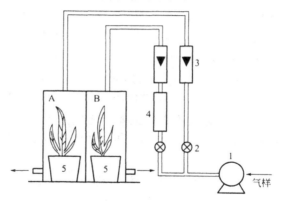

图 8-3　植物监测器
1—气泵;2—针形阀;3—流量计;4—活性炭净化器;5—盆栽指示植物

(3)其他监测方法。利用植物监测大气污染还有不少其他方法。例如,剖析树木年轮的监测方法,可以了解所在地区空气污染的历史。在气候正常、未曾遭受污染的年份树木的年轮较宽,而空气污染严重或气候条件恶劣的年份树木的年轮较窄。还可以用 X 射线法对树木年轮材质进行测定,判断其污染情况;污染严重的年份年轮木质密度较小,正常年份的年轮木质密度较大,其对 X 射线的吸收程度不同。

(二)水污染指示生物

水污染指示生物是指在一定的水体范围内,能通过其特性、数量、种类或群落等变化,对水体中的污染物产生各种定性、定量指示作用的生物。水污染指示生物主要有浮游生物、着生生物、底栖动物、鱼类和微生物等,几种典型的水质污染指示动物和植物如图 8-4 和图 8-5 所示。

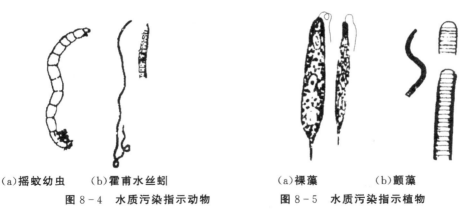

(a)摇蚊幼虫　　(b)霍甫水丝蚓　　　　　(a)裸藻　　　(b)颤藻
图8-4　水质污染指示动物　　　　　图8-5　水质污染指示植物

1.浮游生物

浮游生物就是悬浮生长在水体中的生物,包括浮游植物和浮游动物两类。它们大多数个体很小,游动能力弱或完全没有游动能力。浮游生物是水生食物链的基础,在水生生态系统中占有重要地位;而且其中多种对环境的变化反应敏感,可用来作为水污染的指示生物。

(1)浮游植物。浮游植物主要指藻类,藻类对外界环境的反应很敏感。在水体的生态系统中,藻类与水环境共同组成了一个复杂的动态平衡体系,污染物进入水体后,引起藻类的种类和数量的变化,并达到新的平衡。所以,不同污染状况的水质,有不同种类和数量的藻类出现;反过来说,不同种类和数量的藻类可以指示不同的水质状况。

选作指示种的藻类,最好是那些敏感的、生活周期长的、比较固定生活于某处、易于保存和鉴定的种类。有研究表明,绿藻和蓝藻数量多,甲藻、黄藻和金藻数量少,往往是水体污染的表征;而绿藻和蓝藻数量下降,甲藻、黄藻和金藻数量增加,则反映水质的好转。又如,硅藻结构特殊,容易保存和鉴定,能在实验室单细胞培养和自然条件下研究,是较好的有机污染及毒物的指示种。国外通过大量的研究,以硅藻作为指示生物,建立了硅藻群落对数正态分布曲线。未受污染时,水体中的硅藻种群数量多,个体数目相对较少;但如果水体受到污染,则敏感种类减少,污染种类个体数量大增,形成优势种。此外,硅藻还可作为放射性的指示生物。

(2)浮游动物。浮游动物种类很多,大多数对水体环境的变化反应较敏感,可以利用水体中浮游动物群落优势种的变化来判断水体的污染程度和自净程度。受污染的水体从上游排污口至下游清洁水体,浮游动物的优势种分布为耐污种类逐渐减少,广布型种类逐渐出现较多,在下游许多正常水体出现的种类也逐渐出现;同时,原生动物由上游的鞭毛虫至中游出现纤毛虫,在下游则发现很多一般分布在清洁型水体的种类,这说明水体从上游到下游水体的污染程度不断减轻,水体具有一定的自净功能。

2.着生生物

着生生物就是附着在长期浸没水中的各种基质(植物、动物、石头等)表面上的有机体群落,包括细菌、真菌、原生动物和海藻等多种生物类别。由于其可用来指示水体受污染的程度,评价效果较佳;因此,近年来,有关着生生物的研究也开始受到重视。

3.底栖动物

底栖动物是栖息于水体底部(淤泥内、石头或砾石表面和缝隙中)以及附着于水生植物之间的肉眼可见的水生无脊椎动物。它们广布于江、河、湖泊、水库和海洋等各种水体中,大多数体长超过 2 mm,包括大型甲壳类、水生昆虫、环节动物、软体动物和节肢动物等许多类别。

由于在水环境中,鱼类和浮游生物的移动性较大,有时往往难以准确地表明特定地点水的性质,而底栖动物的移动能力差,能较好地反映该地的环境状况。近年来,应用底栖动物对水体进行监测和评价,已经受到广泛重视。

当水体受到污染时,底栖动物的群落结构将发生变化,有些较为敏感的种类有可能逐渐死亡,甚至消失,根据底栖动物的存在种类及种个体数来判断水体的污染及污染的程度。对河流来说,可以利用不同河段有无底栖动物存在、底栖动物的种类(耐污染种和清水种等)及种个体数来探讨河流的稀释自净规律。

在未受污染的环境里,河流和湖泊中大型无脊椎动物群落的组成和密度(每单位面积的个数)各年之间比较稳定。已经证明,严重有机污染的水体通常溶解氧(DO)是很低的,会限制底栖大型无脊椎动物的种类,导致水中只有最能耐受这种污染的种类,因此其密度有了相应的增加;另一方面,有毒化学物质的污染有可能使受影响区域内的大型无脊椎动物荡然无存。例如,在东京都狛江市的田沟内,以前曾是清澈的泉水,栖息有放逸短沟蜷和鲫鱼。但是随着住宅的建设,生活污水增加,水质污染,而泉水流量又减少,出现了大量的尖膀胱螺。以后泉水没有了,污染越来越严重,水质浑浊不清,孑孓大量滋生,最后膀胱螺也消失,沟内臭气严重。

因为多数底栖动物种类的个体数有明显的季节性变化,所以必须注意调查的季节,以及水域底部的地形、底质和水文特征等。

4.鱼类

在水生食物链中,鱼类位于最高的营养级水平,因水体受污染而改变浮游生物或其他水生生物生态平衡,也必然改变鱼类的种群结构。同时,由于鱼类的特定生理特点,使某些不能明显影响低等生物的污染物也可能造成鱼类受到伤害。因此,鱼类作为水污染的指示生物具备其特定的意义,对全面反映水体污染程度以及评价水质具有重要的作用。

上海市曾投放胭脂鱼到苏州河,作为指示生物监测水环境。胭脂鱼是上海土著鱼,其对于水体环境相当敏感,如果水中的重金属、某些有毒有机物含量超过一定指标,或者水体含氧量过少,胭脂鱼体内的生物指标会发生相关变化甚至会死亡。所以,如果把它放生到苏州河里,并定时体检,可以使它成为一种天然水质监测器,实时监测苏州河的水体质量。

5.微生物

水体中的微生物与水体受污染程度密切相关,有机质含量少,微生物的数量也少;但是,当水体受到污染后,微生物的数量可能大量增加或减少。尤其是某些特定微生物的出现或消失能够指示水体受到某类物质的污染,使利用微生物进行水质监测迅速发展起来。

利用微生物指示水体污染的方法主要有细菌总数法、总大肠菌群法和粪大肠菌群法等。

第九章　辐射环境监测

辐射环境监测,是指对操作放射性物质的设施周界之外的辐射和放射性水平所进行的与该设施运行有关的测量,辐射环境监测的对象是环境介质和生物。辐射环境监测是环境监测的重要组成部分,从辐射类型上分可分为电离辐射环境监测和电磁辐射环境监测两类。

第一节　电离辐射环境监测

第二次世界大战期间,美国将反应堆的冷却剂直接排放至哥伦比亚河中引起了一系列环境污染问题,随后美国政府采取了相应的辐射环境监测措施,这便是辐射环境监测的开端。我国的辐射环境监测工作开展较晚,起步于 20 世纪 80 年代。随着人类对核能的开发利用、铀矿和一些伴生放射性矿产的开采以及核技术在工业领域的普及,使得电离辐射环境监测日渐引起公众的关注。

目前我国的电离辐射环境监测主要对象是放射性物质的设施周围的环境介质和生物,目的在于监控核设施是否正常运行以及检验设施运行在周围环境中造成的辐射和放射性水平是否符合国家和地方的相关规定,同时对人为的核活动所引起的环境辐射的长期变化趋势进行监视。从运行阶段来分可以将电离辐射环境监测分为辐射本底调查、运行辐射环境监测、退役辐射监测。从设施运行状态来分,可分为正常状态环境监测和事故应急监测两类。

一、电离辐射种类及其特征

物质向外释放粒子或者能量的过程叫作辐射,当辐射出的粒子能使物质发生电离的叫作电离辐射。能发出电离辐射的物质一般有放射性核素、加速器和 X 射线装置等。放射性核数会自发地向外释放 。

α 衰变是不稳定重核自发放出 α 粒子的过程。α 粒子的质量大,速度小,使受辐射物质的原子、分子发生电离或激发,但穿透能力小,只能穿过皮肤的角质层。

β 衰变是放射性核素放射 β 粒子的过程,它是原子核内质子和中子发生互变的结果。β 射线的速度比 α 射线高 10 倍以上,其穿透能力较强,在空气中能穿透几米至几十米才被吸收完,可以灼伤皮肤,与物质作用时可使其原子电离。

γ 衰变是原子核从较高能级跃迁到较低能级或基态时所放射的电磁辐射。这种跃迁不影响原子核的原子序数和原子质量,所以称为同质异能跃迁。γ 射线的穿透能力极强,与物质作用时产生光电效应、康普顿效应、电子对生成效应等。

1.半衰期

当放射性核素因衰变而减少到原来的一半时所需的时间称为半衰期。衰变常数(λ)与半衰期($T_{1/2}$)有如下关系:

$$T_{1/2} = \frac{0.693}{\lambda} \qquad (9-1)$$

半衰期是放射性核素的基本特性之一,不同核素的半衰期不同,如 $^{212}_{84}\mathrm{Po}$ 的半衰期只有 $3.0 \times 10^{-7} s$,而 $^{238}_{92}\mathrm{U}$ 的半衰期可达 4.5×10^{9} 年。因为放射性核素每一个核的衰变并非同时发生,而是有先有后,所以对一些半衰期长的核素,一旦发生核污染,要通过衰变使其自行消失,就需要很长的时间。

2.放射性活度

放射性活度是指单位时间内发生核衰变的数目,可用式(9—2)表示:

$$A = \frac{\mathrm{d}N}{\mathrm{d}t} = \lambda N$$

式中,A 放射性活度,Bq(1 Bq＝1s^{-1});dN 为在 dt 时间内衰变的原子数;dt 为时间,s;λ 为衰变常数,表示放射性核素在单位时间内的衰变概率,s^{-1}。

3.照射量

照射量被定义为:

$$X = \frac{\mathrm{d}Q}{\mathrm{d}m}$$

式中,dQ 为 γ 射线或 X 射线在空气中完全被阻止时,引起质量为 dm 的某一体积元的空气电离所产生的带电粒子的总电量值,C;X 为照射量,C/kg。

4.吸收剂量

吸收剂量是用于表示在电离辐射与物质发生相互作用时单位质量的物质吸收电离辐射能量大小的物理量,定义为:

$$D = \frac{\mathrm{d}\overline{E_D}}{\mathrm{d}m}$$

式中,D——吸收剂量,J/kg;d$\overline{E_D}$——电离辐射给予质量为 dm 的物质的平均能量,J。

二、常见的辐射源

(一)天然辐射源

天然辐射源是指天然存在的电离辐射源,主要来源于宇宙辐射、宇生放射性核素及原生放射性核素。它们产生的辐射称为天然本底辐射,是判断环境是否受到放射性污染的基准。

1.宇宙辐射

宇宙辐射是一种从宇宙空间射到地面的射线,由初级宇宙射线和次级宇宙射线组成。初级宇宙射线指从宇宙空间射到地球大气层的高能辐射,主要成分为质子(83%～89%)、粒子(10%～15%)及原子序数≥3 的轻核和高能电子(1%～2%),这种射线能量很高,可达 10^{20} MeV 以上。次级宇宙射线是初级宇宙射线进入大气层后与空气中的原子核相互碰撞,引起核反应并产生一系列其他粒子,通过这些粒子自身转变或进一步与周围物质发生作用,就形成次级宇宙射线。

2.宇生放射性核素

由宇宙射线与大气层、土壤、水中的核素发生反应产生的放射性核素有 20 余种。天然存在的 ^{14}C 是宇宙射线中的中子与天然存在的 ^{14}N 作用而产生的核反应产物。

3.原生放射性核素

多数天然放射性核素在地球起源时就存在于地壳之中，经过天长日久的地质年代，母体和子体之间已达到放射性平衡，从而建立了放射性核素的系列。这种系列有三个，即铀系，其母体是 ^{238}U；锕系，其母体是 ^{235}U；钍系，其母体是 ^{232}Th。这些母体具有很长的半衰期，每一系列中都含有放射性气体氡核素，且末端都是稳定的铅核素。

自然界中单独存在的核素约有 20 种，其特点是具有极长的半衰期，其中最长的为 ^{209}Bi（$T_{1/2} > 2 \times 10^{18}$ 年），而最短的是 ^{40}K（$T_{1/2} > 1.26 \times 10^9$ 年）。它们的另一个特点是强度极弱，只有采用极灵敏的检测技术才能发现。

（二）人为辐射源

引起环境辐射污染的主要来源是生产和使用放射性物质的单位所排放的放射性废物，以及核武器爆炸、核事故等产生的放射性物质。

1.核设施

具有规模生产、加工、利用、操作、贮存和处理放射性物质的设施，如铀加工、富集设施，核燃料制造厂，核反应堆，核动力厂，核燃料贮存设施和核燃料后处理厂等。

2.射线装置

安装有粒子加速器、X 射线机及大型放射源并能产生高强度辐射场的构筑物。

3.放射性同位素的应用

工农业、医学、科研等部门使用放射性核素日益广泛，其排放废物也是主要的人为污染源之一。例如，医学检查、使用 ^{60}Co 照射治疗癌症，用 ^{131}I 治疗甲状腺功能亢进等；发光钟表工业应用放射性同位素作长期的光激发源；农业生产上利用辐射育种和辐射食品保藏等；科研部门利用放射性同位素进行示踪试验等。

4.伴生放射性的开采与利用

在稀土金属和其他伴生金属矿开采、提炼过程中，其"三废"排放物中含有铀、钍、氡等放射性核素，将造成所在局部地区的污染。

另外，核试验及航天事故包括大气层核试验、地下核爆炸冒顶事故及核事故等，将会有大量放射性物质泄漏到环境中去，对环境造成严重的污染。

三、常用的辐射量

（1）活度

活度是指单位时间内放射性核数衰变的个数，记作 A，单位是 Bq（贝可），1 Bq＝1 个/s。活度还有一个常用单位叫居里（Ci），1 Ci＝3.7× 10^{10} Bq。

（2）半衰期

半衰期是指某种放射性核数其衰变到还剩一半该放射性核数所需要的时间，记为 $T_{1/2}$

（3）衰变常数

反应核数衰变概率的一个量叫衰变常数，不同的核数衰变常数是唯一且固定的，记为 λ 。关于活度、衰变常数和半衰期有以下关系：

$$N = N_0 e^{-\lambda t}$$

$$A = \lambda N = A_0 e^{-\lambda t}$$

$$T_{1/2} = \frac{\ln 2}{\lambda}$$

式中，N 为经过 t 时间衰变后剩下的放射性原子数目；N_0 为初始放射性原子数目。

（4）截面

反映某种相互作用的概率大小称为截面，可严格定义为通过单位面积上的有效碰撞粒子个数，单位为靶（恩）b，$1 b = 10^{-28} m^2$。

（5）粒子能量

描述粒子或射线的能量大小，记作 E，单位常用 eV，$1 eV = 1.6 \times 10^{-19}$ J。对于粒子，如 α 或者 β 等，能量指它们的动能：

$$E = \frac{1}{2} m v^2$$

式中，m——粒子的质量；v——粒子的速率。

X 和 γ 光子的能量是指：

$$E_\gamma = h v$$

式中，h 为普朗克常量，$h = 6.626 \times 10^{-34}$ J·s；v 为光子的频率。

（6）注量和注量率

注量是指通过单位面积上的粒子或者光子数目，用符号 Φ 表示，单位为 m^{-2}。单位时间内通过单位面积上的粒子或光子数目称为注量率，记为 φ，单位 $m^{-2} \cdot s^{-1}$。

（7）照射量

照射量是指 X、γ 这类不带电光子在单位质量的空气中所电离出的总电荷量，记为 X，单位 C/kg。照射量引入之处单位用的是伦琴 R，其单位换算为：$1 R = 2.58 \times 10^{-4}$ C/kg。

（8）比释动能

比释动能是指不带电粒子（X、γ 和中子等）在单位质量的吸收介质中产生的带电粒子的初始动能的总和，用符号 K 表示，单位为戈瑞 Gy，$1 Gy = 1 J/kg$。

（9）吸收剂量

吸收剂量是指电离辐射粒子在单位质量的任意吸收介质中能量沉积的大小，用符号 D 表示，单位 Gy，$1 Gy = 1 J/kg$。由于同一种粒子与不同的介质的反应截面不同，因此不同的物质对同一种粒子的吸收剂量是不同的。

（10）剂量当量

不同粒子与物质相互作用的机制不同，即使在相同介质中产生一样的吸收剂量，其危害程度是不一样的，例如 α 粒子和 γ 粒子产生相同的吸收剂量，但 α 粒子的危害程度远远大于 γ 粒子。为了表示不同粒子对人体某组织或器官所产生的生物效应，提出剂量当量的概念。定义某类型辐射粒子 R 在某组织 T 中产生的剂量当量 H_{TR} 等于该辐射类型在组织中的吸收剂量 D_{TR} 乘以该辐射类型的品质因子 Q_R。

$$H_{TR} = D_{TR} Q_R$$

剂量当量一般用符号 H 表示，单位用希（沃特）Sv，1Sv＝1J/kg。不同辐射粒子的品质因子 Q 如表 9－1 所示。

表 9－1　不同辐射类型的品质因子

辐射类型	粒子能量	品质因子 Q
X、γ 光子	所有能量	1
α 等重带电粒子	所有能量	20
β、μ 粒子	所有能量	1
中子	小于 10keV 10～100keV 100keV～2MeV 2～20MeV 大于 20MeV	5 10 20 10 5

（11）有效剂量

在人体全身受到均匀照射情况下，考虑到不同组织的自我修复能力和其生物效应不同，应当给予不同组织一个照射的权重因子 W_T。有效剂量为 E，单位为 Sv，表示人体所有组织的剂量当量 H_T 与该器官的权重因子 W_T 的乘积之和。

$$E = \sum_T W_T H_T$$

组织权重因子 W_T 由国际辐射防护委员会 ICRP 提出，如表 9－2 所示。

表 9－2　不同组织的权重因子

组织或器官	权重因子 W_T	组织或器官	权重因子 W_T
性腺	0.2	肝	0.05
（红）骨髓	0.12	食道	0.05
结肠	0.12	甲状腺	0,05
肺	0.12	皮肤	0.01
胃	0.12	骨表面	0.01
膀胱	0.05	其余组织或器官	0.05
乳腺	0.05		

考虑到不同辐射类型 R 同时作用于人体时，有效剂量 E 可使用双重加权算法：

$$E = \sum_R Q_R \sum_T E_T D_{TR} = \sum_T W_T \sum_R Q_R D_{TR}$$

在剂量使用时一定要严谨，很多时候剂量的使用十分笼统，应根据其定义确定所用剂量是指吸收剂量、剂量当量、有效剂量中的哪一个，甚至有可能是指照射量或者比释动能（表示某种物质中体积元的辐射量）等。在辐射环境监测中还经常遇到剂量率的概念，剂量率是指单位时间内所收到的剂量值,单位为 Gy/h 或者 Sv/h。

四、辐射的危害

放射性物质可通过呼吸道、消化道、皮肤等进入人体并在人的体内蓄积,引起内辐射。射线可以穿透一定距离而造成外辐射伤害。放射性物质对人体的危害主要是辐射损伤。辐射引起的电子激发作用和电离作用使机体分子不稳定和破坏,导致蛋白质分子键断裂和畸变,对新陈代谢有非常重要作用的酶会遭到破坏。因此,辐射不仅可以扰乱和破坏机体细胞、组织的正常代谢活动,而且可以直接破坏细胞和组织的结构,对人体产生躯体损伤效应(如白血病、恶性肿瘤、生育力降低、寿命缩短等)和遗传损伤效应(如先天畸形等)。

五、电离辐射探测原理与探测仪器

绝大多数辐射探测器都是利用电离和激发效应来探测入射粒子的。最常用的探测器主要有气体探测器、半导体探测器和闪烁体探测器三大类。气体探测器是利用射线在气体介质中产生的电离效应,产生相应的感应电流脉冲;闪烁体探测器是利用射线在闪烁物质中产生发光效应;半导体探测器是利用射线在半导体中产生的电子和空穴。此外,还有利用离子集团作为径迹中心所用的核乳胶、固体径迹探测器等。

(一)气体探测器(电离型检测器)

利用射线在工作气体中产生电离现象,通过收集气体中产生的电离电荷来记录射线的探测器,被称为气体探测。射线通过气体介质时,由于与气体的电离碰撞而逐渐损失能量,最后被阻止下来,其结果是使气体的原子、分子电离和激发,产生大量的电子离子对。工作原理图可简化为如图 9-1 所示。

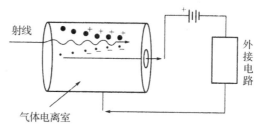

图 9-1　气体探测器示意图

气体探测器的工作电压会影响电离室的工作状态,根据其特定的工作状态可制作出不同的探测器类型,如正比计数器、G—M 计数管、气体电离室等。如图 9-2 所示,可分为五个区。

电离室、正比计数器和 G—M 计数管都属于气体探测器,只是工作电压不同。在不同的探测要求下选择合适的探测器,电离室和正比计数器所产生的脉冲幅度与入射粒子能量有关,所以可以用于能量测量;G—M 计数管输出幅度大,便于甄别,但输出幅度与入射粒子能量无关,因此只能用于粒子数量的测量。

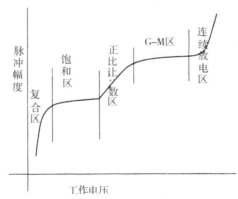

图 9-2 气体探测器脉冲感应幅度与工作电压的关系

（二）闪烁体探测器

闪烁体探测器是利用离子进入闪烁体后使其电离和激发,闪烁体激发态能级寿命极低,退激时产生大量荧光光子,荧光光子通过光导打到光电倍增管光电阴极上,光电阴极与荧光光子发生光电效应转换成光电子,光电子通过光电倍增管加速、聚焦、倍增,大量的电子在阳极负载上建立起幅度足够大的脉冲信号。脉冲信号经过后续的前置放大器、脉冲放大器多道能谱进行处理与分析。整个工作流程可参考图 9-3。

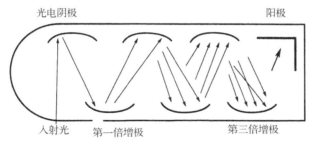

图 9-3 闪烁体工作原理示意图

闪烁体探测器根据闪烁体类型可分为有机闪烁体和无机闪烁体。闪烁体探测器的探测效率较高,塑料闪烁体价格便宜,可广泛使用,还可塑造成各种形状和尺寸。但是在使用时一定要保护探头的密封性,避免曝光。

（三）半导体探测器

半导体探测器实际上是一种固体二极管式电离室,利用 PN 结形成电子—空穴对,在外接电压的作用下,PN 结会形成一个内部电场称为耗尽区,如图 9-4 所示。射线进入耗尽区时,形成电子—空穴对,电子—空穴对的方向运动在外电路中产生一个感应脉冲信号,通过对脉冲信号的记录分析测得射线的基本信息。其原理非常类似气体探测器的电离室。

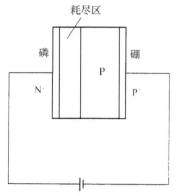

图 9-4　半导体探测器基本结构

六、样品的采集和预处理

（一）样品的采集

1.放射性沉降物的采集

沉降物包括干沉降物和湿沉降物,主要来源于大气层核爆炸所产生的放射性尘埃,还有少部分来源于人工放射性微粒。

（1）放射性干沉降物

对于放射性干沉降物,样品可用水盘法、黏纸法、高罐法采集。

水盘法是用不锈钢或聚乙烯塑料制圆形水盘采集沉降物,盘内装有适量稀酸,沉降物过少的地区酌情加数毫克硝酸锶或氯化锶载体。将水盘置于采样点暴露 24 h,应始终保持盘底有水。采集的样品经浓缩、灰化等处理后,作总 β 放射性测量。

黏纸法是用涂一层黏性油(松香加蓖麻油等)的滤纸贴在圆形盘底部(涂油面向外),放在采样点暴露 24 h,然后再将黏纸灰化,进行总 β 放射性测量。也可以用蘸有三氯甲烷等有机溶剂的滤纸擦拭落有沉降物的刚性固体表面(如道路、门窗、地板等),以采集沉降物。

高罐法是用一不锈钢或聚乙烯圆柱形罐暴露于空气中采集沉降物。因罐壁高,可不放水,用于长时间收集沉降物。

（2）放射性湿沉降物

湿沉降物是指随雨(雪)降落的沉降物。其采集方法除上述方法外,常用一种能同时对雨水中的核素进行浓集的采样器,如图 9-5 所示。这种采样器由一个承接漏斗和一根离子交换柱组成。交换柱上下层分别装有阳离子交换树脂和阴离子交换树脂,待收集核素被离子交换树脂吸附浓集后,再进行洗脱,收集洗脱液进一步作放射性核素分离。也可以将树脂从柱中取出,经烘干、灰化后制成干样品作总 β 放射性测量。

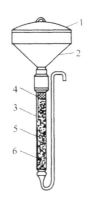

图 9 - 5　离子交换树脂湿沉降物采集器

1—漏斗盖;2—漏斗;3—离子交换柱;4—滤纸浆;5—阳离子交换树脂;6—阴离子交换树脂

2.放射性气溶胶的采集

放射性气溶胶包括核爆炸产生的裂变产物,来源于人工放射性物质以及氡的衰变子体等天然放射性物质。这种样品的采集常用滤料阻留采样法,其原理与大气中颗粒物的采集相同。对于被 ^{3}H 污染的空气,因其在空气中的主要存在形态是氚化水蒸气(HTO),所以除吸附法外,还常用冷阱法收集空气的水蒸气体为试样。

3.其他类型样品的采集

对于水体、土壤、生物样品的采集、制备和保存方法,与非放射性样品所用的方法类似。

(二)样品的预处理

对样品进行预处理的目的是将样品处理成适于测量的状态,将样品中的待测核素转变成适于测量的形态并进行浓集,以及去除干扰核素。

常用的样品预处理方法有衰变法、有机溶剂溶解法、蒸馏法、灰化法、溶剂萃取法、离子交换法、共沉淀法和电化学法等。

1.衰变法

取样后,将其放置一段时间,让样品中一些短寿命的核素衰变除去,然后再进行放射性测量。

2.共沉淀法

用一般化学沉淀法分离环境样品中的放射性核素,因核素含量很低,达不到溶度积,无法沉淀而达到分离的目的。加入毫克数量级与待分离放射性核素性质相近的非放射性元素载体,由于二者之间发生同晶共沉淀或吸附共沉淀作用,从而达到分离和富集的目的。

对蒸干的水样或固体样品,可在瓷坩埚内于 500 ℃马弗炉中灰化,冷却后称量,再转入测量盘中铺成薄层检测其放射性。

3.电化学法

通过电解将放射性核素沉积在阴极上,或以氢氧化物形式沉积在阳极上,这样分离出的核素纯度高。

如果将放射性核素沉积在惰性金属片电极上，可直接进行放射性测量。

七、环境中的辐射监测

环境中的辐射监测项目与分析方法如表 9-3 所示。

表 9-3　环境辐射监测项目与分析方法

监测对象	测定项目	测定方法	检测限或测定范围
水	氚	闪烁谱仪	测定下限：0.5Bq/L
	钾—40	原子吸收分光光度法 火焰光度法 离子选择性电极法	测定范围：0.2～10 mg/L 测定范围：0.07～20 mg/L 测定范围：0.08～3 900 mg/L
	锶—90	发烟硝酸沉二-（2-乙基己酸） 磷酸萃取色谱法	测定范围：0.1～10Bq/L 测定范围：0.01～10Bq/L。
	碘—131	β 射线测量 γ 谱仪	测定范围：3.0×10^3 Bq/L 测定下限：4.0×10^{-3} Bq/L。
	铯—137	β 射线测量仪	测定范围：0.01～10Bq/L
	钋—210	电化学制样法	
	微量铀	固体荧光法 激光液体荧光法 分光光度法	测定范围：0.05～1 00 μg/L 测定范围：0.02～20 μg/L 测定范围：2～100 μg/L
	钍	分光光度法	测定范围：0.01～0.5 μg/L
	镭—226 镭的 a 放射活性核素	闪烁法 a 探测仪	测定范围：2.0×10^{-3}～3.0×10^3 Bq/L 测定定下限：8.0×10^{-3} Bq/L
	钚 α 放射性活度	α 探测仪	测定下限：1.0×10^{-5} Bq/L
空气	环境空气中的氡	两步法	
	微量铀	TBP 萃取荧光法	测定范围：6.7×10^{-4}～1.3μg/m。
土壤	铀	分光光度法	1.5×10^{-2} Bq/kg
	钚 α 放射性活度	离子交换法	

续表

监测对象	测定项目	测定方法	检测限或测定范围
生物	锶—90 放射性活度	离子交换法,β 射线测量仪	测定范围:0.1～10Bq/L
	碘—131	β 射线测量仪 γ 谱仪	植物 0.17Bq/kg,动物 6×10^{-3} Bq/kg 植物 0.01Bq/kg,动物 8×10^{-3} Bq/kg
	牛奶中碘—131	β 射线测量仪 γ 谱仪	测量下限:7×10^{-3} Bq/kg 测量下限:1×10^{-2} Bq/kg
	铯—137 放射性活度	β 射线测量仪	测定范围:0.1～10Bq/L
	铀	固体荧光法 激光液体荧光法	测定范围:5～5 000 弘 g/L. 测定范围:2.5×10^{-2} ～250 mg/L

(一)室内环境空气中氡的测定

1.测定原理

使用采样泵或自由扩散方法将待测空气中的氡抽入或扩散进入测量室,通过直接测量所收集氡产生的子体产物或经静电吸附浓集后的子体产物的 α 放射性,推算出待测空气中的氡浓度。

2.测定方法

(1)活性炭盒法

活性炭盒(结构示意图如图 9-6 所示)法属于被动式采样,能测量出采样期间内的平均氡浓度,暴露 3 d,探测下限可达到 6Bq/m^3。采样盒用塑料或金属制成,直径为 6～10 cm,高为 3～5 cm,内装 25～100 g 活性炭。盒的敞开面用滤膜封住,固定活性炭且允许氡进入采样器,

空气扩散进炭床内,其中的氡被活性炭吸附,同时衰变,新生的子体便沉积在活性炭内。用 γ 谱仪测量活性炭盒的氡子体特征 γ 射线峰(或峰群)强度。根据特征峰面积可计算出氡的浓度。

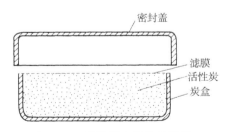

密封盖

滤膜
活性炭
炭盒

图 9-6　活性炭盒结构示意图

(2)径迹蚀刻法

该法也属于被动式采样,能测量采样期间内氡的累积浓度,暴露 20 d,其探测下限可达 2.1×10^3 Bq·h/m^3。探测器是聚碳酸酯片或 CR—39,置于一定形状的采样盒内组成采

样器,如图9-7所示。

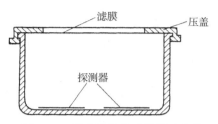

图9-7　径迹蚀刻法采样器示意图

氡及其子体发射的α粒子轰击探测器时,使其产生亚微观型损伤径迹。将此探测器在一定条件下进行化学或电化学蚀刻,扩大损伤径迹,以致能用显微镜或自动计数装置进行计数。单位面积上的径迹数与氡浓度和暴露时间的乘积成正比。用刻度系数可将径迹密度换算成氡的浓度。

(3)双滤膜法

该法属于主动式采样,能测量采样瞬间的氡浓度,探测下限为3.3Bq/ m³。采样装置如图9-8所示。抽气泵开动后含氡样气经过滤膜进入衰变筒,被滤掉子体的纯氡在通过衰变筒的过程中生成新子体,新子体的一部分为出口滤膜所收集。测量出口滤膜上的α放射性就可换算出氡浓度。

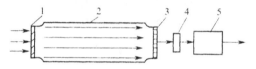

图9-8　双滤膜法采样系统示意图

1—入口膜;2—衰变筒;3—出口膜;4—流量计;5—抽气泵

(4)闪烁瓶测量法

将待测点的空气吸入已抽成真空态的闪烁瓶内(如图9-10所示)。闪烁瓶密封避光3h,待氡及其短寿命子体平衡后测量²²²Rn、²¹⁰Po衰变时放射出的α粒子。它们入射到闪烁瓶的ZnS(Ag)涂层,使ZnS(Ag)发光,经光电倍增管收集并转变成电脉冲,通过脉冲放大,被定标计数线路记录。在确定时间内脉冲数与所收集空气中氡的浓度成正比,根据刻度源测得的净计数率—氡浓度刻度曲线,可由所测脉冲计数率得到待测空气中的氡浓度。

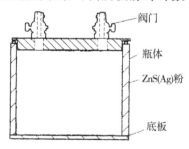

图9-10　闪烁瓶示意图

如图9-11所示。处于真空状态的闪烁瓶与系统连接好,按规定顺序打开各阀门,用无氡气体把扩散瓶内累积的已知浓度的氡气体吹入闪烁瓶内。在确定的测量条件下,避光3 h,进行计数测量。

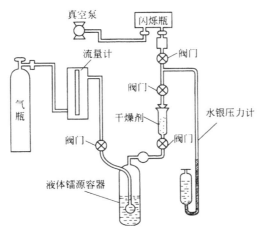

图 9-11　玻璃刻度系统示意图

（5）氡连续测量仪测定法

由泵主动采样，滤膜收集氡及子体，采用半导体探测器测量 α 辐射，二道能谱法测量 α 仅计数，使用扣除算法计算氡子体潜能浓度，仪器可在不更换滤膜情况下连续测量。

3.测量步骤

为评价室内的氡水平，分两步测量：第一步为筛选测量，用以快速判定建筑物是否对其居住者产生高辐照的潜在危险；第二步为跟踪测量，用以估计居住者的健康危险度以及对治理措施做出评价。

（二）水样的总 α、总 β 放射性活度的测定

水体中常见的辐射 α 粒子的核素有 ^{226}Ra、^{222}Rn 及其衰变产物等。目前公认的水样总 α 放射性安全浓度是 0.1 Bq/L，当大于此值时，就应对放射 α 粒子的核素进行鉴定和测量，确定主要的放射性核素，判断水质污染情况。

测定时，取一定体积水样，过滤除去固体物质，滤液加硫酸酸化，蒸发至干，在温度不超过 350 ℃下灰化。将灰化后的样品移入测量盘中并铺成均匀薄层，用闪烁检测器测量。在测量样品之前，先测量空测量盘的本底值和已知活度的标准样品。测定标准样品的目的是确定探测器的计数效率，以计算样品源的相对放射性活度，即比放射性活度。标准源最好是待测核素，并且二者强度相差不大。如果没有相同核素的标准源，可选用放射 α 粒子而能量相近的其他核素，如硝酸铀酰。水样的总 α 比放射性活度（Q）用下式计算：

$$Q = \frac{n_c - n_b}{n_s V}$$

式中，Q 为比放射性活度，Bq（铀）/L；n_c 为用闪烁检测器测量水样得到的计数率，计数/min；n_b 为空测量盘的本底计数率，计数/min；n_s 为根据标准源的活度计数率计算出的检测器的计数率，计数/（Bq·min）；V 为所取水样的体积，L。

水样中的 β 射线来自 ^{40}K、^{90}Sr、^{129}I 等核素的衰变，目前公认的安全水平为 1Bq/L。^{40}K 标准源可用天然钾的化合物（如氯化钾或碳酸钾）制备。用氯化钾制备标准源的方法为：取经研细过筛的分析纯氯化钾试剂于 120 ℃～130 ℃烘干 2 h，置于干燥器内冷却。准确称取与样品源同样质量的氯化钾标准源，在测量盘中铺成中等厚度层，用计数管测定。

第二节　电磁辐射环境监测

一、电磁辐射对人体的影响

电磁辐射是指频率低于300GHz的电磁波辐射。随着电子工业与电气化水平的不断发展和提高,广大人民生活水平的迅速提高,人为电磁辐射呈现出不断增加的趋势。电磁辐射对无线电通信、遥控、导航以及电视接收信号的干扰日趋严重,严重的甚至危及人体健康。电磁辐射的危害与电磁波的频率有关,从作用机制角度看,射频辐射的危害比较大。电磁辐射对人体的影响可归结为三种效应:热效应、非热效应和"三致"(当电磁辐射与机体发生严重的生物效应,如诱发癌细胞、引起染色体畸变等这种致癌、致畸、致突变作用称为"三致"作用)作用。

二、电磁辐射的类型

(一)射频电磁场和工频电磁场

电磁辐射按频率分为射频电磁场和工频电磁场。

交流电的频率达到每分钟10万次以上时所形成的高频电磁场称为射频电磁场,如移动通信基站电磁辐射场。当交流电频率低于10万赫兹时所形成的电磁场称为工频电磁场,常见于人工型电磁场源,如50 Hz交流电的输变电系统。

(二)近区场和远区场

根据电磁场本身特点分为近区场(感应场)和远区场(辐射场)。

1.近区场

近区场以场源为中心,在一个波长范围内的区域称为近区场,其作用方式主要为电磁感应,所以又称为感应场。感应场受源的距离限制,其主要有以下特点。

(1)电场强度E与磁场强度H没有明确的关系,因此在近区场测量电磁辐射功率密度时,电场和磁场强度都要分别测量。一般在高电压低电流的场源电场强度比磁场强度大很多;反之低电压高电流的场源附近磁场强度远大于电场强度。

(2)感应场内电磁场强度远大于辐射场的电磁场强度,且感应场内的电磁场强度随距离衰减的速度也远大于辐射场。

(3)感应场的存在与辐射源密切相关,是不能脱离场源独立存在的一种电磁场。

2.远区场

对应于近区场,在一个波长之外的区域称为远区场,也称为辐射场。辐射场有别于感应场,有自己的如下传播规律。

(1)电场强度E和磁场强度H有固定的比例关系,因此在测量远区场的电磁场强度时可以只测量电场强度E,由下式可得到磁场强度H:

$$E = \sqrt{\mu_0/\varepsilon_0}\, H = 377H$$

式中,$\mu_0 = 4\pi \times 10^{-7} \text{N/A}^2$,是真空磁导率;$\varepsilon_0 = 8.854187817 \times 10^{-12} \text{F/m}$,是真空介电

常数。

（2）电场强度 E 和磁场强度 H 相互垂直，且都垂直于传播方向。

（3）电磁波的传播速率为 $C = 1/\sqrt{\mu_0/\varepsilon_0} = 3 \times 10^8\,\mathrm{m/s}$。

通常，对于一个固定的可以产生一定强度的电磁辐射源来说，近区场辐射的电磁场强度较大，所以，应该格外注意对电磁辐射近区场的防护。对电磁辐射近区场的防护，首先是对作业人员及处在近区场环境内的人员的防护，其次是对位于近区场内的各种电子、电器设备的防护。而对于远区场，由于电磁场强度较小，通常对人的危害较小，这时应该考虑的主要因素就是对信号的保护。另外，应该对近区场有一个范围的概念，对人们最经常接触的从短波段 30MHz 到微波段 3 000 MHz 的频段范围，其波长范围为 10 m 到 1 m。

（三）自然型和人工型电磁场源

1.自然型电磁场源

自然型电磁场源来自于自然界，是由自然界中某些自然现象所引起的，常见的如大气与空电污染源（自然界的火花放电、雷电等），太阳电磁场源和宇宙电磁场源。

2.人工型电磁场源

电磁辐射污染主要来源于人工型电磁辐射场源，也是人类能进行控制治理的辐射场源。一般将人工型辐射场源分为以下三大类。

（1）单一杂波辐射

指特定电器设备与电子装置工作时产生的杂波辐射，它因设备与装置的不同而具有特殊的波形和强度。单一杂波辐射主要成分是工业、科研和医疗设备的电磁辐射，这类设备信号的干扰程度与设备的构造、功率、频率、发射天线形式、设备与接收机的距离以及周围的地形地貌有密切关系。

（2）城市杂波辐射

可理解为环境电磁辐射人工辐射源的环境背景值，它是源于人类日常使用电气设备时释放的在空间中形成的远场电磁辐射。它是评价大环境质量的一个重要参数，也是城市规划与治理诸方面的一个重要依据。

（3）建筑物杂波

建筑物杂波一般呈现冲击性与周期性规律，主要源于变电站、工厂企业和大型建筑物以及构筑物中的辐射源。这种杂波多从接收机之外的部分串入到接收机之中，产生干扰。

三、电磁环境控制限值

随着经济社会的发展，信息发射设施、电磁能利用设备、高压输变电设施的建设和应用越来越广泛。我国人口众多，居住密集，建设项目包含上述产生电磁能的设施（设备）时，往往与周围电磁敏感建筑和敏感设施距离甚近（移动通信基站、高压输变电设施由于功能需要，必须建设在人口密集区）。特别是城市的扩张使新建的敏感建筑"主动"向电磁设施（设备）靠拢。随着人民生活水平日益提高和公众对自身所处环境质量意识的增强，人体暴露在电场、磁场、电磁场中是否存在潜在的健康影响，已成为公众关注的焦点。

2014 年国家发布了电磁环境控制限值（GB8702—2014），该标准取代 GB8702—88 电磁辐射防护规定。为控制电场、磁场、电磁场所致公众曝露（这里指公众所受的全部电场、磁场、电磁场照射,不包括职业照射和医疗照射),该规定明确;环境中电场、磁场、电磁场场量参数的方均根值应满足如表 9-4 所示要求。

表 9-4　公众曝露控制限值

频率范围	电场强度 E /(V/m)	磁场强度 H /(A/m)	磁感应强度 B /μT	等效平面波功率密度 S_{eq} /(W/m。)
1~8 Hz	8 000	$32\,000/f^2$	$40\,000/f^2$	—
8~25Hz	8 000	$4\,000/f$	$5\,000/f$	—
0.025~1.2kHz	$200/f$	$4/f$	$5/f$	—
1.2~2.9 kHz	$200/f$	3.3	4.1	—
2.9~57 kHz	70	$10/f$	$12/f$	—
57~100kHz	$4000/f$	$10/f$	$12/f$	—
0.1~3 MHz	40	0.1	0.12	4
3~30MHz	$67/f^{1/2}$	$0.17f^{1/2}$	$0.21f^{1/2}$	$12/f$
30~3 000MHz	12	0.032	0.04	0.4
3 000~15 000MHz	$0.22f^{1/2}$	$0.00059f^{1/2}$	$0.00074f^{1/2}$	$f/7500$
15~300GHz	27	0.073	0.092	2

四、移动通信基站电磁辐射环境监测

对超过豁免水平的电磁辐射体,必须对辐射体所在的工作场所以及周同环境的电磁辐射水平进行监测,并将监测结果向所在地区的环境保护部门报告。下面以移动通信基站电磁辐射环境监测为例进行讲述。

1.监测条件

监测应选择无雨雪天气进行,现场监测工作须有两名以上的监测人员,监测时间建议在 8:00~20:00 之间。测量仪器根据监测目的分为非选频式宽带辐射测量仪和选频式辐射测量仪。进行移动通信基站电磁辐射环境监测时,采用非选频式宽带辐射测量仪;需要了解多个辐射电磁波发射源中各个发射源的电磁辐射贡献量时,采用选频式辐射测量仪。监测应尽量选择具有全向性探头的测量仪器。使用非全向性探头时,监测期间必须调节探测方向,直至测到最大场强值。

对于非选频式宽带辐射测量仪要求频率响应在 800M Hz 至 3 GHz 之间时,探头线性度应当优于±1.5dB,其他频率范围线性度应当优于±3 dB;动态范围要求检出限应当优于 0.7×10^{-3} W/ m²(0.5V/m),上检出限应当优于 25W/ m²(100 V/m);同时对整套测量系统各向同性偏差小于 2 dB。

对于选频式辐射测量仪要求测量误差小于±3dB,频率误差小于被测频率的 10^{-3} 倍,动态范围要求至少优于 0.7×10^{-3} W/ m²(0.5V/m)~25W/ m²(100V/m),各向同性偏差应当小于 2.5 dB。

2.监测步骤

(1)收集被测移动通信基站的基本信息,包括移动通信基站名称、编号、建设地点、建设单位和类型;发射机信号、发生频率范围、标称功率、时间发射功率;天线数目、天线型号、天线载频数、天线增益、天线极化方式、天线架设方式、钢塔桅类型、天线离地高度、天线方向角、天线俯仰角、水平半功率角、乖盲半功率角等参数。

(2)监测参数的选取,根据移动通信基站的发射频率,对所有场所监测其功率密度或电场强度。

(3)测量点位的选择。监测点位一般布设在以发射天线为中心半径 50 m 范围内可能受到影响的保护目标,根据现场环境情况可对点位进行适当调整。具体点位优先布设在公众可能达到距离天线最近处,也可根据不同目的选择监测点位。移动通信基站发射天线为定向天线时,监测点位的布设原则上设在天线主瓣方向内,必要时画出布点图,如图9－12 所示为某地移动通信基站现场布点示意图。

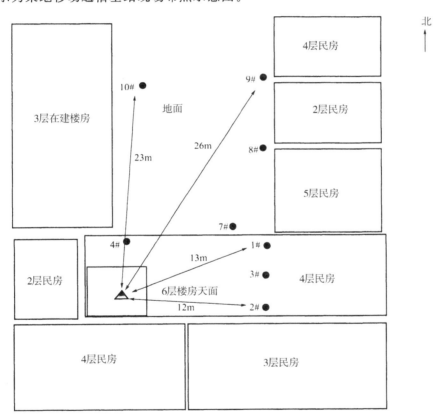

图 9 - 12　某地移动通信基站现场布点示意图

在室内测量时一般选取房间中央位置,点位与家用电器等设备之间距离不少于 1 m。在窗口位置监测,探头尖端应在窗框界面以内。探头尖端与操作人员之间距离不少于0.5 m。对于发射天线架设在楼顶的基站,在楼顶公众可能活动范围内设监测点位。进行监测时,应设法避免或尽量减少周边偶发的其他辐射源的干扰。

(4)监测时间和读数。在移动通信基站正常工作时间内进行监测。每个测点连续测 5次,每次监测时间不小于 15 s,并读取稳定状态下的最大值。若监测读数起伏变化较大,适当延长监测时间,减小间隔时间。测量仪器为自动测试系统时,可设置于平均方式,每次测试时间不少于 6 min,连续取样数据采集取样频率为 2 次/s。

(5)测量高度。测量仪器探头尖端距地面或立足点 1.7 m。根据不同监测目的,可调整测量高度。

(6)数据记录与处理。记录移动通信基站的基本信息和监测条件信息(环境温度、相对湿度、天气状况;测量起始时间,测量人员和测量仪器等),如表 9-5 所示。

表 9-5　移动通信基站电磁辐射环境监测现场记录表

基站基本信息	
基站名称 建设单位 类型 天线离地面高度	编号 建设地点 发射频率范围 钢塔桅类型
监测条件信息	
监测时间 天气状况 环境温度/℃ 相对湿度/%	仪器型号 测量仪器编号 探头类型 探头编号

如果测量仪器读出的场强测量值的单位为 dB·μV/m,则先按下式换算成电磁辐射电场强度:

$$E = 10^{\frac{X}{20}-6}$$

式中,X——测量仪器读数,dB·μV/m;E——换算的场强值,V/m。

数据记录到如表 9-6 所示中。

表 9-6　移动通信基站电磁辐射水平现场测量记录表

基站名称			编号		
测量结果					
序号	监测点位 名称	点位与天线的 直线距离	测量值		$E = \bar{E} \pm \sigma$
			1 2 3 4 5		
1					
2					
3					

最后数据按照下列公式处理:

$$\overline{E_i} = \frac{1}{n} \sum_{j=1}^{n} E_{ij}$$

$$E_S = \sqrt{\sum_{i=1}^{m} \overline{E_i^2}}$$

$$E_G = \frac{1}{K}\sqrt{\sum_{S=1}^{K} E_S}$$

式中，E_{ij} 为测量点位某频段中频率 i 点的第 i 次场强测量值；$\overline{E_i}$ 为测量点位某频段中频率 i 点的场强测量值的平均值；E_S 为测量点位某频段中的综合场强值；E_G 为测量点位一段时间内测量的某频段的综合场强的平均值；n 为测量点位某频段中频率 i 点的场强测量次数；m 为测量点位某频段中被测频率点的个数；K 为段时间内测量某频段电磁辐射的测量频次。

根据需要可分别统计每次测量中的最大值 E max、最小值 E min′以及 50％、80％ 和 95％ 时间内不超过的场强值 E_{50}、E_{80} 和 E_{95}。

五、输变电站电磁辐射环境监测

目前，我国对高压输变电设施的工频电磁场强度限值进行了严格的设定。按照国家标准，工频磁场强度应该在 100 μT（微特）以下，工频电场强度应该在 5 kV/m 以下。所有这些高压输变电设施在正式投入运营之前，都必须要通过工频电磁场的环保检测。

在输变电线路测量中，参照国家环境保护部颁布的 HJ/T24～2014《环境影响评价技术导则输变电工程》中的要求测 1.5 m 处的工频电场强度垂直分量、磁场强度垂直分量和水平分量，理论上使用一维探头便能满足要求但在测量工频电场总场强时，三维探头仪，器更加方便和准确。

测量工频电磁场时要根据不同的监测要求选择监测点位和高度。测量 500 kV 超高压送变电线路的工频电磁场强度时，沿垂直于导线水平方向场强变化较大，在现场测量工作中应注意点位和高度的选择，准确定位，便于重复测量。

另外，当仪表介入到电场中测量时，测量仪表的尺寸应使产生电场的边界面（带电或接地表面）上的电荷分布没有明显畸变；测量探头放入区域的电场应均匀或近似均匀。场强仪和邻近固定物体的距离应该不小于 1 m，使固定物体对测量值的影响限制到可以接受的水平之内。测量正常运行高压架空送电线路的工频电场时，根据 DL/Z 988—2005《高压交流架空送电线路、变电站工频电场和磁场测量方法》的要求，测量地点应选在地势平坦、远离树木，没有其他电力线路、通信线路及广播线路的空地上，一般选择在导线档距中央弧垂最低位置的横截面方向上，如图 9-13 所示。

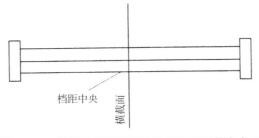

图 9-13　输变电线路下方电场和磁场测量布点图

单回送电线路应以中间相导线对地投影点为起点，同塔多回送电线路应以对应两铁塔中央连线对地投影点为起点,测量点应均匀分布在边相导线两侧的横截面方向上。对于以铁塔对称排列的送电线路,测量点只需在铁塔一侧的横截面方向上布置。送电线路最大电场强度一般出现在边相外。除此之外,可在线下其他感兴趣的位置进行测量,要详细记录测量点以及周围的环境情况。

若在民房内测量,应在距离墙壁和其他固定物体 1.5 m 外的区域进行,并测出最大值,作为评价依据。如不能满足上述与墙面距离的要求,则取房屋空间平面中心作为测量点,但测量点与周围固定物体(如墙壁)间的距离至少 1 m。

若在民房阳台上测量,当阳台的几何尺寸满足民房内场强测量点布置要求时,阳台上的场强测量方法与民房内场强测量方法相同;若阳台的几何尺寸不满足民房内场强测量点布置要求,则应在阳台中央位置测量。

民房楼顶平台上测量,应在距离周围墙壁和其他固定物体(如护栏)1.5 m 外的区域内进行,并得出测量最大值。若民房楼顶平台的几何尺寸不能满足此条件,则应在平台中央位置进行测量。

对于工频电磁场,在有导电物体介入的情况下,电场在幅值、方向上会改变,或者两者都改变了,从而形成畸变场。同时,由于物体的存在,电场在物体的表面上通常会产生很大的畸变。因此测量时,测试人员应离测量仪表的探头足够远,一般情况下至少要 2.5 m,避免在仪表处产生较大的电场畸变。测量人员靠得过近,会使仪表受人体屏蔽,测得电场值偏低;而当测量仪表在较高位置(甚至由测量人员手持时),则由于人体导致仪表所在空间电场的集中,往往使测试结果偏高。测量人员手持仪表进行测量是不对的,在极端情况下可能使测得的电场值成倍地偏高。

在进行工频电磁场测量时,要及时掌握被测输变电设施的工况负荷,如线路电压和运行功率等。记录工频电磁场强度测量结果对应被测输变电设施的工况条件,以便于追溯。应在无雨、无雪、无浓雾、风力不大于三级的情况下测量。特别要关注环境湿度的变化。测量时空气相对湿度不宜超过 80%,否则仪器部件可能形成凝结层,产生两极泄漏,内部测量回路被部分地短接。绝缘支撑物会对测量结果产生影响,在环境潮湿时则影响更大。如有的工频电场仪测量中木质支架使测量数值偏高,改用塑料支架后测量数据恢复正常。

第十章　应急监测

第一节　突发环境事件

突发环境事件是指由于污染物排放或自然灾害、生产安全事故等因素,导致污染物或放射性物质等有毒有害物质进入大气、水体、土壤等环境介质,突然造成或可能造成环境质量下降,危及公众身体健康和财产安全,或造成生态环境破坏,或造成重大社会影响,需要采取紧急措施予以应对的事件。其主要包括大气污染、水体污染、土壤污染等突发性环境污染事件和辐射污染事件。

一、突发环境事件类型与特征

(一)突发环境事件的类型

根据突发环境事件发生的原因、主要污染物性质和事故表现形式等,可以归纳为以下几类。

①有毒有害物质污染事故。指在生产、生活过程中因生产、使用、贮存、运输、排放不当导致有毒有害化学品泄漏或非正常排放所引发的污染事故。如有毒化学品氰化钾、氰化钠、砒霜、PCBS、液氯、HCl、HF、光气($COCl_2$)等引起这类事故,由一氧化碳、硫化氢、氯气、氨气引起的毒气污染事故等。

②易燃、易爆物质所引起的爆炸、火灾事故。如由煤气、瓦斯气体、石油液化气、甲醇、乙醇、丙酮、乙酸乙酯、乙醚、苯、甲苯等易挥发性有机溶剂泄漏而引起的环境污染事故。有些垃圾、固体废物堆放或处置不当,也会发生爆炸事故。

③农药污染事故。剧毒农药在生产、贮存、运输过程中,因意外、使用不当所引起的泄漏导致的污染事故。常见的剧毒有机磷农药,如甲基 1605、乙基 1605、甲胺磷、马拉硫磷、对硫磷、敌敌畏、敌百虫、乐果等。

④放射性污染事故。生产、贮存、运输、使用放射性物质过程中不当而造成核辐射危害的污染事故。如核电厂发生火灾,核反应器爆炸,反应堆冷却系统破裂,放射化学实验室发生化学品爆炸,核物质容器破裂、爆炸放出的放射性物质以及放射源丢失于环境中等,对人体都会造成不同程度的辐射伤害与环境破坏事故。

⑤油污染事故。原油、燃料油以及各种油制品在生产、贮存、运输和使用过程中因意外或不当而造成泄漏的污染事故。如油田或海上采油平台出现井喷、油轮触礁、油轮与其他船只相撞发生的溢油事故,炼油厂油库、油车漏油而引起的油污染事故等。

⑥废水非正常排放污染事故。因管理不当或突发事故使大量高浓度废水排入地表水体,致使水质突然恶化。如含大量耗氧物质的城市污水或尾矿废水因垮坝突然泻入水体,致使某一河段、某一区域或流域水体质量急剧恶化的环境污染事故。

（二）突发环境事件的特征

①发生的突然性。一般的环境污染是一种常量的排污，有其固定的排污方式和排污途径，并在一定时间内有规律地排放污染物质。而突发性环境污染事故则不同，它没有固定的排污方式，往往突然发生，始料未及，有着很大的偶然性和瞬时性。

②形式多样性。上述归纳的几类突发环境事件，有毒化学品、农药污染事故，爆炸事故，核污染事故，溢油事故等多种类型，涉及众多行业与领域；就某一类事故而言，所含的污染因素往往比较多，表现形式也呈多样化性质。此外，在生产、贮存、运输和使用过程的各个环节均有发生污染事故的可能。

③危害的严重性。一般环境污染多产生于生产过程之中，短期内排污量少，相对危害小，一般不会对人们的正常生活和生活秩序造成严重影响；而突发性环境事件，往往在极短时间内一次性大量泄漏有毒物或发生严重爆炸，短期内难以控制，破坏性大，不仅会打乱一定区域内人群的正常生活、生产秩序，还会造成人员伤亡、国家财产的巨大损失以及环境生态的严重破坏。

④危害的持续性。放射性污染带给人类活动的物理性污染最具有持续性；有毒有害污染物接触或进入机体后，在组织与器官内发生化学或物理化学作用，损害机体的组织器官，破坏机体的正常生理功能而引起机体功能性或器质性病变。这种伤害对个体或动植物种群来说，往往因难于恢复原来的状态而造成持续性的或者永久性的不良影响和危害。

⑤危害的累积性。有毒有害物质在环境中的化学、生物或物理化学的变化不仅可能使更多的环境要素遭受污染，而且存在着转变成毒性更大的二次污染物的可能，因此具有危害的累积性和长期性。由于造成环境污染事故的有毒有害物质往往难以全部清除而无法完全恢复原先的环境状态，因而需要大量、长期的投入。

⑥处理处置的艰巨性。由于突发性环境污染事故涉及的污染因素较多，发生突然，一次排放量较大，危害强度大，而处理处置这类事故又必须快速及时，措施得当有效，因而对突发性污染事故的监测、处理处置比一般的环境污染事故的处理更为艰巨与复杂。

二、突发环境事件应急管理

为建立健全突发环境事件应急机制，提高政府应对涉及公共危机的突发环境事件的能力，我国于 2006 年 1 月 24 日发布了《国家突发环境事件应急预案》，此后又制定了多个管理办法和规范，并不断进行完善。

①环境保护部于 2010 年颁布了《突发环境事件应急监测技术规范》（HJ 589—2010）。该标准规定了突发环境事件应急监测的布点与采样、监测项目与相应的现场监测和实验室监测分析方法、监测数据的处理与上报、监测的质量保证等的技术要求，是环境应急管理的基本制度和重要技术依据；适用于因生产、经营、储存、运输、使用和处置危险化学品或危险废物以及意外因素或不可抗拒的自然灾害等原因而引发的突发环境事件的应急监测，包括地表水、地下水、大气和土壤环境等的应急监测；不适用于核污染事件、海洋污染事件、涉及军事设施污染事件及生物、微生物污染事件等的应急监测。

②为规范突发环境事件应急处置阶段污染损害评估工作，及时确定事件级别，保障人民生命财产和生态环境安全，环境保护部于 2013 年 8 月 2 日发布了《突发环境事件应急处

置阶段污染损害评估工作程序规定》。

③国务院办公厅于 2014 年 12 月 29 日正式印发了新修订的《国家突发环境事件应急预案》,其内容包括总则、组织指挥体系、监测预警和信息报告、应急响应、后期工作、应急保障、附则等。环境保护部于 2015 年 1 月 9 日向各地环境保护主管部门印发了《企业事业单位突发环境事件应急预案备案管理办法(试行)》。管理办法规定企业的环境应急预案要体现自救互救、信息报告和先期处置等特点,侧重明确现场组织指挥机制、应急队伍分工、信息报告、监测预警、不同情景下的应对流程和措施、应急资源保障等内容。

④环境保护部于 2015 年 3 月 19 日印发公布了《突发环境事件应急管理办法》。该办法明确了环保部门和企业事业单位在突发环境事件应急管理工作中的职责定位,从风险控制、应急准备、应急处置和事后恢复四个环节构建全过程突发环境事件应急管理体系,规范工作内容,理顺工作机制;并根据突发事件应急管理的特点和需求,设置了信息公开专章。

三、突发环境事件的应急预案

(一)适用范围

新修订的《国家突发环境事件应急预案》适用范围如图 10-1 所示。需要注意的是,"核设施及有关核活动发生的核事故所造成的辐射污染事件、海上溢油事件、船舶污染事件的应对工作按照其他相关应急预案规定执行。重污染天气应对工作按照国务院《大气污染防治行动计划》等有关规定执行"。

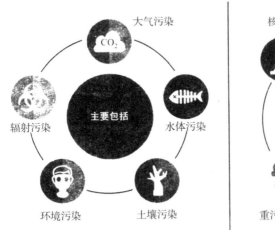
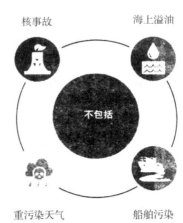

图 10-1　应急预案适用范围

(二)组织指挥

突发环境事件应对工作要坚持统一领导、分级负责,属地为主、协调联动,快速反应、科学处置,资源共享、保障有力的原则。突发环境事件发生后,地方人民政府和有关部门立即自动按照职责分工和相关预案开展应急处置工作。

①国家层面组织指挥机构。环境保护部负责重特大突发环境事件应对的指导协调和

环境应急的日常监督管理工作。根据突发环境事件的发展态势及影响,环境保护部或省级人民政府可报请国务院批准,或根据国务院指示,成立国务院工作组,负责指导、协调、督促有关地区和部门开展突发环境事件应对工作。必要时,成立国家环境应急指挥部,由国务院领导担任总指挥,统一领导、组织和指挥应急处置工作;国务院办公厅履行信息汇总和综合协调职责,发挥运转枢纽作用。

②地方层面组织指挥机构。县级以上地方人民政府负责本行政区域内的突发环境事件应对工作,明确相应组织指挥机构。跨行政区域的突发环境事件应对工作,由各有关行政区域人民政府共同负责,或由有关行政区域共同的上一级地方人民政府负责。对需要国家层面协调处置的跨省级行政区域突发环境事件,由有关省级人民政府向国务院提出请求,或由有关省级环境保护主管部门向环境保护部提出请求。地方有关部门按照职责分工,密切配合,共同做好突发环境事件应对工作。

③现场指挥机构。负责突发环境事件应急处置的人民政府根据需要成立现场指挥部,负责现场组织指挥工作。参与现场处置的有关单位和人员要服从现场指挥部的统一指挥。

(三)监测预警和信息报告

1.监测和风险分析

各级环境保护主管部门及其他有关部门要加强日常环境监测,并对可能导致突发环境事件的风险信息加强收集、分析和研判。安全监管、交通运输、公安、住房城乡建设、水利、农业、卫生计生、气象等有关部门按照职责分工,应当及时将可能导致突发环境事件的信息通报同级环境保护主管部门。企业事业单位和其他生产经营者应当落实环境安全主体责任,定期排查环境安全隐患,开展环境风险评估,健全风险防控措施。当出现可能导致突发环境事件的情况时,要立即报告当地环境保护主管部门。

2.预警信息发布

地方环境保护主管部门研判可能发生突发环境事件时,应当及时向本级人民政府提出预警信息发布建议,同时通报同级相关部门和单位。建议按照事件发生的可能性大小、紧急程度和可能造成的危害程度,将预警分为蓝色、黄色、橙色和红色四级事件,即特别重大突发环境事件、重大突发环境事件、较大突发环境事件和一般突发环境事件,每一级都对应有相应的标准,具体可查阅《国家突发环境事件应急预案》。地方人民政府或其授权的相关部门,及时通过电视、广播、报纸、互联网、手机短信、当面告知等渠道或方式向本行政区域公众发布预警信息,并通报可能影响到的相关地区。上级环境保护主管部门要将监测到的可能导致突发环境事件的有关信息,及时通报可能受影响地区的下一级环境保护主管部门。

3.预警行动

预警信息发布后,当地人民政府及其有关部门视情况采取以下措施。

①分析研判。组织有关部门和机构、专业技术人员及专家,及时对预警信息进行分析研判,预估可能的影响范围和危害程度。

②防范处置。迅速采取有效处置措施,控制事件苗头。在涉险区域设置注意事项提示或事件危害警告标志,利用各种渠道增加宣传频次,告知公众避险和减轻危害的常识、

需采取的必要的健康防护措施。

　　③应急准备。提前疏散、转移可能受到危害的人员,并进行妥善安置。责令应急救援队伍、负有特定职责的人员进入待命状态,动员后备人员做好参加应急救援和处置工作的准备,并调集应急所需物资和设备,做好应急保障工作。对可能导致突发环境事件发生的相关企业事业单位和其他生产经营者加强环境监管。

　　④舆论引导。及时准确发布事态最新情况,公布咨询电话,组织专家解读。加强相关舆情监测,做好舆论引导工作。

　　此外,还应当根据事态发展情况和采取措施的效果适时调整预警级别;当判断不可能发生突发环境事件或者危险已经消除时,宣布解除预警,适时终止相关措施。

　　4.信息报告与通报

　　突发环境事件发生后,涉事企业事业单位或其他生产经营者必须采取应对措施,并立即向当地环境保护主管部门和相关部门报告,同时通报可能受到污染危害的单位和居民。因生产安全事故导致突发环境事件的,安全监管等有关部门应当及时通报同级环境保护主管部门。环境保护主管部门通过互联网信息监测、环境污染举报热线等多种渠道,加强对突发环境事件的信息收集,及时掌握突发环境事件发生情况。

　　事发地环境保护主管部门接到突发环境事件信息报告或监测到相关信息后,应当立即进行核实,对突发环境事件的性质和类别做出初步认定,按照国家规定的时限、程序和要求向上级环境保护主管部门和同级人民政府报告,并通报同级其他相关部门。突发环境事件已经或者可能涉及相邻行政区域的,事发地人民政府或环境保护主管部门应当及时通报相邻行政区域同级人民政府或环境保护主管部门。地方各级人民政府及其环境保护主管部门应当按照有关规定逐级上报,必要时可越级上报。

（四）应急响应

　　1.响应分级

　　根据突发环境事件的严重程度和发展态势,将应急响应设定为Ⅰ级、Ⅱ级、Ⅲ级和Ⅳ级四个等级。初判发生特别重大、重大突发环境事件,分别启动Ⅰ级、Ⅱ级应急响应,由事发地省级人民政府负责应对工作;初判发生较大突发环境事件,启动Ⅲ级应急响应,由事发地设区的市级人民政府负责应对工作;初判发生一般突发环境事件,启动Ⅳ级应急响应;由事发地县级人民政府负责应对工作。

　　突发环境事件发生在易造成重大影响的地区或重要时段时,可适当提高响应级别。应急响应启动后,可视事件损失情况及其发展趋势调整响应级别,避免响应不足或响应过度。

　　2.响应程序

　　突发性环境污染事故一旦发生,必须尽快进行有效应急处理,最大限度地将事故损失减到最小。为了能够让整个事故的应急处理措施做到井然有序,需要建立突发性环境污染事故应急程序,如图10-2所示。

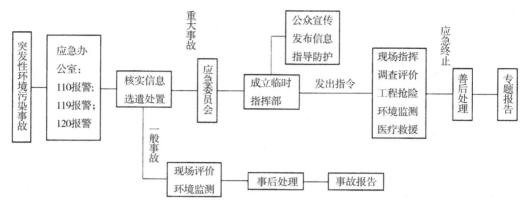

图 10 - 2　突发性环境污染事故应急响应程序

3.响应措施

突发环境事件发生后,各有关地方、部门和单位根据工作需要,组织采取以下措施。

①现场污染处置。涉事企业事业单位或其他生产经营者要立即采取关闭、停产、封堵、围挡、喷淋、转移等措施,切断和控制污染源,防止污染蔓延扩散。做好有毒有害物质和消防废水、废液等的收集、清理和安全处置工作。当涉事企业事业单位或其他生产经营者不明时,由当地环境保护主管部门组织对污染来源开展调查,查明涉事单位,确定污染物种类和污染范围,切断污染源。

事发地人民政府应组织制定综合治污方案,采用监测和模拟等手段追踪污染气体扩散途径和范围;采取拦截、导流、疏浚等形式防止水体污染扩大;采取隔离、吸附、打捞、氧化还原、中和、沉淀、消毒、去污洗消、临时收贮、微生物消解、调水稀释、转移异地处置、临时改造污染处置工艺或临时建设污染处置工程等方法处置污染物。必要时,要求其他排污单位停产、限产、限排,减轻环境污染负荷。

②转移安置人员。根据突发环境事件影响及事发当地的气象、地理环境、人员密集度等,建立现场警戒区、交通管制区域和重点防护区域,确定受威胁人员疏散的方式和途径,有组织、有秩序地及时疏散转移受威胁人员和可能受影响地区居民,确保生命安全。妥善做好转移人员安置工作,确保有饭吃、有水喝、有衣穿、有住处和必要医疗条件。

③组织医学救援。迅速组织当地医疗资源和力量,对伤病员进行诊断治疗,根据需要及时、安全地将重症伤病员转运到有条件的医疗机构加强救治。指导和协助开展受污染人员的去污洗消工作,提出保护公众健康的措施建议。视情增派医疗卫生专家和卫生应急队伍、调配急需医药物资,支持事发地医学救援工作。做好受影响人员的心理援助。

④开展应急监测。加强大气、水体、土壤等应急监测工作,根据突发环境事件的污染物种类、性质以及当地自然、社会环境状况等,明确相应的应急监测方案及监测方法,确定监测的布点和频次,调配应急监测设备、车辆,及时准确监测,为突发环境事件应急决策提供依据。

(五)后期工作和应急保障

1.后期工作

后期处置工作分为损害评估、事件调查、善后处置三部分内容。突发环境事件应急响应终止后,要及时组织开展污染损害评估,并将评估结果向社会公布。评估结论将作为事件调查处理、损害赔偿、环境修复和生态恢复重建的依据。突发环境事件发生后,根据有关规定,由环境保护主管部门牵头,可会同监察机关及相关部门,组织开展事件调查,查明事件原因和性质,提出整改防范措施和处理建议。

　　2.应急保障

　　应急保障包括队伍保障、物资与资金保障、通信、交通与运输保障和技术保障。国家环境应急监测队伍、公安消防部队、大型国有骨干企业应急救援队伍及其他相关方面应急救援队伍等力量,要积极参加突发环境事件应急监测、应急处置与救援、调查处理等工作任务。要发挥国家环境应急专家组作用,为重特大突发环境事件应急处置方案制定、污染损害评估和调查处理工作提供决策建议。县级以上地方人民政府要强化环境应急救援队伍能力建设,加强环境应急专家队伍管理,提高突发环境事件快速响应及应急处置能力。要建立健全突发环境事件应急通信保障体系,确保应急期间通信联络和信息传递需要。

　　此外,按照《国家突发环境事件应急预案》管理的要求,环境保护部要会同有关部门组织做好预案宣传、培训和演练工作,地方各级人民政府要结合当地实际制定和修订本区域突发环境事件应急预案。需要指出的是,近年来,环境保护部制定和修订了《突发环境事件应急处置阶段污染损害评估工作程序规定》《环境损害评估推荐方法(第二版)》《突发环境事件应急处置阶段污染损害评估推荐方法》《突发环境事件调查处理办法》《关于环境污染责任保险工作的指导意见》等,实践上可结合《国家突发环境事件应急预案》一并贯彻。

第二节　突发环境事件应急监测

　　突发环境事件大多具有爆发的突然性、形式的多样性、结果的危害性、处理处置的艰巨性和危害的持续性等特征。这就要求通过现场应急监测来快速判断污染物的种类、浓度和污染范围,立即回答"是否安全"这个问题,从而有效为突发环境污染事件的调查及处理处置等提供技术支撑。

一、应急监测及其作用

　　应急监测是指突发环境事件发生后,对污染物、污染物浓度和污染范围进行的监测;是环境监测人员在事故现场,根据事故所发地的情况,用小型便携、快速检测仪器或装置,在尽可能短的时间内,做出定性、定量分析,从而确定出各种污染物的浓度、种类、污染的范围及其可能带来的危害等过程。

　　与环境监测中的常规实验室分析相比,现场应急监测具有不同的要求与特点:①根据突发性环境污染事故时间短不可重复的特点,应急监测必须及时有效。②应急监测是一种特定目的监测,不同于监视性监测,事前无计划,事发后要求尽快展开监测,求监测队伍有着较高的监测能力。③应急监测的直接结果是监测数据,它是仲裁部门对事故进行裁决的重要依据,要求监测数据科学、严谨。

　　应急监测是突发性环境污染事故处理中的首要环节。实施应急监测是做好突发性环境污染事故处理、处置的前提和关键。只有通过应急监测,才能为事故处理决策部门快速、准确地提供引起事故发生的污染物质类别、浓度分布、影响范围及发展态势等现场动态资料信息,对有效地控制污染范围、缩短事故持续时间、将事故造成的损失减到最小限度起着重要的作用。

为了能够及时开展应急监测,需要加强应急监测的快速反应能力和技术水平的建设,切实掌握引发突发性环境污染事故的污染源和污染物特性及环境标准,建立快速监测方法、处理处置技术和安全防护措施,制定应急监测方案;并在调查研究基础之上,根据污染因子的特性,建立环境污染事故数据库和查询系统,为应急监测的实施提供有效的技术支持。应急监测技术支持系统如图 10-3 所示。

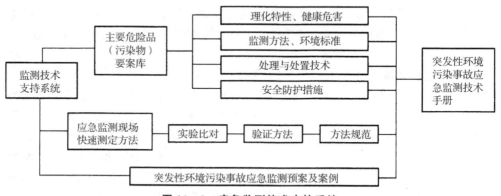

图 10-3　应急监测技术支持系统

二、布点与采样

首先应根据应急监测预案初步制订采样计划,并注意选择合适的采样器材。

(一)布点

1.布点原则

采样断面(点)的设置一般以突发环境事件发生地及其附近区域为主,同时必须注重人群和生活环境,重点关注对饮用水水源地、人群活动区域的空气、农田土壤等区域的影响,并合理设置监测断面(点),以掌握污染发生地状况、反映事故发生区域环境的污染程度和范围。

对被突发环境事件所污染的地表水、地下水、大气和土壤应设置对照断面(点)、控制断面(点),对地表水和地下水还应设置消减断面,尽可能以最少的断面(点)获取足够的有代表性的所需信息,同时须考虑采样的可行性和方便性。

2.布点方法

根据污染现场的具体情况和污染区域的特性进行布点,见表 10-1。

固定污染源和流动污染源的监测布点,应根据现场的具体情况,产生污染物的不同工况(部位)或不同容器分别布设采样点。

江河的监测应在事故发生地及其下游布点,同时在事故发生地上游一定距离布设对照断面(点);如江河水流的流速很小或基本静止,可根据污染物的特性在不同水层采样;在事故影响区域内饮用水取水口和农灌区取水口处必须设置采样断面(点)。

湖(库)的采样点布设应以事故发生地为中心,按水流方向在一定间隔的扇形或圆形布点,并根据污染物的特性在不同水层采样,同时根据水流流向,在其上游适当距离布设对照断面(点);必要时,在湖(库)出水口和饮用水取水口处设置采样断面(点)。

表 10 - 1　采样断面的设置和布点方法

监测类型	控制断面	消减断面	对照断面	特殊断面	布点方法
江河	√	√	√	饮用水取水口、农灌区取水	根据现场具体情况布点
湖库	√	√	√	出水口、饮用水取水口	按水流方向在一定间隔的扇形或圆形布点
地下水	√	√	√	饮用水取水处	根据水的流向采用网格法或辐射法布点
大气	√		√	居民区、人群活动区	下风向按一定间隔的扇形或圆形布点
土壤	√		√	作物样品	按一定间隔的圆形布点、不同深度采样

　　地下水的监测应以事故地点为中心,根据本地区地下水流向采用网格法或辐射法布设监测井采样,同时视地下水主要补给来源,在垂直于地下水流的上方向,设置对照监测井采样;在以地下水为饮用水源的取水处必须设置采样点。

　　大气的监测应以事故地点为中心,在下风向按一定间隔的扇形或圆形布点,并根据污染物的特性在不同高度采样,同时在事故点的上风向适当位置布设对照点;在可能受污染影响的居民住宅区或人群活动区等敏感点必须设置采样点,采样过程中应注意风向变化,及时调整采样点位置。

　　土壤的监测应以事故地点为中心,按一定间隔的圆形布点采样,并根据污染物的特性在不同深度采样,同时采集对照样品,必要时在事故地附近采集作物样品。

(二)采样

　　1.采样前的准备

　　①采样计划。应根据突发环境事件应急监测预案初步制订有关采样计划,包括布点原则、监测频次、采样方法、监测项目、采样人员及分工、采样器材、安全防护设备、必要的简易快速检测器材等。必要时,根据事故现场具体情况制订更详细的采样计划。

　　②采样器材。采样器材主要是指采样器和样品容器,常见的器材材质及洗涤要求可参照相应的水、大气和土壤监测技术规范,有条件的应专门配备一套用于应急监测的采样设备。此外,还可以利用当地的水质或大气自动在线监测设备进行采样。

　　2.采样方法及采样量

　　具体的采样方法及采样量,要求直接参照相关技术规范等材料。应急监测通常采集瞬时样品,采样量根据分析项目及分析方法确定,采样量还应满足留样要求。污染发生后,应首先采集污染源样品,注意采样的代表性。具体采样方法及采样量可参照地表水和污水监测技术规范、地下水环境监测技术规范、环境空气质量手工监测技术规范、环境空气质量自动监测技术规范、大气污染物无组织排放监测技术导则和土壤环境监测技术规范等。

　　3.采样范围或采样断面(点)

　　采样人员到达现场后,应根据事故发生地的具体情况,迅速划定采样、控制区域,按布点方法进行布点,确定采样断面(点)。

4.采样频次

采样频次主要根据现场污染状况确定。一般在事故刚发生时,适当增加采样频次,待摸清污染物变化规律后,则可以减少采样的频次。依据不同的环境区域功能和事故发生地的污染实际情况,力求以最低的采样频次,取得最有代表性的样品,既满足反映环境污染程度、范围的要求,又切实可行。

5.采样注意事项

根据污染物特性(密度、挥发性、溶解度等),决定是否进行分层采样。根据污染物特性(有机物、无机物等),选用不同材质的容器存放样品。采水样时不可搅动水底沉积物,如有需要,同时采集事故发生地的底质样品。采气样时不可超过所用吸附管或吸收液的吸收限度。采集样品后,应将样品容器盖紧、密封,贴好样品标签,样品标签的内容至少应包含样品编号、采样地点、监测项目(如可能)、采样时间、采样人等信息。采样结束后,应核对采样计划、采样记录与样品,如有错误或漏采,应立即重采或补采。

6.现场采样记录

现场采样记录是突发环境事件应急监测的第一手资料,必须如实记录并在现场完成,内容全面,可充分利用常规例行监测表格进行规范记录,至少应包括如下信息:事故发生的时间和地点,污染事故单位名称、联系方式;现场示意图,如有必要,对采样断面(点)及周围情况进行现场录像和拍照,特别注明采样断面(点)所在位置的标志性特征物如建筑物、桥梁等名称;监测实施方案,包括监测项目(如可能)、采样断面(点位)、监测频次、采样时间等;事故发生现场描述及事故发生的原因;必要的水文气象参数(如水温、水流流向、流量、气温、气压、风向、风速等);可能存在的污染物名称、流失量及影响范围(程度);如有可能,简要说明污染物的有害特性;尽可能收集与突发环境事件相关的其他信息,如盛放有毒有害污染物的容器、标签等信息,尤其是外文标签等信息,以便核对;采样人员及校核人员的签名。

7.跟踪监测采样

跟踪监测指为掌握污染程度、范围及变化趋势,在突发环境事件发生后所进行的监测。污染物质进入周围环境后,随着稀释、扩散和降解等作用,其浓度会逐渐降低。为了掌握事故发生后的污染程度、范围及变化趋势,常需要进行连续的跟踪监测,直至环境恢复正常或达标。在污染事故责任不清的情况下,可采用逆向跟踪监测和确定特征污染物的方法,追查确定污染来源或事故责任者。

8.采样的质量保证

采样人员必须经过培训持证上岗,能切实掌握环境污染事故采样布点技术,熟知采样器具的使用和样品采集(富集)、固定、保存、运输条件。采样仪器应在校准周期内使用,进行日常的维护、保养,确保仪器设备始终保持良好的技术状态,仪器离开实验室前应进行必要的检查。采样的其他质量保证措施可参照相应的监测技术规范执行。

三、现场监测

(一)监测仪器设备的确定和准备

应能快速鉴定、鉴别污染物,并能给出定性、半定量或定量的检测结果,直接读数,使用方便,易于携带,对样品的前处理要求低。可根据本地实际和全国环境监测站建设标准要求,配置常用的现场监测仪器设备,如检测试纸、快速检测管和便携式监测仪器等快速检测仪器设备。需要时,配置便携式气相色谱仪、便携式红外光谱仪、便携式气相色谱/质谱分析仪等应急监测仪器。

(二)现场监测项目和分析方法

凡具备现场测定条件的监测项目,应尽量进行现场测定。必要时,另采集一份样品送实验室分析测定,以确认现场的定性或定量分析结果。检测试纸、快速检测管和便携式监测仪器的使用方法可参照相应的使用说明,使用过程中应注意避免其他物质的干扰。用检测试纸、快速检测管和便携式监测仪器进行测定时,应至少连续平行测定两次,以确认现场测定结果;必要时,送实验室用不同的分析方法对现场监测结果加以确认、鉴别。用过的检测试纸和快速检测管应妥善处置。

(三)现场监测记录

现场监测记录是报告应急监测结果的依据之一,应按格式规范记录,保证信息完整,可充分利用常规例行监测表格进行规范记录,主要包括环境条件、分析项目、分析方法、分析日期、样品类型、仪器名称、仪器型号、仪器编号、测定结果、监测断面(点位)示意图、分析人员、校核人员、审核人员签名等;根据需要并在可能的情况下,同时记录风向、风速、水流流向、流速等气象水文信息。

(四)现场监测的质量保证

用于应急监测的便携式监测仪器,应定期进行检定/校准或核查,并进行日常维护、保养,确保仪器设备始终保持良好的技术状态,仪器使用前需进行检查。检测试纸、快速检测管等应按规定的保存要求进行保管,并保证在有效期内使用。应定期用标准物质对检测试纸、快速检测管等进行使用性能检查,如有效期为一年,至少半年应进行一次。

(五)采样和现场监测的安全防护

进入突发环境事件现场的应急监测人员,必须注意自身的安全防护,对事故现场不熟悉、不能确认现场安全或不按规定佩戴必需的防护设备(如防护服、防毒呼吸器等),未经现场指挥/警戒人员许可,不应进入事故现场进行采样监测。

应根据当地的具体情况,配备必要的现场监测人员安全防护设施。常用的有:①测爆仪、一氧化碳、硫化氢、氯化氢、氯气、氨等现场测定仪等。②防护服、防护手套、胶靴等防酸碱、防有机物渗透的各类防护用品。③各类防毒面具、防毒呼吸器(带氧气呼吸器)及常用的解毒药品。④防爆应急灯、醒目安全帽、带明显标志的小背心(色彩鲜艳且有荧光反射物)、救生衣、防护安全带(绳)、呼救器等。采样和现场监测安全事项:应急监测,至少二人同行;进入事故现场进行采样监测,应经现场指挥/警戒人员许可,在确认安全的情况下,按规定佩戴必需的防护设备(如防护服、防毒呼吸器等);进入易燃易爆事故现场的应急监测车辆应有防火、防爆安全装置,应使用防爆的现场应急监测仪器设备(包括附件,如电源等)进行现场监测,或在确认安全的情况下使用现场应急监测仪器设备进行现场监测;进入水体或登高采样,应穿戴救生衣或佩带防护安全带(绳)等。

四、样品管理

样品管理的目的是为了保证样品的采集、保存、运输、接收、分析、处置工作有序进行.确保样品在传递过程中始终处于受控状态。

(一)样品标志

样品应以一定的方法进行分类,如可按环境要素或其他方法进行分类,并在样品标签和现场采样记录单上记录相应的唯一性标志。样品标志至少应包含样品编号、采样地点、监测项目(如可能)、采样时间、采样人等信息。对有毒有害、易燃易爆样品特别是污染源样品应用特别标志(如图案、文字)加以注明。

(二)样品保存

除现场测定项目外,对需送实验室进行分析的样品,应选择合适的存放容器和样品保存方法进行存放和保存。根据不同样品的性状和监测项目,选择合适的容器存放样品。选择合适的样品保存剂和保存条件等样品保存方法,尽量避免样品在保存和运输过程中发生变化。对易燃易爆及有毒有害的应急样品,必须分类存放,保证安全。

(三)样品的运送和交接

对需送实验室进行分析的样品,立即送实验室进行分析,尽可能缩短运输时间,避免样品在保存和运输过程中发生变化。对易挥发性的化合物或高温不稳定的化合物,注意降温保存运输,在条件允许情况下可用车载冰箱或机制冰块降温保存,还可采用食用冰或大量深井水(湖水)、冰凉泉水等临时降温措施。样品运输前应将样品容器内、外盖(塞)盖(塞)紧。装箱时应用泡沫塑料等分隔,以防样品破损和倒翻。每个样品箱内应有相应的样品采样记录单或送样清单,应有专门人员运送样品,如非采样人员运送样品,则采样人员和运送样品人员之间应有样品交接记录。

样品交实验室时,双方应有交接手续,双方核对样品编号、样品名称、样品性状、样品数量、保存剂加入情况、采样日期、送样日期等信息确认无误后在送样单或接样单上签字。

对有毒有害、易燃易爆或性状不明的应急监测样品,特别是污染源样品,送样人员在送实验室时应告知接样人员或实验室人员样品的危险性,接样人员同时向实验室人员说明样品的危险性,实验室分析人员在分析时应注意安全。

(四)样品的处置

对应急监测样品,应留样,直至事故处理完毕。对含有剧毒或大量有毒、有害化合物的样品,特别是污染源样品,不应随意处置,应做无害化处理或送有资质的处理单位进行无害化处理。

(五)样品管理的质量保证

应保证样品从采集、保存、运输、分析、处置的全过程都有记录,确保样品管理处在受控状态。样品在采集和运输过程中应防止样品被污染及样品对环境的污染。运输工具应合适,运输中应采取必要的防震、防雨、防尘、防爆等措施,以保证人员和样品的安全。实验室接样人员接收样品后应立即送检测人员进行分析。

五、监测项目和分析方法

(一)监测项目的确定

突发环境事件由于其发生的突然性、形式的多样性、成分的复杂性决定了应急监测项目往往一时难以确定,此时应通过多种途径尽快确定主要污染物和监测项目。

(1)已知污染物的突发环境事件监测项目的确定

根据已知污染物确定主要监测项目,同时应考虑该污染物在环境中可能产生的反应,衍生成其他有毒有害物质。

对固定源引发的突发环境事件,通过对引发突发环境事件固定源单位的有关人员(如管理、技术人员和使用人员等)的调查询问,以及对引发突发环境事件的位置、所用设备、原辅材料、生产的产品等的调查,同时采集有代表性的污染源样品,确认主要污染物和监测项目。

对流动源引发的突发环境事件,通过对有关人员(如货主、驾驶员、押运员等)的询问以及运送危险化学品或危险废物的外包装、准运证、押运证、上岗证、驾驶证、车号(或船号)等信息,调查运输危险化学品的名称、数量、来源、生产或使用单位,同时采集有代表性的污染源样品,鉴定和确认主要污染物和监测项目。

(2)未知污染物的突发环境事件监测项目的确定

可通过污染事故现场的一些特征,如气味、挥发性、遇水的反应特性、颜色及对周围环境、作物的影响等,初步确定主要污染物和监测项目;如发生人员或动物中毒事故,可根据中毒反应的特殊症状,初步确定主要污染物和监测项目;还可以通过事故现场周围可能产生污染的排放源的生产、环保、安全记录,初步确定主要污染物和监测项目。

可利用空气自动监测站、水质自动监测站和污染源在线监测系统等现有的仪器设备的监测,确定主要污染物和监测项目。可通过现场采样分析,包括采集有代表性的污染源样品,利用试纸、快速检测管和便携式监测仪器等现场快速分析手段,确定主要污染物和监测项目。还可通过采集样品,包括采集有代表性的污染源样品,送实验室分析后,确定主要污染物和监测项目。

(二)分析方法

为迅速查明突发环境事件污染物的种类(或名称)、污染程度和范围以及污染发展趋势,在已有调查资料的基础上,充分利用现场快速监测方法和实验室现有的分析方法进行鉴别、确认。为快速监测突发环境事件的污染物,首先可采用如下的快速监测方法。

①检测试纸、快速检测管和便携式监测仪器等的监测方法。

②现有的空气自动监测站、水质自动监测站和污染源在线监测系统等在用的监测方法。

③现行实验室分析方法。

④从速送实验室进行确认、鉴别，实验室应优先采用国家环境保护标准或行业标准。当上述分析方法不能满足要求时，可根据各地具体情况和仪器设备条件，选用其他适宜的方法如 ISO、美国 EPA、日本 JIS 等国外的分析方法。

（三）实验室原始记录及结果表示

（1）实验室原始记录内容

突发环境事件实验室分析的原始记录，是报告应急监测结果的依据，可按常规例行监测格式规范记录，保证信息完整。实验室原始记录要真实及时，不应追记，记录要清晰完整，字迹要端正。如实验室原始记录上数据有误，应采用"杠改法"修改，并在其上方写上正确的数字，并在其下方签名或盖章。实验室原始记录要有统一编号，应随监测报告及时、按期归档。

（2）结果表示

突发环境事件应急的监测结果可用定性、半定量或定量的监测结果来表示。定性监测结果可用"检出"或"未检出"来表示，并尽可能注明监测项目的检出限。半定量监测结果可给出所测污染物的测定结果或测定结果范围。定量监测结果应给出所测污染物的测定结果。

（四）实验室质量保证和质量控制

分析人员应熟悉和掌握相关仪器设备和分析方法，持证上岗。用于监测的各种计量器具要按有关规定定期检定，并在检定周期内进行期间核查，定期检查和维护保养，保证仪器设备的正常运转。实验用水要符合分析方法要求，试剂和实验辅助材料要检验合格后投入使用。实验室采购服务应选择合格的供应商。实验室环境条件应满足分析方法要求，需控制温湿度等条件的实验室要配备相应设备，监控并记录环境条件。实验室质量保证和质量控制的具体措施参照相应的技术规范执行。

六、应急监测报告

（1）数据处理

应急监测在污染事故的应急处置中起着举足轻重的作用，要求监测数据的准确性和及时性是事故处理的核心工作。应急监测的数据处理参照相应的监测技术规范执行，数据修约规则按照《数值修约规则与极限数值的表示和判定》的相关规定执行。

（2）应急监测报告

突发环境事件应急监测报告以及时、快速报送为原则。为及时上报突发环境事件应急监测的监测结果，可采用电话、传真、电子邮件、监测快报、简报等形式报送监测结果等简要信息。应急监测报告的信息要完整，实行三级审核，即数据的一级审核（室主任审核）、数据的二级审核（质控审核）、数据的三级审核（技术负责人审核）。突发环境事件应急监测报告应包括以下内容：

①标题名称。

②监测单位名称和地址，进行测试的地点（当测试地点不在本站时，应注明测试地点）。

③监测报告的唯一性编号和每一页与总页数的标志。

④事故发生的时间、地点，监测断面（点位）示意图，发生原因，污染来源，主要污染物质，污染范围，必要的水文气象参数等。

⑤所用方法的标志（名称和编号）。

⑥样品的描述、状态和明确的标志。

⑦样品采样日期、接收日期、检测日期。

⑧检测结果和结果评价（必要时）。

⑨审核人、授权签字人签字（已通过计量认证/实验室认可的监测项目）等。

⑩计量认证/实验室认可标志（已通过计量认证/实验室认可的监测项目）。

在以多种形式上报的应急监测结果报告中，应以最终上报的正式应急监测报告为准。对已通过计量认证/实验室认可的监测项目，监测报告应符合计量认证/实验室认可的相关要求；对未通过计量认证/实验室认可的监测项目，可按当地环境保护行政主管部门或任务下达单位的要求进行报送。

如可能，应对突发环境事件区域的环境污染程度进行评价，评价标准执行地表水质量标准、地下水质量标准、环境空气质量标准、土壤环境质量标准等相应的环境质量标准。对发生突发环境事件单位所造成的污染程度进行评价，执行相应的污染物排放标准。事故对环境的影响评价，执行相应的环境质量标准。对某种污染物目前尚无评价标准的，可根据当地环境保护行政主管部门、任务下达单位或事故涉及方认可或推荐的方法或标准进行评价。

突发环境事件应急监测结果应以电话、传真、监测快报等形式立即上报，跟踪监测结果以监测简报形式在监测次日报送，事故处理完毕后，应出具应急监测报告。报送范围按当地突发性环境污染事件（故）应急预案要求进行报送。一般突发环境事件监测报告上报当地环境保护行政主管部门及任务下达单位；重大和特大突发环境事件除上报当地环境保护行政主管部门及任务下达单位外，还应报上一级环境监测部门。

七、应急监测预案

突发环境事件现场应急监测是环境监测工作的重要组成部分。为了强化各级环境监测站对突发环境事件的应急监测能力，及时掌握突发环境事件的现状，各地应建立健全相应的组织机构，落实应急监测人员和配备应急监测设备，各地可根据应急预案编制提纲编制适合当地实际情况的突发环境事件应急监测预案。

应急监测一般按照应急监测预案启动后规定的应急监测工作基本程序开展。突发环境事件应急监测预案编制提纲的内容一般包括：适用范围、组织机构与职责分工、应急监测仪器配置、应急监测工作基本程序、应急监测工作网络图、应急监测工作流程图（包括数据上报）、应急监测质量控制要求及流程图、应急监测方案制定的基本原则、应急监测技术支持系统、应急监测防护装备、通信设备及后勤保障体系等。

应按各级环境监测站在本管辖区域应急监测网络内的职责分工，制定网络内各级组织的机构组成及职责分工，同时应绘制相应的组织机构框图以及相关人员的联系方法。对在区域之间（如省与省、市与市之间）发生的突发环境事件，应由上级环境监测站负责协调、组织实施应急监测。

预案中应急监测工作基本程序的编制至少应包括应急监测工作网络运作程序、具体工作程序和质量保证工作程序（如图 10-4 所示）三方面的内容，可以用流程图的形式表示。预案应明确应急监测方案的制定责任人员、应急监测方案中所应包括的基本内容等。

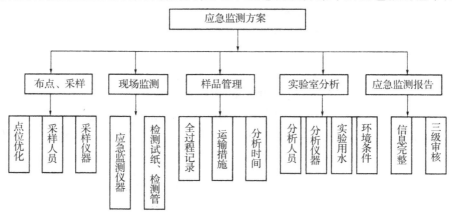

图 10-4　应急监测质量保证工作程序

为提高应急监测预案的科学性及可操作性，各级环境监测站应尽可能按下列内容编制应急监测技术支持系统，并给予不断地完善。其内容主要包括：国家相应法律、规范支持系统，环境监测技术规范支持系统，当地危险源调查数据库支持系统，各类化学品基本特性数据库支持系统，常见突发环境事件处置技术支持系统，专家支持系统，应急监测防护装备、通信设备及后勤保障体系等。

预案应明确后勤保障体系的构成及人员责任分工，规定应急监测防护和通信装备的种类和数量，统一分类编目，并对放置地点和保管人进行明确规定。

第三节　简易监测在应急检测中的应用

简易监测是环境监测中非常重要的部分，其特点是：用比较简单的仪器或方法，便于在现场或野外进行监测，具有快速、简便的特点，往往不需要专业技术人员即可完成，价格低廉；其缺点是：监测方法一般不是标准方法，在发生疑问或诉讼时，缺乏法律依据，监测精度较低。但简易监测在实际应用中却十分重要，例如：突发性环境污染事故应急监测、野外监测、现场监测、企业废水治理站常规监测，用简易监测快速简便，当发现接近或超标时再用标准方法验证，这样可节省大量的时间和经费。

当然，简易监测技术还需要和实验室监测技术配合，以获得精确数据对事件定性，后期生态恢复、总结经验等也需要精确数据。

一、简易比色法

用视觉比较样品溶液或采样后的试纸浸渍后颜色与标准色列的颜色，以确定欲测组分含量的方法称为简易比色法。它是环境监测中常用的简单、快速的分析方法，常用的有溶液比色法和试纸比色法。

（一）溶液比色法

该方法是将一系列不同浓度待测物质的标准溶液分别置于材料相同,高度、直径和壁厚一致的平底比色管(纳氏比色管)中,加入显色剂并稀释至标线,经混合、显色后制成标准色列(或称标准色阶)。然后取一定体积样品,用与标准色列相同方法和条件显色,再用目视方法与标准色列比较,确定样品中被测物质的浓度,该方法操作和所用仪器简单,并且由于比色管长、液层厚度高,特别适用于浓度很低或颜色很浅的溶液的比色测定。

在水质分析中,较清洁的地表水和地下水色度的测定、pH 的测定及某些金属离子和非金属离子的测定可采用此方法。在空气污染监测中,使待测空气通过对待测物质具有吸收兼显色作用的吸收液,则待测物质与吸收液迅速发生显色反应,由其颜色的深度与标准色列比较进行定量。

（二）试纸比色法

常用的试纸比色法有两种:一种是将被测水样或气样作用于被显色剂浸泡的滤纸,使样品中的待测物质与滤纸上的显色剂发生化学反应而产生颜色变化,与标准色列比较定量;另一种是先将被测水样或气样通过空白滤纸,使被测物质吸附或阻留在滤纸上,然后在滤纸上滴加或喷洒显色剂,据显色后颜色的深浅与标准色列比较定量。前者适用于能与显色剂迅速反应的物质,如空气中的硫化氢、汞等气态和蒸气态有害物质,以及水样的pH 等;后者适用于显色反应较慢的物质和空气中的气溶胶。

试纸比色法是以滤纸为介质进行化学反应的,滤纸的质量如致密性、均匀性、吸附能力及厚度等均影响测定结果的准确度,应选择纸质均匀、厚度和阻力适中的滤纸,一般使用层析用滤纸,也可用致密、均匀的定量滤纸。滤纸本身含有微量杂质,可能会对测定产生干扰,使用前应处理除去杂质。如测铅的滤纸要预先用稀硝酸除去其本身所含的微量铅。

试纸比色法简便、快速,实验设备便于携带,但测定误差大,只能作为一种半定量方法。

（三）植物酯酶片法测定蔬菜、水果上的有机磷农药

植物酯酶(如胆碱酯酶)能使 2,6—二氯靛酚乙酯(底物)分解,反应如下:

当蔬菜、水果样品浸泡液中不含有机磷农药时,则依次加入酶片和底物后,底物迅速分解,样品浸泡液很快由橙色变为蓝色;否则,酶片受有机磷农药抑制,底物分解变慢或不分解,导致浸泡液在较长时间内保持橙色不变或呈浅蓝色。故可通过与标准样品浸泡液中加入酶片和底物后变色情况比较,确定样品中有机磷农药含量。标准样品浸泡液是在无农药的清洁蔬菜或水果上均匀涂抹不同量的有机磷农药后浸泡制得的。几种农药的检出限(以 mg/kg 为单位):敌敌畏为 0.06,敌百虫为 2.0,1605 为 5.0,氧乐果为 7.0,甲胺磷

为 10.0,乐果为 10.0。

酶片由胆碱酯酶固定在纤维素膜上制成,测定时将其碾碎加入浸泡液中,混匀并振荡数次。

（四）人工标准色列

简易比色法要求预先制备好标准色列,但标准溶液制成的标准色列管携带不方便,长时间放置会褪色,故不便于保存和现场使用。因此常常使用人工标准溶液或人工标准色板来代替,称为人工标准色列。

人工标准色列是按照溶液或试纸与被测物质反应所呈现的颜色,用不易褪色的试剂或有色塑料制成的对应于不同被测物质浓度的色阶。前者为溶液型色列,后者为固体型色列。

制备溶液型色列的物质有无机物和有机物。无机物常用稳定的盐类溶液,如黄色可用氯化铁、铬酸钾,蓝色用硫酸铜,红色用氯化钴,绿色用硫酸镍等。将其一种或几种按不同比例混合配成不同颜色和深度的有色溶液,熔封在玻璃管中。有机物一般用各种酸碱指示剂,通过调整 pH 或不同指示剂溶液按适当比例混合调配成所需的颜色。

固体型色列可用明胶、硝化纤维素、有机玻璃等作原料,用适当溶剂溶解成液体后加入不同颜色和不同量的染料,按照标准色列颜色要求调配成色阶,倾入适当的模具中,再将溶剂挥发掉,制成人工比色柱或比色板。

二、检气管法

检气管是将用适当试剂浸泡过的多孔颗粒状载体填充于玻璃管中制成,当被测气体以一定流速通过此管时,被测组分与试剂发生显色反应,根据生成有色化合物的颜色深度或变色柱长度确定被测组分的浓度。

检气管法适用于测定空气中的气态或蒸气态物质,但不适合测定形成气溶胶的物质。该方法具有现场使用简便、测定快速、检气管便于携带并有一定准确度等优点。每种检气管都有一定测定范围、采气体积、抽气速率和使用期限,需严格按规定操作才能保证测定的准确度。

（一）载体的选择与处理

载体的作用是将试剂吸附于它的表面,保证流过的气体中的被测物质迅速与试剂发生显色反应。为此,载体应具备下列性质:化学惰性;质地牢固又能被破碎成一定大小的颗粒;呈白色、多孔性或表面粗糙,以便于观察显色情况。常用的载体有硅胶、素陶瓷、活性氧化铝等。当需要表面积较大的载体时,可选用粗孔或中孔硅胶;如需表面积较小的载体,选用素陶瓷。它们的处理方法如下:

1.硅胶

市售硅胶含有各种无机和有机物杂质,需处理去除。其处理方法是先进行破碎、过筛,选取 40～60 目、60～80 目、80～100 目的颗粒,将其分别置于带回流装置的烧瓶中,加 (1+1)硫酸-硝酸混合酸至硅胶面以上 1～2cm,在沸水浴上回流 8～16h,冷却后倾去酸液,洗去余酸,再用沸蒸馏水浸泡、抽滤、洗涤,至浸泡过夜的蒸馏水 pH 在 5 以上且不含硫酸根离子为止（用氯化钡溶液检验）。洗好的硅胶先在 110℃烘箱内烘干，使用前再视需要在指定温度下活化，冷却后装瓶备用。

2.素陶瓷

将素陶瓷片破碎，筛选 40～60 目、60～80 目、80～100 目的颗粒，分别在烧杯中用自来水搅拌洗涤，吸去上层浑浊液，继续洗涤至无浑浊后，再以蒸馏水洗至无氯离子为止。若陶瓷上沾有油污等，需用（1＋1）硫酸—硝酸混合酸在沸水浴上处理 2～3h，再洗至无硫酸根离子为止。洗净的陶瓷颗粒用抽滤法滤去残留水，于 110℃烘干，冷却后装瓶备用。

（二）检气管的制备

1.试剂和载体粒度的选择

供制备填充载体的化学试剂（称指示剂）应与待测物质显色反应灵敏，这就要求一方面尽量选择灵敏度高、选择性好的试剂，另一方面需要控制试剂的用量和载体的粒度。增加试剂量可使变色柱长度缩短或颜色加深，而载体颗粒大，则抽气阻力小，变色柱长度增大，但界线不清楚；载体颗粒小，则抽气阻力大，变色柱长度缩短，但界线清楚。因此，应通过实验选择粒度大小合适的载体。此外，为防止试剂吸收水分而变质，消除干扰物质对测定的干扰，还可以加入适当的保护剂。

2.填充载体的制备

先将试剂配成一定浓度的溶液，再将适量载体置于溶液中，不断地进行搅拌，使载体表面均匀地吸附一层试剂溶液，然后，在适当的温度（视试剂性质而定）下，用蒸发或减压蒸发的方法除去溶剂。载体在试剂溶液中浸泡时间、烘干温度等均应通过实验选择确定。

3.检气管的玻璃管及封装

用于制备检气管的玻璃管直径要均匀，长度要一致。一般内径为 2.5～2.6mm，长度为 120～180mm。玻璃管用清洗液浸泡、洗净、烘干，将一端熔封，并用玻璃棉或塑料纤维塞紧，装入制备好的载体。填装时不断用小木棒轻轻敲打管壁，使填充物压紧，防止管内形成气体通道而使变色界限不清，造成测定误差。填充后，用玻璃棉塞紧，在氧化型火焰上快速熔封。

（三）检气管的标定

1.浓度标尺法

这种方法适用于对管径相同的检气管进行标定。任意选择 5～10 支新制成的检气管，用注射器分别抽取规定体积的 5～7 种不同质量浓度的标准气，按规定速度分别推进或抽入检气管中，反应显色后测量各管的变色柱长度，一般每种质量浓度重复做几次，取其平均值。以变色柱长度对质量浓度绘制标准曲线，见图 10－5。根据标准曲线，取整数质量浓度的变色柱长度制成浓度标尺（见图 10－6），供现场使用。

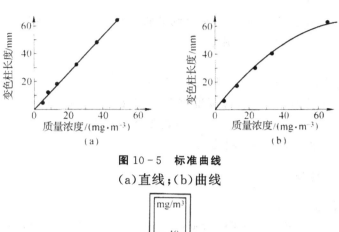

图 10 - 5　标准曲线

（a）直线；（b）曲线

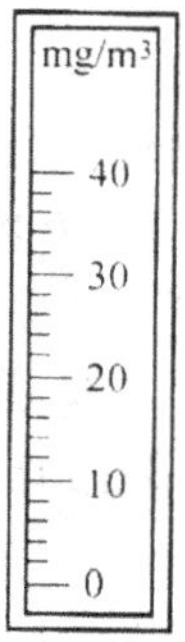

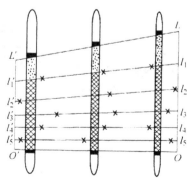

图 10 - 6　浓度标尺

2.标准浓度表法

　　大批量生产玻璃管时，严格要求管径一致是困难的，但管径不同会出现装入相同量的填充载体而变色柱长度不等的情况，此时要用标准浓度表法进行标定。

　　用标准浓度表法标定的步骤是：首先从同批检气管中抽取粗、中、细管径的检气管各10支，根据其中填充载体最长（OL）和最短（$O'L'$）的检气管画成如图 10 - 7 所示的四边形框，然后对每种质量浓度的标准气分别取粗细不同的三支检气管进行抽气显色实验，将显色后的各检气管按填充载体长度与图 10 - 7 中 LL'，和 OO' 上下对齐，并将变色柱长度画下，得到三个点，连接三点成一条横线，交于两侧直线上，这条直线就代表了一种质量浓度。用同法做出 5～6 条不同质量浓度的横线。按质量浓度与变色柱长度的关系，取左右两侧（OL 和 $O'L'$）上的交点（l_1、l_2、l_3、l_4、l_5 及 l_1'、l_2'、l_3'、l_4'、l_5'），画出两条如图 10 - 8 所示不同管径的标准曲线，再据此标准曲线，取整数质量浓度的变色柱长度画成标准浓度表，见图 10 - 9。

图 10 - 7　不同管径检气管变色柱长度校正

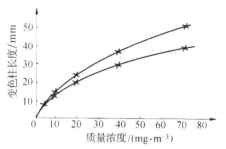

图 10 - 8　不同管径的标准曲线

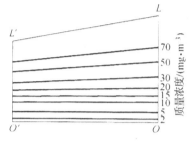

图 10 - 9　标准浓度表

用于现场测定时,按规定的抽气速率及体积抽取气体样品,显色后,将检气管内填充载体全长与 OO' 和 LL' 对齐,读取变色柱长度,从标准浓度表上查得气样的质量浓度。当实际测定时的温度与标定时的温度不一致时,可能会影响变色柱的长度,必要时应进行校正。

商品检气管(见图 10 - 10)根据用被测气体标准气标定的结果,已将变色柱长度对应的含量(以体积分数表示)标在检气管外壁上,测定时只要按照要求的抽气速率和进样体积操作,显色后可直接读出体积分数。

图 10 - 10　商品检气管

(四)检气管的抽气装置

最常用的抽气装置是 100mL 注射器。需要抽取较大体积的气样时,在注射器和检气管之间接一个三通阀,通过切换三通阀,可分次抽取 100mL 以上的气样。还可以用抽气泵自动采样。测定时最好使用与标定时同类型的抽气装置,以减少误差。

第十一章 环境污染自动监测

第一节 空气污染自动监测技术

一、空气污染连续自动监测系统的组成及功能

空气污染连续自动监测系统是一套区域性空气质量实时监测网,在严格的质量保证程序控制下连续运行,无人值守。它由一个中心站和若干个子站(包括移动子站)及信息传输系统组成。为保证系统的正常运转,获得准确、可靠的监测数据,还设有质量保证机构,负责监控、监督、改进整个系统的运行质量,及时检修出现故障的仪器设备,保管仪器设备、备件和有关器材。

中心站配有功能齐全、存储容量大的计算机,应用软件,收发传输信息的无线电台和打印、绘图、显示仪器等输出设备,以及数据存储设备。其主要功能是:向各子站发送各种工作指令,管理子站的工作;定时收集各子站的监测数据,并进行数据处理和统计检验;打印各种报表,绘制污染物质分布图;将各种监测数据储存到磁盘或光盘上,建立数据库,以便随时检索或调用;当发现污染指数超标时,向污染源行政管理部门发出警报,以便采取相应的对策。

监测子站除作为监测环境空气质量设置的固定站外,还包括突发性环境污染事故或者特殊环境应急监测用的流动站,即将监测仪器安装在汽车、轮船上,可随时开到需要场所开展监测工作。子站的主要功能是:在计算机的控制下,连续或间歇地监测预定污染物;按一定时间间隔采集和处理监测数据,并将其打印和短期储存;通过信息传输系统接收中心站的工作指令,并按中心站的要求向其传输监测数据。

二、子站布设及监测项目

(一)子站数目和站位选址

自动监测系统中子站的设置数目取决于监测目的、监测网覆盖区域面积、地形地貌、气象条件、污染程度、人口数量及分布、国家的经济力量等因素,其数目可用经验法或统计法、模式法、综合优化法确定。经验法是常用的方法,包括人口数量法、功能区布点法、几何图形布点法等。

由于子站内的监测仪器长期连续运转,需要有良好的工作环境,如房屋应牢固,室内要配备控温、除湿、除尘设备;连续供电,且电源电压稳定;仪器维护、维修和交通方便等。

(二)监测项目

监测空气污染的子站监测项目分为两类:一类是温度、湿度、大气压、风速、风向及日

照量等气象参数;另一类是二氧化硫、氮氧化物、一氧化碳、可吸入颗粒物或总悬浮颗粒物、臭氧、总烃、甲烷、非甲烷烃等污染参数。随子站代表的功能区和所在位置不同,选择的监测参数也有差异。我国《环境监测技术规范》规定,安装空气污染自动监测系统的子站的测点分为Ⅰ类测点和Ⅱ类测点。Ⅰ类测点的监测数据要求存入国家环境数据库,Ⅱ类测点的监测数据由各省、市管理。Ⅰ类测点测定温度、湿度、大气压、风向、风速五项气象参数和表 11-1 中所列的污染参数。Ⅱ类测点的测定项目可根据具体情况确定。

表 11-1　Ⅰ类测点测定项目

必测项目	选测项目
一氧化硫 氮氧化物 可吸入颗粒物或总悬浮颗粒物 一氧化碳	臭氧 总烃

三、子站内的仪器装备

子站内装备有自动采样和预处理装置、污染物自动监测仪器及其校准设备、气象参数监测仪、计算机及其外围设备、信息收发及传输设备等,见图 11-1。

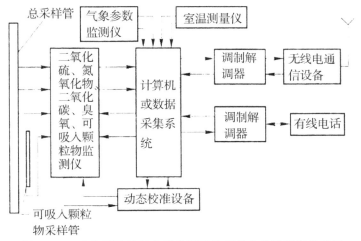

图 11-1　空气污染连续自动监测系统子站内仪器装备示意图

采样系统可采用集中采样和单独采样两种方式。集中采样是在每个子站设一总采样管,由引风机将空气样品吸入,各仪器均从总采样管中分别采样,但总悬浮颗粒物或可吸入颗粒物应单独采样。单独采样系指各监测仪器分别用采样泵采集空气样品。在实际工作中,多将这两种方式结合使用。

校准设备包括校正污染监测仪器零点、量程的零气源和标准气源(如标准气发生器、标准气钢瓶)、标准流量计和气象仪器校准设备等。在计算机和控制器的控制下,每隔一定时间(如 8 h 或 24 h)依次将零气和标准气输入各监测仪器进行零点和量程校准,校准完毕,计算机给出零值和跨度值报告。

四、空气污染连续自动监测仪器

（一）二氧化硫自动监测仪

用于连续或间歇自动测定空气中 SO_2 的监测仪器以脉冲紫外荧光 SO_2 自动监测仪应用最广泛，其他还有紫外荧光 SO_2 自动监测仪、电导式 SO_2 自动监测仪、库仑滴定式 SO_2 自动监测仪及比色式 SO_2 自动监测仪等。

1.脉冲紫外荧光 SO_2 自动监测仪

该仪器是依据荧光光谱法原理设计的干法仪器，具有灵敏度高、选择性好、适用于连续自动监测等特点，被世界卫生组织（WHO）推荐在全球监测系统采用。

当用波长 $190\sim230$ nm 脉冲紫外线照射空气样品时，则空气中的 SO_2 分子对其产生强烈吸收，被激发至激发态，即：

$$SO_2 + hv_1 \longrightarrow SO_2^*$$

激发态的 SO_2^* 分子不稳定，瞬间返回基态，发射出波长为 330 nm 的荧光，即：

$$SO_2^* \longrightarrow SO_2 + hv_2$$

当 SO_2 浓度很低、吸收光程很短时，发射的荧光强度和 SO_2 浓度成正比，用光电倍增管及电子测量系统测量荧光强度，并与标准气发射的荧光强度比较，即可得知空气中 SO_2 的浓度。

该方法测定 SO_2 的主要干扰物质是水分和芳香烃化合物。水分从两个方面产生干扰，一是使 SO_2 溶于水造成损失，二是 SO_2 遇水发生荧光猝灭造成负误差，可用渗透膜渗透法或反应室加热法除去。芳香烃化合物在 $190\sim230$ nm 紫外线激发下也能发射荧光造成正误差，可用装有特殊吸附剂的过滤器预先除去。

脉冲紫外荧光 SO_2 自动监测仪由荧光计和气路系统两部分组成，如图 11-2 和图 11-3所示。

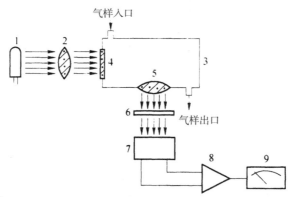

图 11-2　脉冲紫外荧光 SO_2 自动监测仪荧光计

1.脉冲紫外光源；2、5.透镜；3.反应室；4.激发光滤光片；6.发射光滤光片；7.光电倍增管；8.放大器；9.指示表

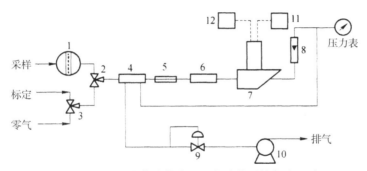

图 11-3　脉冲紫外荧光 SO_2 自动监测仪气路系统

1.除尘过滤器；2.采样电磁阀；3.零气/标定电磁阀；4.渗透膜除湿器；5.毛细管；6.除烃器；7.反应室；8.流量计；9.调节阀；10.抽气泵；11.电源；12.信号处理及显示系统

　　荧光计的工作原理是：脉冲紫外光源发射的光束通过激发光滤光片（光谱中心波长 220 nm）后获得所需波长的脉冲紫外光射入反应室，与空气中的 SO_2 分子作用，使其激发而发射荧光，用设在入射光垂直方向上的发射光滤光片（光谱中心波长 330 nm）和光电转换装置测其强度。脉冲光源可将连续光变为交变光，以直接获得交流信号，提高仪器的稳定性。脉冲光源可通过使用脉冲电源或切光调制技术获得。

　　气路系统的流程是：空气样品经除尘过滤器后，通过采样电磁阀进入渗透膜除湿器、除烃器到达反应室，反应后的干燥气体经流量计测量流量后由抽气泵抽引排出。

　　仪器日常维护工作主要是定期进行零点和量程校准，定期更换紫外灯、除尘过滤器、渗透膜除湿器和除烃器填料等。

　　2.电导式 SO_2 自动监测仪

　　电导法测定空气中二氧化硫的原理基于：用稀的过氧化氢水溶液吸收空气中的二氧化硫，并发生氧化反应：

$$SO_2 + H_2O \longrightarrow 2H^+ + SO_3^{2-}$$
$$SO_3^{2-} + H_2O_2 \longrightarrow SO_4^{2-} + H_2O$$

　　生成的硫酸根离子和氢离子，使吸收液电导率增加，其增加值取决于气样中二氧化硫含量，故通过测量吸收液吸收二氧化硫前后电导率的变化，并与吸收液吸收 SO_2 标准气前后电导率的变化比较，便可得知气样中二氧化硫的浓度。

　　电导式 SO_2 自动监测仪有间歇式和连续式两种类型。间歇式测量结果为采样时段的平均浓度，连续式测量结果为不同时间的瞬时值。电导式 SO_2 连续自动监测仪的工作原理如图 11-4 所示。它有两个电导池，一个是参比电导池，用于测量空白吸收液的电导率（κ_1），另一个是测量电导池，用于测量吸收 SO_2 后的吸收液电导率（κ_2），而空白吸收液的电导率在一定温度下是恒定的，因此，通过测量电路测知两种吸收液电导率差值（$\kappa_2 - \kappa_1$），便可得到任一时刻气样中的 SO_2 浓度。也可以通过比例运算放大电路测量，κ_2/κ_1 来实现对 SO_2 浓度的测定。当然，仪器使用前需用 SO_2 标准气或标准硫酸溶液校准。

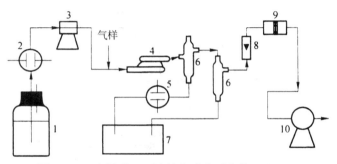

图 11-4　电导式 SO_2 连续自动监测仪的工作原理

1.吸收液贮瓶；2.参比电导池；3.定量泵；4.吸收管；5.测量电导池；6.气液分离器；7.废液槽；8.流量计；9.滤膜过滤器；10.抽气泵

　　为减小电极极化现象，除应用较高频率的交流电压外，还可以采用图 11-5 所示的四电极电导式 SO_2 连续自动监测仪。参比电导池和测量电导池内都有四个电极，当在 E_1、E_2 和 E_3、E_4 两对电极上分别施加一定交流电压时，每对电极间的电压与各自电极间的阻抗成正比，其大小分别由 e_1、e_2 和 e_3、e_4 两对检测电极检出。将两对电极的电压差输入放大器，放大后的输出信号使平衡电机转动，同时带动滑线电阻 R_1 的触点口移动，直至电压差为零时，达到平衡状态，则 R_1 上触点 a 移动的距离与二氧化硫的浓度相对应，由与触点 a 同步移动的指针 b 在经过标定的刻度盘上指示出来或用记录仪记录下来。

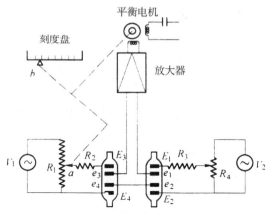

图 11-5　四电极电导式 SO_2 连续自动监测仪

　　影响仪器测定准确度的因素有温度、可电离的共存物质（如 NH_3、Cl_2、HCl、NO_x 等）、系统的污染等，可采取相应的消除措施。

（二）臭氧自动监测仪

　　连续或间歇自动测定空气中 O_3 的仪器以紫外吸收 O_3 自动监测仪应用最广，其次是化学发光 O_3 自动监测仪。

　　1.紫外吸收 O_3 自动监测仪

　　该仪器测定原理基于 O_3 对 254 nm 附近的紫外线有特征吸收，根据吸光度确定空气中 O_3 的浓度。图 11-6 为单光路型紫外吸收 O_3 自动监测仪的工作原理。气样和经 O_3 去除器 3 除 O_3 后的背景气交变地通过气室 6，分别吸收紫外线光源 1 经滤光器 2 射出的特征紫外线,由光电检测系统测量透过气样的光强 I 和透过背景气的光强 I_0,经数据处理器根据 I/I_0 计算出气样中 O_3 浓度,直接显示和记录消除背景干扰后的测定结果。仪器还定期输入零气、标准气进行零点和量程校正。

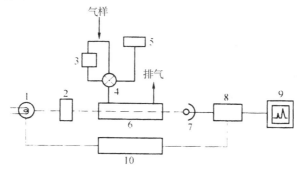

图 11-6　单光路型紫外吸收 O_3 自动监测仪的工作原理

1.紫外线光源;2.滤光器;3.O_3 去除器;4.电磁阀;5.标准 O_3 发生器;6.气室;7.光电倍增管;8.放大器;9.记录仪;10.稳压电源

双光路型紫外吸收 O_3 自动监测仪的工作原理如图 11-7 所示。当电磁阀 1、3 处于图中的位置时,气样分别同时从电磁阀 1 进入气室 4 和经 O_3 去除器 2 除去 O_3 后从电磁阀 3 进入气室 5,吸收光源射入各自气室的特征紫外线,由光电检测和数据处理系统测量透过气样的光强,及透过背景气的光强 I_0,并计算出 I/I_0。当电磁阀切换到与前者相反位置时,则流过气室 5 的是含 O_3 的气样,流过气室 4 的是除 O_3 的背景气,同样可测知 I/I_0。由于仪器已进行过校准,故可以分别得知流过气室 4 和气室 5 气样的 O_3 浓度,仪器显示的读数是二者的平均值,这样将会有效地提高测定精度。电磁阀每隔 7s 切换一次,完成一个循环周期。

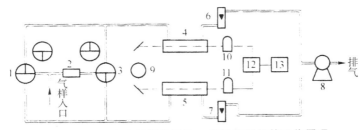

图 11-7　双光路型紫外吸收 O_3 自动监测仪的工作原理

1、3.电磁阀;2.O_3 去除器;4、5.气室;6、7.流量计;8.抽气泵;9.光源;10、11.光电倍增管;12.放大器;13.数据处理系统

紫外吸收 O_3 自动监测仪操作简便,响应快,检出限可达 2×10^{-9}。

2.化学发光 O_3 自动监测仪

该仪器的测定原理基于:O_3 能与乙烯发生气相化学发光反应,即气样中 O_3 与过量乙烯反应,生成激发态甲醛,而激发态甲醛分子瞬间返回基态,放出波长为 $300 \sim 600$ nm 的光,峰值波长 435 nm,其发光强度与 O_3 浓度呈线性关系。化学发光反应如下:

$$2O_3 + 2C_2H_4 \longrightarrow 2C_2H_4O_3 \longrightarrow 4HCHO^* + O_2$$

$$HCHO^* \longrightarrow HCHO + h\nu$$

上述反应对 O_3 是特效的,SO_2、NO、NO_2、Cl_2 等共存时不干扰测定。

乙烯法化学发光 O_3 自动监测仪的工作原理示如图 11-9。测定过程中需通入四种气体：反应气乙烯由钢瓶供给，经稳压、稳流后进入反应室；空气 A 经活性炭过滤器净化后作为零气抽入反应室，供调节仪器零点；气样经粉尘过滤器除尘后进入反应室；空气 B 经过滤净化进入标准 O_3 发生器，产生标准浓度的 O_3 进入反应室校准仪器量程。测量时，将三通阀旋至测量挡，气样被抽入反应室与乙烯发生化学发光反应，其发射光经滤光片滤光投至光电倍增管上，将光信号转换成电信号，经阻抗转换和放大器后，送入显示和记录仪表显示、记录测定结果。反应后的废气由抽气泵抽入催化燃烧除烃装置，将废气中剩余乙烯燃烧后排出。为降低光电倍增管的暗电流和噪声，提高仪器的稳定性，还安装了半导体制冷器，使光电倍增管在较低的温度下工作。

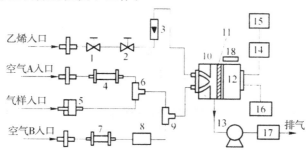

图 11-9　乙烯法化学发光 O_3 自动监测仪的工作原理

1.稳压阀；2.稳流阀；3.流量计；4.活性炭过滤器；5.粉尘过滤器；6、9.三通阀；7.过滤器；8.标准 O_3 发生器；10.反应室；11.滤光片；12.光电倍增管；13.抽气泵；14.阻抗转换和放大器；15.显示和记录仪表；16.高压电源；17.催化燃烧除烃装置；18.半导体制冷器

化学发光 O_3 自动监测仪一般设有多挡量程范围，最低检出质量浓度为 0.005 mg/m^3，响应时间小于 1 min，主要缺点是使用易燃、易爆的乙烯[爆炸极限 2.7%～36%（体积分数）]，因此，要特别注意乙烯高压容器漏气。

第二节　污染源烟气连续监测系统

烟气连续排放监测系统（continuous emission monitoring system）是指对固定污染源排放烟气中污染物浓度及其总量和相关排气参数进行连续自动监测的仪器设备。通过该系统跟踪测定获得的数据，一是用于评价排污企业排放烟气污染物浓度和排放总量是否符合排放标准，实施实时监管；二是用于对脱硫、脱硝等污染治理设施进行监控，使其处于稳定运行状态。《固定污染源烟气排放连续监测技术规范》（HJ/T 75—2007）和《固定污染源烟气排放连续监测系统技术要求及检测方法》（HJ/T 76—2007）中，对 CEMS 的组成、技术性能要求、检测方法及安装、管理和质量保证等都做了明确规定。

一、CEMS 的组成及监测项目

CEMS 由颗粒物（烟尘）CEMS、烟气参数测量、气态污染物 CEMS 和数据采集与处理四个子系统组成，见图 11-10。

CEMS 监测的主要污染物有：二氧化硫、氮氧化物和颗粒物。根据燃烧设备所用燃料和燃烧工艺的不同，可能还需要监测一氧化碳、氯化氢等。监测的主要烟气参数有：含氧量、含湿量（湿度）、流量（或流速）、温度和大气压。

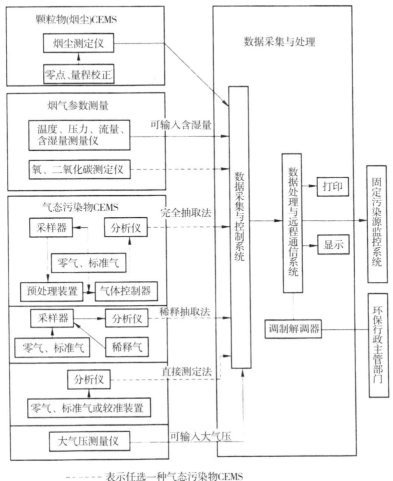

－－－－－表示任选一种气态污染物CEMS

图 11-10　CEMS 组成示意图

二、烟气参数的测量

烟气温度、压力、流量（或流速）、含氧量、含湿量及大气压都是计算烟气污染物浓度及其排放总量需要的参数。

温度常用热电偶温度仪或热电阻温度仪测量。流量（或流速）常用皮托管流速测量仪或超声波测速仪、靶式流量计测量。烟气压力可由皮托管流速测量仪的压差传感器测得。含湿量常用测氧仪测定烟气除湿前、后含氧量计算得知，也可以用电容式传感器湿度测量仪测量。含氧量用氧化锆氧分析仪或磁氧分析仪、电化学传感器氧量测量仪测量。大气压用大气压计测量。

三、颗粒物（烟尘）自动监测仪

烟尘的测定方法有浊度法、光散射法、β射线吸收法等。使用这些方法测定时，烟气中其他组分的干扰可忽略不计，但水滴有干扰，不适合在湿法净化设备后使用。

（一）浊度法

浊度法测定烟尘的原理基于烟气中颗粒物对光的吸收。图 11-11 是一种双光程浊度仪测定原理图。光源和检测器组合件安装在烟囱的左侧,反光镜组合件安装在烟囱的右侧。当被斩光器调制的入射光束穿过烟气到达反光镜组合件时,被角反射镜反射后再次穿过烟气返回到检测器,根据用测定烟尘的标准方法对照确定的烟尘浓度与检测器输出信号间的关系,经仪器校准后即可显示、输出实测烟气的烟尘浓度。仪器配有空气清洗器,以保持与烟气接触的光学镜片（窗）清洁。仪器经过改进,调制、校准及光源的参比等功能用特种 LCD 材料来实现,使整个系统无运动部件,提高了稳定性。LCD 材料具有通过改变电压可以改变其通光性的特点。

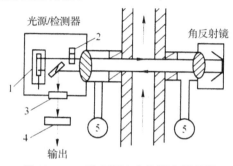

图 11-11　双光程浊度仪测定原理图
1.光源;2.斩光器;3.检测器;4.信号处理器;5.空气清洗器

（二）光散射法

光散射法基于颗粒物对光的散射作用,通过测量偏离入射光一定角度的散射光强度,间接测定烟尘的浓度。根据散射光偏离入射光的角度不同,其监测仪器有后散射烟尘监测仪、边散射烟尘监测仪和前散射烟尘监测仪。图 11-12 是一种探头式后散射烟/尘监测仪的测定原理图。将它安装在烟囱或烟道的一侧,用经两级过滤器处理的空气冷却和清扫光学镜窗口;手工采样利用重量法测定烟气中烟尘的浓度,建立与仪器显示数据的相关关系,并用数字电子技术实现自动校准。

光散射法比浊度法灵敏度高,仪器的最小测定范围与光路长度无关,特别适用于低浓度和小粒径颗粒物的测定。

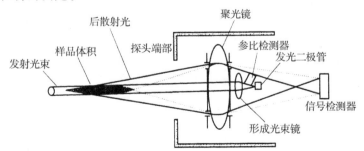

图 11-12　探头式后散射烟尘监测仪的测定原理图

四、气态污染物的测定

烟气具有温度高、含湿量大、腐蚀性强和含尘量高的特点,监测环境恶劣,测定气态污染物需要选择适宜的采样、预处理方式及自动监测仪。

(一)采样方式

连续自动测定烟气中气态污染物的采样方式分为抽取采样法和直接测量法。抽取采样法又分为完全抽取采样法和稀释抽取采样法,直接测量法又分为内置式测量法和外置式测量法。

1.完全抽取采样法

完全抽取采样法是直接抽取烟囱或烟道中的烟气,经处理后进行监测,其采样系统有两种类型,即热-湿采样系统和冷凝-干燥采样系统。

热-湿采样系统适用于高温条件下测定的红外或紫外气体分析仪,其采样和预处理系统流程示意如图 11-13。它由带过滤器的高温采样探头、高温条件下运行的反吹清扫系统、校准系统及气样输送管路、采样泵、流量计等组成。仪器要求从采样探头到分析仪器之间所有与气体介质接触的组件均采取加热、控温措施,保持高于烟气露点温度,以防止水蒸气冷凝,造成部件堵塞、腐蚀和分析仪器故障。压缩空气沿着与气流相反的方向反吹过滤器,把过滤器孔中滞留的颗粒物吹出来,避免堵塞。反吹周期视烟气中颗粒物的特性和浓度而定。

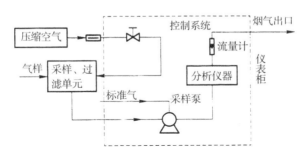

图 11-13　热-湿采样系统采样和预处理系统流程

冷凝-干燥采样系统是在烟气进入监测仪器前进行除颗粒物、水蒸气等净化、冷却和干燥处理。如果在采样探头后离烟囱或烟道尽可能近的位置安装处理装置,称为预处理采样法,具有输送管路不需要加热、能较灵活地选择监测仪器和按干烟气计算排放量等优点,但维护不够方便,且传输距离较远时仍然会使气样浓度发生变化。如果在进入监测仪器前,距离采样探头一定距离处安装处理装置,称为后处理采样法。其具有维护方便、能更灵活地选择监测仪器和按干烟气计算排放量和污染物浓度等优点,但要求整个采样管路保持高于烟气露点的温度,这种采样系统的采样流程示意如图 11-14。

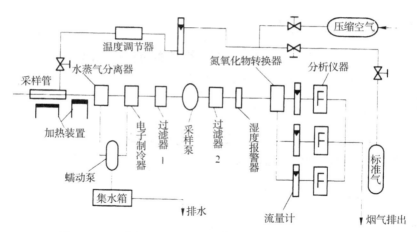

图 11-14　冷凝—干燥采样系统后处理采样法的采样流程

2.稀释抽取采样法

这种采样方法是利用探头内的临界限流小孔,借助于文丘里管形成的负压作为采样动力,抽取烟气样品,用干燥气体稀释后送入监测仪器。有两种类型稀释探头,一种是烟道内稀释探头,另一种是烟道外稀释探头。二者的工作原理相同,主要不同之处在于:前者在位于烟道中的探头部分稀释烟气,输送管路不需要加热、保温;后者将临界限流小孔和文丘里管安装在烟道外探头部分内,如果距离监测仪器远,输送管路需要加热、保温。因为烟气进入监测仪器前未经除湿,故测定结果为湿基浓度。

烟道内稀释探头的工作原理示如图 11-15。临界限流小孔的长度远远小于空腔内径,当小孔的孔后与孔前的压力比大于 0.46 时,气体流经小孔的速度与小孔两端的压力变化基本无关,通过小孔的气体流量恒定。

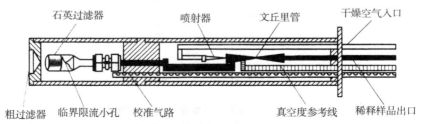

图 11-15　烟道内稀释探头的工作原理

稀释抽取采样法的优点在于:烟气能以很低的流速进入探头的稀释系统,可以比完全抽取采样法的进气流量低两个数量级,如烟气流量 2~5L/ min,进入探头稀释系统的流量只有 20~50 mL/ min,这就解决了完全抽取采样法需要过滤和调节处理大量烟气的问题,可以进入空气污染监测仪器测定。

3.直接测量法

直接测量法类似于测量烟气烟尘,将测量探头和测量仪器安装在烟囱(道)上,直接测量烟气中的污染物。这种测量系统一般有两种类型:一种是将传感器安装在测量探头的端部,探头插入烟囱(道)内,用电化学法或光电法测量,相当于在烟囱(道)中一个点上测量,称为内置式,如用氧化锆氧量分析仪测量烟气含氧量;另一种是将测量仪器部件分装在烟囱(道)两侧,用吸收光谱法测量,如将光源和光电检测器单元安装在烟囱(道)的一侧,反射镜单元安装在另一侧,入射光穿过烟气到达反射镜单元,被反射镜反射,进入光电检测器,测量污染物对特征光的吸收,相当于线测量,这种方式将光学镜片全部装在烟囱(道)外,不易受污染,称为外置式。这种方法适用于低浓度气体测量,有单光束型和双光束型,可用双波长法、差分吸收光谱法、气体过滤相关光谱法等测量。

(二)监测仪器

一台监测烟气中气态污染物的仪器,除采样单元外,还包括测量单元(光学部件和光电转换器或电化学传感器)、校准系统、自动控制和显示记录单元、信号处理单元等。烟气中主要气态污染物常用的监测仪器如下:

SO_2:非色散红外吸收自动监测仪、非色散紫外吸收自动监测仪、紫外荧光自动监测仪、定电位电解自动监测仪。

NO_x:化学发光自动监测仪、非色散红外吸收自动监测仪、非色散紫外吸收自动监测仪。

CO:非色散红外吸收自动监测仪、定电位电解自动监测仪。

第三节 水污染源连续自动监测系统

一、水污染源连续自动监测系统的组成

水污染源连续自动监测系统由流量计、自动采样器、污染物及相关参数自动监测仪、数据采集及传输设备等组成,是水污染源防治设施的组成部分。这些仪器的主机安装在距离采样点不大于 50m、环境条件符合要求、具备必要的水电设施和辅助设备的专用房屋内。

数据采集、传输设备用于采集各自动监测仪测得的监测数据,经数据处理后,进行存储、记录和发送到远程监控中心,通过计算机进行集中控制,并与各级环境保护管理部门的计算机联网,实现远程监管,提高了科学监管能力。

二、废(污)水处理设施连续自动监测项目

对于不同类型的水污染源,各个国家都制定了相应的排放标准,规定了排放废(污)水中污染物的允许浓度。我国已颁布了 30 多种废(污)水排放标准,标准中要求控制的污染物项目有些是相同的,有些是行业特有的,要根据不同行业的具体情况,选择那些能综合反映污染程度,危害大,并且有成熟的连续自动监测仪的项目进行监测,对于没有成熟连续自动监测仪的项目,仍需要手工分析。目前,废(污)水主要连续自动监测的项目有:pH、氧化还原电位(ORP)、溶解氧(DO)、化学需氧量(COD)、紫外吸收值(UVA)、总有机碳(TOC)、总氮(TN)、总磷(TP)、浊度(Tur)、污泥浓度(MLSS)、污泥界面、流量(q_v)、水温(t)、废(污)水排放总量及污染物排放总量等,见图 11-16。其中,COD、UVA、TOC 都是反映有机物污染的综合指标,当废(污)水中污染物组分稳定时,三者之间有较好的相关性。因为 COD 监测法消耗试剂量大,监测仪器比较复杂,易造成二次污染,故应尽可能使用不用试剂、仪器结构简单的 UVA 连续自动监测仪测定,再换算成 COD。

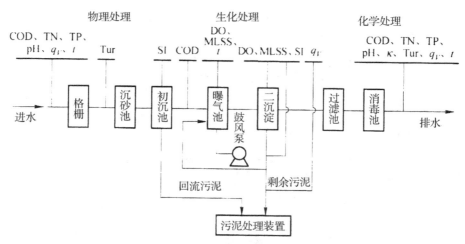

图 11 - 16　废(污)水主要连续自动监测的项目

COD:**化学需氧量**;TN:**总氮**;TP:**总磷**;DO:**溶解氧**;Tur:**浊度**;κ:**电导率**;SI:**污泥界面**;MLSS:**污泥浓度**;q_v:**流量**;t:**温度**

　　企业排放废水的监测项目要根据其所含污染物的特征进行增减,如钢铁、冶金、纺织、煤炭等工业废水需增测汞、镉、铅、铬、砷等有害金属化合物和硫化物、氟化物、氰化物等有害非金属化合物。

三、监测方法和监测仪器

　　pH、溶解氧、化学需氧量、总有机碳、UVA、总氮、总磷、浊度的监测方法和自动监测仪器与地表水连续自动监测系统相同;但是,废(污)水的监测环境较地表水恶劣,水样进入监测仪器前的预处理系统往往比地表水复杂。

　　污染物排放总量是根据监测仪器输出的浓度信号和流量计输出的流量信号,由监测系统中的负荷运算器进行累积计算得到,可输出 TP、TN、COD 的 1h 排放量、1h 平均浓度、日排放量和日平均浓度。这些数据由显示器显示,打印机打印和送到存储器储存,并利用数据处理和传输设备进行信号处理,输送到远程监控中心。

第四节　地表水污染连续自动监测系统

一、地表水污染连续自动监测系统的组成与功能

　　地表水污染连续自动监测系统由若干个水质自动监测站和一个远程监控中心组成。水质自动监测站在自动控制系统控制下,有序地开展对预定污染物及水文参数连续自动监测工作,无人值守、昼夜运转,并通过有线或无线通信设备将监测数据和相关信息传输到远程监控中心,接受远程监控中心的监控。远程监控中心设有计算机及其外围设备,实施对各水质自动监测站状态信息及监测数据的收集和监控,根据需要完成各种数据的处理,报表、图件制作及输出工作,向水质自动监测站发布指令等。

　　建立地表水污染连续自动监测系统的目的是对江、河、湖、海、渠、库的主要水域重点

断面水体的水质进行连续监测,掌握水质现状及变化趋势,预警或预报水质污染事故,提高科学监管水平。

二、水质自动监测站的布设及装备

对于水质自动监测站的布设,首先也要调查研究,收集水文、气象、地质和地貌、水体功能、污染源分布及污染现状等基础资料,根据建站条件、环境状况、水质代表性等因素进行综合分析,确定建站的位置、监测断面、监测垂线和监测点。第二章中介绍的地表水监测断面和监测垂线、监测(采样)点的设置原则和方法在此也适用。监测站的采样点距离站房越近越好。

图 11－17 为一种岸边设置的栈桥式固定水质自动监测站示意图。为适应突发性环境污染事故应急监测和特殊环境监测,也需要设置流动监测站,如水质监测船、水质监测车。

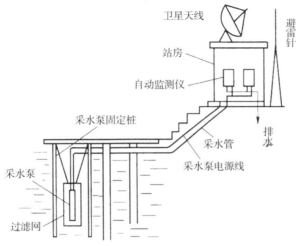

图 11－17 栈桥式固定水质自动监测站示意图

水质自动监测站由采水单元、配水和预处理单元、自动监测仪单元、自动控制和通信单元、站房及配套设施等组成。

采水单元包括采水泵、输水管道、排水管道及调整水槽等。采水头一般设置在水面下 0.5～1.0 m 处,与水底有足够的距离,使用潜水泵或安装在岸上的吸水泵采集水样。设计采水方式要因地制宜,如栈桥式、利用现有桥梁式、浮筏式、悬臂式等。

配水和预处理单元包括去除水样中泥沙的过滤、沉降装置,手动和自动管道反冲洗装置及除藻装置等。

自动监测仪单元装备有各种污染物连续自动监测仪、自动取样器及水文参数(流量或流速、水位、水向)测量仪等。

自动控制和通信单元包括计算机及应用软件、数据采集及存储设备、有线和无线通信设备等。具有处理和显示监测数据,根据对不同设备的要求进行相应控制,实时记录采集到的异常信息,并将信息和数据传输至远程监控中心等功能。

监测站房配有水电供给设施、空调机、避雷针、防盗报警装置等。

三、监测项目与监测方法

地表水质监测项目分为常规指标、综合指标和单项污染指标,见表 11 - 2。其中,五项常规指标都要测定,图 11 - 18 为水质自动监测站连续自动监测五项常规指标体系示意图。

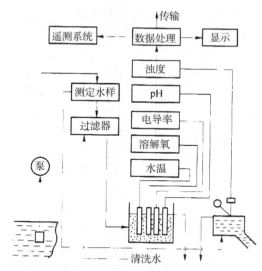

图 11 - 18　水质自动监测站连续自动监测五项常规指标体系示意图

表 11 - 2　地表水质监测项目

监测项目		监测方法
常规指标	水温	铂电阻法或热敏电阻法
	pH	电位法(玻璃电极法)
	电导率	电导电极法
	浊度	光散射法
	溶解氧	隔膜电极法(极谱型或原电池型)
综合指标	化学需氧量(COD)	分光光度法、流动注射－分光光度法、库仑滴定法、比色法等
	高锰酸盐指数(I_{Mn})	分光光度法、流动注射－分光光度法、电位滴定法
	总需氧量(TOD)	高温氧化－氧化锆氧量分析仪法
	总有机碳(TOC)	燃烧氧化－非色散红外吸收法、紫外照射－非色散红外吸收法
	紫外吸收值(UVA)	紫外分光光度法
单项污染指标	总氮	过硫酸钾消解－紫外分光光度法、密闭燃烧氧化－化学发光分析法
	总磷	
	氨氮	高温消解－分光光度法
		离子选择电极(氨气敏电极)法、分光光度法、流动注射－分光光度法
	氯化物	离子选择电极法
	氟化物	离子选择电极法
	油类	紫外分光光度法、荧光光谱法、非色散红外吸收法

五项综合指标都是反映有机物污染状况的指标,根据水体污染情况,可选择其中一项

测定,地表水一般测定高锰酸盐指数。单项污染指标则根据监测断面所在水域水质状况确定。另外,还要测定水位、流速、降水量等水文参数,气温、风向、风速、日照量等气象参数,以及污染物通量等。

四、水污染连续自动监测仪器

(一)常规指标自动监测仪

五项常规指标的测定不需要复杂的操作程序,已广泛应用的水质五参数自动监测仪将五种自动监测仪安装在同一机箱内,使用方便,便于维护。

1.水温自动监测仪

测量水温一般用感温元件如铂电阻或热敏电阻作为传感器。将感温元件浸入被测水中并接人电桥的一个桥臂上;当水温变化时,感温元件的电阻随之变化,则电桥平衡状态被破坏,有电压信号输出,根据感温元件电阻变化值与电桥输出电压变化值的定量关系实现对水温的测量。图 11-19 为水温自动监测仪的工作原理。

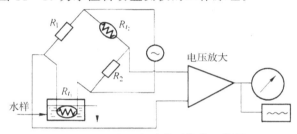

图 11-19　水温自动监测仪的工作原理

2.电导率自动监测仪

溶液电导率的测量原理和测量方法在第二章已作介绍。在连续自动监测中,常用自动平衡电桥式电导仪和电流测量式电导仪测量。后者采用了运算放大器,可使读数和电导率呈线性关系,其工作原理如图 11-20 所示。

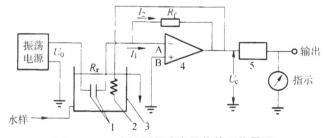

图 11-20　电流测量式电导仪的工作原理
1—电导电极;2—温度补偿电阻;3—电导池;4—运算放大器;5—整流器

由图 11-20 可见,运算放大器 4 有两个输入端,其中 A 为反相输入端,B 为同相输入端,有很高的开环放大倍数。如果把运算放大器输出电压通过反馈电阻 R_f 向反向输入端 A 引入深度负反馈,则运算放大器就变成电流放大器,此时流过 R_f 的电流 I_2 等于流过电导池(电阻 R_x,电导 G_x)的电流 I_1,即

$$G_x = \frac{1}{R_x} = \frac{U_c}{U_0} \cdot \frac{1}{R_f}$$

式中，U_0、U_c——输入电压和输出电压。

由上式可知，当 U_0 和 R_f 恒定时，则溶液的电导（G_x）正比于输出电压（U_c）。反馈电阻 R_f 即为仪器的量程电阻，可根据被测溶液的电导来选择其电阻值。另外，还可将振荡电源制成多挡可调电压供测量选择，以减小极化作用的影响。

3.pLR 自动监测仪

图 11-21 为 pH 自动监测仪的工作原理图。它由复合式 pH 玻璃电极、温度自动补偿电极、电极夹、电线连接箱、专用电缆、放大指示系统及微型计算机等组成。为防止电极长期浸泡于水中表面沾附污物，在电极夹上带有超声波清洗装置，定时自动清洗电极。

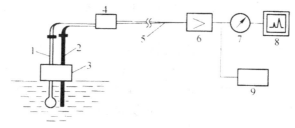

图 11-21　pH 自动监测仪的工作原理

1—复合式 pH 玻璃电极；2—温度自动补偿电极；3—电极夹；4—电线连接箱；5—专用电缆；6—阻抗转换及放大器；7—指示表；8—记录仪；9—微型计算机

4.溶解氧自动监测仪

（1）隔膜电极法 DO 自动监测仪：隔膜电极法（氧电极法）测定水中溶解氧（见第二章）应用最广泛。有两种隔膜电极，一种是原电池型隔膜电极，另二种是极谱型隔膜电极，由于后者使用中性内充液，维护较简便，适用于自动监测系统，图 11-22 为其工作原理图。电极可安装在流通式发送池中，也可浸于搅动的水样（如曝气池）中。该仪器设有清洗系统，定期自动清洗沾附在电极上的污物。

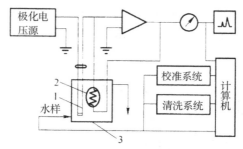

图 11-22　极谱型隔膜电极法 DO 自动监测仪工作原理

1—隔膜电极；2—热敏电阻；3—流通式发送池

（2）荧光光谱法 DO 自动监测仪：用荧光光谱法监测水中溶解氧，可以有效地消除水样 pH 的波动和干扰物质对测定的影响，具有不需要化学试剂、维护工作量小等优点，已用于废（污）水处理连续自动监测。

荧光光谱法 DO 自动监测仪由荧光 DO 传感器、测量和控制器两部分组成。荧光 DO 传感器的工作原理如图 11-23 所示。荧光 DO 传感器的最前端为覆盖一层荧光物质的透明材料的传感器帽，主体内有红色发光二极管（红色 LED）、蓝色发光二极管（蓝色 LED）和光敏二极管、信号处理器等。当蓝色发光二极管发射脉冲光穿过透明材料的传感器帽，照射到荧光物质层时,则荧光物质分子被激发,从基态跃迁到激发态,因激发态分子不稳定,瞬间又返回基态,发射出比照射光波长长的红光。如果氧分子与荧光物质层接触,可以吸收高能荧光物质分子的能量,使红光辐射强度降低,甚至猝灭,也就是说,红色辐射光的最大强度和衰减时间取决于其周围氧的浓度,在一定条件下,二者有定量关系,故通过用发光二极管及信号处理器测量荧光物质分子从被激发到返回基态所需时间即可得知溶解氧的浓度。红色发光二极管在蓝色发光二极管发射蓝光的同时发射红光,作为蓝光激发荧光物质后发射红光时间的参比。荧光 DO 传感器周围的溶解氧浓度越大,荧光物质的发光时间越短,这样,将溶解氧浓度测定简化为时间的测量。市场上有多种型号的荧光光谱法 DO 自动监测仪出售,如美国哈希公司、日本岛津制作所及北泽产业(株)、英国电子仪器公司等都有类似的产品。

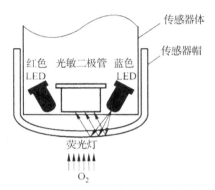

图 11-23　荧光 DO 传感器的工作原理

5.浊度自动监测仪

图 11-24 为表面散射式浊度自动监测仪的工作原理。

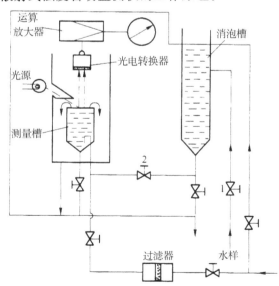

图 11-24　表面散射式浊度自动监测仪的工作原理

被测水样经阀 1 进入消泡槽,去除水样中的气泡后,由槽底流出经阀 2 进入测量槽,再由槽顶溢流流出。测量槽顶经特别设计,使溢流水保持稳定,从而形成稳定的水面。从光源射入溢流水面的光束被水样中的颗粒物散射,其散射光被安装在测量槽上部的光电转换器接收,转换为电流。同时,通过光导纤维装置导入一部分光源光作为参比光束输入到另一光电转换器(图中未画出),两光电转换器产生的光电流送入运算放大器运算,并转换成与水样浊度呈线性关系的电信号,用电表指示或记录仪记录。仪器零点可用通过过滤器的水样进行校准,量程可用浊度标准溶液或标准散射板进行校准。光电转换器、运算放大器应装在恒温器中,以避免温度变化带来的影响。测量槽内污物可采用超声波清洗装置定期自动清洗。

(二)综合指标自动监测仪

1.高锰酸盐指数自动监测仪

有分光光度式和电位滴定式两种高锰酸盐指数自动监测仪,它们都是基于以高锰酸钾溶液为氧化剂氧化水中的有机物等可氧化物质,通过高锰酸钾溶液消耗量计算出耗氧量(以 mg/L 为单位表示),只是测量过程和测量方式有所不同。

有两种分光光度式高锰酸盐指数自动监测仪,一种是程序式高锰酸盐指数自动监测仪,另一种是流动注射式高锰酸盐指数自动监测仪。前者是一种将高锰酸盐指数标准测定方法操作过程程序化和自动化,用分光光度法确定滴定终点,自动计算高锰酸盐指数的仪器,测定速度慢,试剂用量较大;后者是将水样和高锰酸钾溶液注入流通式毛细管,反应后,进入测量池测量吸光度,并换算成高锰酸盐指数的仪器。

流动注射式高锰酸盐指数自动监测仪的工作原理示意于图 11-25。在自动控制系统的控制下,载流液由陶瓷恒流泵连续输送至反应管道中,当按照预定程序通过电磁阀将水样和高锰酸钾溶液切入反应管道(流通式毛细管)后,被载流液载带,并在向前流动过程中与载流液渐渐混合,在高温、高压条件下快速反应后,经过冷却,流过流通式比色池,由分光光度计测量液流中剩余高锰酸钾对 530nm 波长光吸收后透过光强度的变化值,获得具有峰值的响应曲线,将其峰高与标准水样的峰高比较,自动计算出水样的高锰酸盐指数。完成一次测定后,用载流液清洗管道,再进行下一次测定。

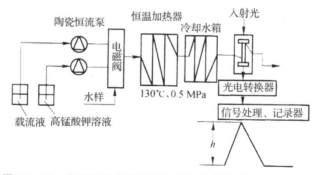

图 11-25　流动注射式高锰酸盐指数自动监测仪的工作原理

电位滴定式高锰酸盐指数自动监测仪与程序式高锰酸盐指数自动监测仪测定程序相同,只是前者是用指示电极系统电位的变化指示滴定终点。

2.化学需氧量(COD)自动监测仪

这类仪器有流动注射一分光光度式 COD 自动监测仪、程序式 COD 自动监测仪和库仑滴定式 COD 自动监测仪。流动注射—分光光度式 COD 自动监测仪工作原理与流动注射式高锰酸盐指数自动监测仪相同,只是所用氧化剂和测定波长不同。

程序式 COD 自动监测仪基于在酸性介质中,加入过量的重铬酸钾标准溶液氧化水样中的有机物和无机还原性物质,用分光光度法测定剩余的重铬酸钾量,计算出水样消耗重铬酸钾量和 COD。仪器利用微型计算机或程序控制器将量取水样、加液、加热氧化、测定及数据处理等操作自动进行。恒电流库仑滴定式 COD 自动监测仪也是利用微型计算机将各项操作按预定程序自动进行,只是将氧化水样后剩余的重铬酸钾用库仑滴定法测定,根据消耗电荷量与加入的重铬酸钾总量所消耗的电荷量之差,计算出水样的 COD。两种仪器的工作原理示于图 11-26。

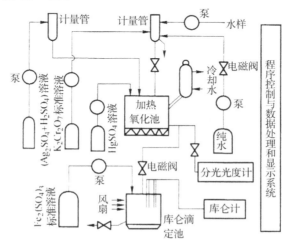

图 11-26 程序式 COD 自动监测仪和恒电流库仑滴定式 COD 自动监测仪的工作原理

3.总有机碳(TOC)自动监测仪

这类仪器有燃烧氧化—非色散红外吸收 TOC 自动监测仪和紫外照射—非色散红外吸收 TOC 自动监测仪。前者的工作原理在第二章已介绍,但要使其成为间歇式自动监测仪,需要安装自控装置,将加入水样和试剂、燃烧氧化和测定、数据处理和显示、清洗等操作按预定程序自动进行。后者的工作原理是在自动控制装置的控制下,将水样、催化剂(TiO2 悬浮液)、氧化剂(过硫酸钾溶液)导入反应池,在紫外线的照射下,水样中的有机物氧化成二氧化碳和水,被载气带入冷却器除去水蒸气,送入非色散红外气体分析仪测定二氧化碳,由数据处理单元换算成水样的 TOC。仪器无高温部件,易于维护,但灵敏度较燃烧氧化—非色散红外吸收法低,其工作原理见图 11-27。

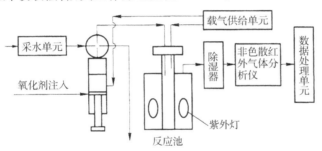

图 11 - 27　紫外照射—非色散红外吸收 TOC 自动监测仪的工作原理

4.紫外吸收值(UVA)自动监测仪

由于溶解于水中的不饱和烃和芳香烃等有机物对 254nm 附近的紫外线有强烈吸收，而无机物对其吸收甚微。实验证明，某些废(污)水或地表水对该波长附近紫外线的吸光度与其 COD 有良好的相关性，故可用来反映有机物的含量。该方法操作简便，易于实现自动测定，目前在国外多用于监控排放废(污)水的水质，当紫外吸收值超过预定控制值时，就按超标处理。

图 11 - 28 是一种单光程双波长 UVA 自动监测仪的工作原理。由低压汞灯发出约 90％的 254nm 紫外线光束，通过发送池后，聚焦并射到与光轴成 45°的半透射半反射镜上，将其分成两束，一束经紫外线滤光片得到 254nm 的紫外线(测量光束)，射到光电转换器上，将光信号转换成电信号，它反映了水中有机物对 254nm 紫外线的吸收和水中悬浮物对该波长紫外线吸收及散射而衰减的程度。另一束光成 90°反射，经可见光滤光片滤去紫外线(参比光束)射到另一光电转换器上，将光信号转换为电信号，它反映水中悬浮物对参比光束(可见光)吸收和散射后的衰减程度。假设悬浮物对紫外线的吸收和散射与对可见光的吸收和散射近似相等，则两束光的电信号经差分放大器作减法运算后，其输出信号即为水样中有机物对 254nm 紫外线的吸光度，消除了悬浮物对测定的影响。仪器经校准后可直接显示、记录有机物浓度。

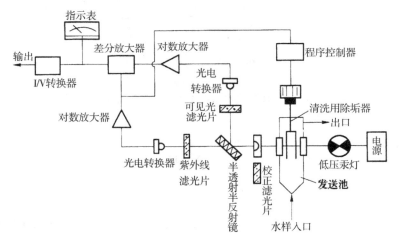

图 11 - 28　单光程双波 UVA 自动监测仪的工作原理

(三)单项污染指标自动监测仪

1.总氮(TN)自动监测仪

这类仪器测定原理是：将水样中的含氮化合物氧化分解成 NO_2 或 NO、NO_3^-，用化学发光分析法或紫外分光光度法测定。根据氧化分解和测定方法不同，有三种 TN 自动监测仪。

(1)紫外氧化分解—紫外分光光度 TN 自动监测仪：测定原理是将水样、碱性过硫酸钾溶液注入反应器中，在紫外线照射和加热至 70℃条件下消解，则水样中的含氮化合物氧化分解生成 NO_3^-；加入盐酸溶液除去 CO_2 和 CO_3^{2-} 后，输送到紫外分光光度计，于 220nm

波长处测其吸光度,通过与标准溶液吸光度比较,自动计算出水样中 TN 浓度,并显示和记录。

(2)密闭燃烧氧化－化学发光 TN 自动监测仪:将微量水样注入置有催化剂的高温燃烧管中进行燃烧氧化,则水样中的含氮化合物分解生成 NO,经冷却、除湿后,与 O_3 发生化学发光反应,生成 NO_2,测量化学发光强度,通过与标准溶液发光强度比较,自动计算 TN 浓度,并显示和记录。

(3)流动注射－紫外分光光度 TN 自动监测仪:利用流动注射系统,在注入水样的载液(NaOH 溶液)中加入过硫酸钾溶液,输送到加热至 150℃～160℃ 的毛细管中进行消解,将含氮化合物氧化分解生成 NO_3^-,用紫外分光光度法测定 NO_3^- 浓度,自动计算 TN 浓度,并显示、记录。

2.总磷(TP)自动监测仪

测定总磷的自动监测仪有分光光度式和流动注射式,它们都是基于将水样消解,将不同价态的含磷化合物氧化分解为磷酸盐,经显色后测其对特征光(880 nm)的吸光度,通过与标准溶液的吸光度比较,计算出水样 TP 浓度。

(1)分光光度式 TP 自动监测仪:这种仪器的工作原理示意于图 11－29。可见,它也是一种将手工测定的标准操作方法程序化、自动化的仪器。

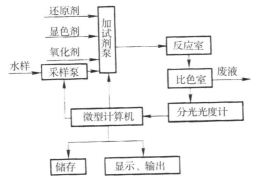

图 11－29　分光光度式 TP 自动监测仪的工作原理

(2)流动注射－分光光度式 TP 自动监测仪:仪器的工作原理与流动注射式高锰酸盐指数自动监测仪大同小异,即在自动控制系统的控制下,按照预定程序由载流液(H_2SO_4 溶液)载带水样和过硫酸钾溶液进入毛细管,在 150℃～160℃ 下消解,水样中各种含磷化合物被氧化分解,生成磷酸盐,和加入的酒石酸锑氧钾－钼酸铵溶液进入显色反应管,发生显色反应,生成黄色磷钼杂多酸,再加入抗坏血酸溶液,使之生成磷钼蓝,输送到流通式比色池,测定对 880nm 波长光的吸光度,由数据处理系统通过与标准溶液的吸光度比较,自动计算水样 TP 浓度,并显示、记录。

3.氨氮自动监测仪

按照仪器的测定原理,有分光光度式和氨气敏电极式两种氨氮自动监测仪。

(1)分光光度式氨氮自动监测仪:这类仪器有两种类型,一种是将手工测定的标准方法操作程序化和自动化的氨氮自动监测仪,即在自动控制系统的控制下,按照预定程序自动采集水样送入蒸馏器,加入氢氧化钠溶液,加热蒸馏,使水样中的离子态氨转化成游离氨,进入吸收池被酸(硫酸或硼酸)溶液吸收后,送到显色反应池,加入显色剂(水杨酸－次氯酸溶液或纳氏试剂)进行显色反应,待显色反应完成后,再送入比色池测其对特征波长(前一种显色剂为697nm,后一种显色剂为420nm)光的吸光度,通过与标准溶液的吸光度比较,自动计算水样中氨氮浓度,并显示、记录。测定结束后,自动抽入自来水清洗测定系统,转入下一次测定,一个周期需要60min。另一种类型是流动注射一分光光度式氨氮自动监测仪,其工作原理如图11-30所示。在自动控制系统的控制下,将水样注入由蠕动泵输送来的载流液(NaOH溶液)中,在毛细管内混合并进行富集后,送入气液分离器的分离室,释放出氨气并透过透气膜,被由恒流泵输送至另一毛细管内的酸碱指示剂(溴百里酚蓝)溶液吸收,发生显色反应,将显色溶液送入分光光度计的流通比色池,用光电检测器测其对特征光的吸光度,获得吸收峰高,通过与标准溶液吸收峰高比较,自动计算出水样的氨氮浓度。仪器最短测定周期为10min,水样不需要预处理。

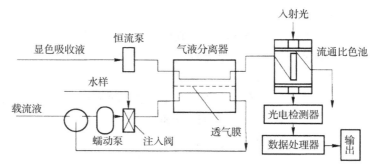

图11-30　流动注射一分光光度式氨氮自动监测仪的工作原理

(2)氨气敏电极式氨氮自动监测仪:这种仪器的工作原理如图11-31所示。

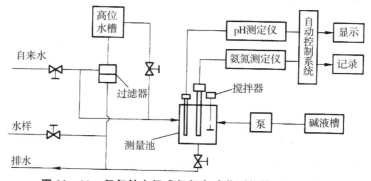

图11-31　氨气敏电极式氨氮自动监测仪的工作原理

在自动控制系统的控制下,将水样导入测量池,加入氢氧化钠溶液,则水样中的离子态氨转化成游离氨,并透过氨气敏电极的透气膜进入电极内部溶液,使其pH发生变化,通过测量pH的变化并与标准溶液pH的变化比较,自动计算水样氨氮浓度。仪器结构简单,试剂用量少,测量浓度范围宽,但电极易受污染。

五、水质监测船

水质监测船是一种水上流动的水质分析实验室,它用船作运载工具,装上必要的监测仪器、相关设备和实验材料,可以灵活地开到需要监测的水域进行监测工作,以弥补固定监测站的不足;可以方便地寻找追踪污染源,进行污染物扩散、迁移规律的研究;可以在大水域范围内进行物理、化学、生物、底质和水文等参数的综合观测,取得多方面的数据。在水质监测船上,一般装备有水体、底质、浮游生物等采样系统或工具,固定监测站和水质分析实验室中必备的分析仪器、化学试剂、玻璃仪器及相关材料、水文、气象参数测量仪器及其他辅助设备和设施,如标准源、烘箱、冰箱、实验台、通风及生活设施等,还备有浸入式多参数水质监测仪,可以垂直放入水体不同深度,同时测量 pH、水温、溶解氧、电导率、氧化还原电位和浊度等参数。

第五节　环境监测网

环境监测网是运用计算机和现代通信技术将一个地区、一个国家,乃至全球若干个业务相近的监测站及其管理层按照一定组织、程序相互联系,传递环境监测数据、信息的网络系统。通过该系统的运行,达到信息共享,提高区域性监测数据的质量,为评价大尺度范围环境质量和科学管理提供依据的目的。下面介绍我国环境监测网情况。

一、环境监测网管理与组成

我国环境监测网由环境保护部会同资源管理、工业、交通、军队及公共事业等部门的行政领导组成的国家环境监测协调委员会负责行政领导,其主要职责是商议全国环境监测规划和重大决策问题。由各部门环境监测专家组成国家环境监测技术委员会负责技术管理,主要职责是:审议全国环境监测技术决策和重要监测技术报告;制定全国统一的环境监测技术规范和标准监测分析方法,并进行监督管理。环境监测技术委员会秘书组设在中国环境监测总站。

全国环境监测网由国家环境监测网、各部门环境监测网及各行政区域环境监测网组成。国家环境监测网由各类跨部门、跨地区的生态与环境质量监测系统组成,其主要监测点是从各部门、各行政区域现行的监测点中优选出来的,由各部门分工负责,开展生态监测和环境质量监测工作。部门环境监测网为资源管理、环境保护、工业、交通、军队等部门自成体系的纵向环境监测网,它们在国家环境监测网分工的基础上,根据自身功能特点和减少重复的原则,工作各有侧重,如资源管理部门以生态环境质量监测为主,工业、交通、军队等部门以污染源监测为主。行政区域环境监测网由省、市级横向环境监测网组成,省级环境监测网以对所辖地区环境质量监测为主,市级环境监测网以污染源监测为主。

环境监测网的实体是环境质量监测网和污染源监测网。国家环境质量监测网由生态监测网、空气质量监测网、地表水质量监测网、地下水质量监测网、海洋环境质量监测网、酸沉降监测网、放射性监测网等组成。

二、国家空气质量监测网

该监测网由空气质量监测中心站和从城市、农村筛选出的若干个空气质量监测站组成。空气质量监测中心站分为空气质量背景监测站、城市空气污染趋势监测站和农村居住环境空气质量监测站三类,见图 11－32。

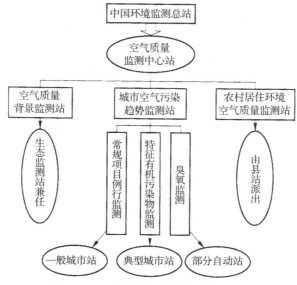

图 11-32　国家空气质量监测网的组成

空气质量背景监测站设在无工业区、远离污染源的地方,其监测结果用于评价所在区域空气质量,与城市空气质量相比较。城市空气污染趋势监测站分为一般趋势(监测)站和特殊趋势(监测)站两类。前者进行常规项目(TSP、SO_2、NO_x、PM10 及气象参数)例行监测,发布空气达标情况;后者是选择国家确定的空气污染重点城市开展特征有机污染物、臭氧监测。农村居住环境空气质量监测站建在无工业生产活动的村庄,开展空气污染常规项目的定期监测,评价空气质量状况。

三、国家地表水质量监测网

国家地表水质量监测网由地表水质量监测中心站和若干个地表水质量监测子站组成。地表水质量监测子站设在各水域,委托地方监测站负责日常运行和维护。监测子站的类型有背景监测站、污染趋势监测站、生产性水域监测站和污染物通量监测站。子站的监测断面布设在重要河流的省界,重要支流入河(江)口和入海口,重要湖泊及出入湖河流、国界河流及出入境河流,湖泊、河流的生产性水域及重要水利工程处等。截至 2007年,我国已在松花江、辽河、海河、黄河、淮河、长江、珠江、太湖、巢湖、滇池等水系或水域建立完善了 200 余个水质自动监测站,分布在 20 多个省(自治区、直辖市),在评价重要地表水水域水质变化趋势、污染事故预警、解决跨界纠纷、重要工程项目环境影响评估及保障公众用水安全方面发挥了重要作用。国家地表水质量监测网的组成及监测断面的设置见图 11-33。

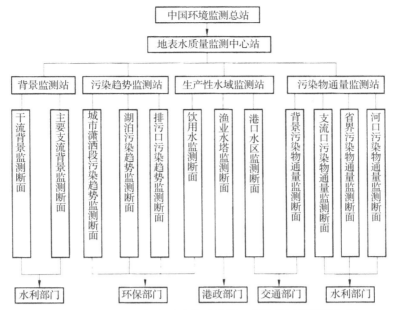

图 11-33　国家地表水质量监测网的组成及监测断面的设置

四、其他国家环境质量监测网

海洋环境质量监测网由国家海洋局组建,设有海洋环境质量监测网技术中心站、近岸海域污染监测站、近岸海域污染趋势监测断面、远海海域污染趋势监测断面。通过开展监测工作,掌握各海域水质状况和变化趋势。同时,从海洋环境质量监测网的监测站中选择部分监测站开展海洋生态监测,形成生态与环境相统一的监测网。海洋环境质量监测网的信息汇入中国环境监测总站。

地下水监测已形成由一个国家级地质环境监测院、31个省级地质环境监测中心、200多个地(市)级地质环境监测站组成的三级监测网,布设了两万多个监测点,并陆续建设和完善了全国地下水监测数据库,完成了大量地下水监测数据的入库管理,基本上控制了全国主要平原、盆地地区地下水质量动态状况。

在生态监测网建设方面,已利用建成的生态监测站和生态研究基地,围绕农业生态系统、林业生态系统、海洋生态系统、淡水(江、河流域和湖、库)生态系统、地质环境系统开展了大量生态监测工作,逐步形成农业、林业、海洋、水利、地质矿产、环境保护部门及中国科学院等多部门合作,空中与地面结合、骨干站与基本站结合、监测与科研结合的国家生态监测网。

五、污染源监测网

建立污染源监测网的目的是为了及时、准确、全面地掌握各类固定污染源、流动污染源排放达标情况和排污总量。污染源监测涉及部门多、单位多,适于以城市为单元组建污染源监测网。城市污染源监测网由环境保护部门监测站(中心)负责,会同有关单位监测站组成,见图 11-34。工业、交通、铁路、公安、军队等系统也都组建了行业污染源监测网。

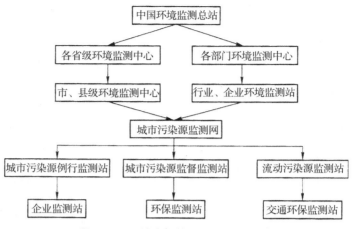

图 11-34 城市污染源监测网的组成

六、环境监测信息网

环境监测数据、信息是通过信息系统传递的。按照我国环境监测系统组成形式、功能和分工,国家环境监测信息网分为三级运行和管理。

一级网为各类环境质量监测网基层站、城市污染源监测网基层站(城市网络组长单位)。它们将获得的各类监测数据、信息输入原始数据库,按照上级规定的内容和格式将数据、信息传送至专业信息分中心(设在省或自治区、直辖市环境监测中心站)。污染源监测数据、信息由城市网络中心(设在市级监测站)传递给专业信息分中心。基层站的硬件以微型计算机平台为主。

二级网为专业信息分中心,负责本网络基层站上报监测数据和信息的收集、存储和处理,编制监测报告,建立二级数据库,并将汇总的监测数据、信息按统一要求传送至国家环境监测信息中心。专业信息分中心的硬件以小型计算机工作站为主。

三级网为国家环境监测信息中心(设在中国环境监测总站),负责收集、存储和管理二级网上报的监测数据、信息和报告,建立三级数据库,并编制各类国家环境监测报告。

此外,各环境监测网信息分中心、国家环境监测信息中心除实现国内联网外,还应通过互联网与国际相关网络联网,如全球环境监测系统(GEMS)、欧洲大气监测与评估计划网络(EMEP)等,以及时交流并获得全球环境监测信息。

第十二章　环境监测新技术发展

第一节　超痕量分析技术

一、超痕量分析中常用的前处理方法

（1）液—液萃取法（LLE）

液—液萃取法是一种传统经典的提取方法。它是利用相似相溶原理，选择一种极性接近于待测组分的溶剂，把待测组分从水溶液中萃取出来。常用的萃取溶剂有正己烷、苯、乙醚、乙酸乙酯、二氯甲烷等，正己烷一般用于非极性物质的萃取，苯一般用于芳香族化合物的萃取，乙醚和乙酸乙酯对极性大的含氧化合物的萃取比较合适。二氯甲烷对非极性到极性的宽范围的化合物都有较高的萃取率，而且由于其沸点低，容易浓缩，密度大，分液操作方便，所以适用于多组分同时分析。但是由于二氯甲烷和苯具有强致癌性，从发展方向上来看，属于控制使用的溶剂。液—液萃取法有许多局限性，例如需要大量的有机溶剂、有时产生乳化现象影响分层以及溶剂蒸发造成样品损失等。

（2）固相萃取法（SPE）

固相萃取是一种基于液固分离萃取的试样预处理技术，由液固萃取和柱液相色谱技术相结合发展而来。固相萃取具有有机溶剂用量少、简便快速等优点，作为一种环境友好型的分离富集技术在环境分析中得到了广泛应用。一般固相萃取包括预处理（活化）、加样或吸附、洗去干扰杂质和待测物质的洗脱收集四个步骤。预处理一方面可以除去吸附剂中可能存在的杂质，减少污染；另一方面也是一个活化的过程，增加吸附剂表面和样品溶液的接触面积。加样或吸附就是用正压推动或负压抽吸使样品溶液以适当的流速通过固相萃取柱，待测物质就被保留在吸附剂上。洗去干扰杂质就是去除吸附在柱子上的少量基体干扰成分。洗脱收集就是用尽可能少量的溶剂把待测物质洗脱下来，再进行分析测定。

固相萃取的核心是固相吸附剂，不但能迅速定量吸附待测物质，而且还能在合适的溶剂洗脱时迅速定量释放出待测物质，整个萃取过程最好是完全可逆的。这就要求固相吸附剂具有多孔、很大的表面积、良好的界面活性和很高的化学稳定性等特点，还要有很高的纯度以降低空白值。

吸附剂能把待测物质尽量保留下来，如何用合适的溶剂定量洗脱也很重要。洗脱溶剂的强度、后续测定的衔接和检测器是否匹配是应该考虑的几个问题。溶剂强度大，待测物质的保留因子就小，可以保证吸附在固定相上的待测物质定量洗脱下来。用于洗脱的溶剂易挥发，这样方便浓缩和溶剂转换。另外，溶剂在检测器上的响应尽可能小。

固相萃取柱基本上分两种：固相萃取柱（cartridge）和固相萃取盘（disk）。商品化的固相萃取柱容积为 $1\sim6$ mL，填料质量多在 $0.1\sim2$g 之间，填料的粒径多为 $40~\mu m$，上下各有

一个筛板固定。这种结构导致了萃取过程中有沟流现象产生，降低了传质效率，使得加样流速不能太快，否则回收率会很低。样品中有颗粒物杂质时容易造成堵塞，萃取时间比较长。固相萃取盘与过滤膜十分相似，一般是由粒径很细（8～12 μm）的键合硅胶或吸附树脂填料加少量聚四氟乙烯或玻璃纤维丝压制而成，其厚度约为 0.5～1mm。这种结构增大了面积，降低了厚度，提高了萃取效率，增大了萃取容量和萃取流速，也不容易堵塞。盘片内紧密填充的填料基本消除了沟流现象。固相萃取盘的规格大小用盘的直径来表示，最常用的是 47mm 萃取盘，适合于处理 0.5～1L 的水样，萃取时间 10～20 min。固相萃取盘的种种优点及现有商品化固相萃取盘填料种类的多样性，使得盘式固相萃取法在各种饮用水、地下水、地表水及废水样品的痕量有机物分析测定中得到广泛应用。

（3）固相微萃取法（SPME）

固相微萃取技术是以固相萃取为基础发展而来的。最初仅利用具有很好耐热性和化学稳定性的熔融石英纤维作为吸附层进行萃取，定量定性分析茶和可乐中的咖啡因。后来又将气相色谱固定液涂渍在石英纤维表面，提高了萃取效率。1993 年美国 Supelco 公司推出了商品化固相微萃取装置，使得固相微萃取作为一种较成熟的商品化技术在环境分析、医药、生物技术、食品检测等众多领域得到应用，显示出它简单、快速，集采样、萃取、浓缩和进样于一体的优点和特点。

（4）吹脱捕集法（P&T）和静态顶空法（HS）

吹脱捕集和静态顶空都是气相萃取技术，它们的共同特点是用氮气、氦气或其他惰性气体将待测物质从样品中抽提出来。但吹脱捕集与静态顶空不同，它使气体连续通过样品，将其中的挥发组分萃取后在吸附剂或冷阱中捕集，是一种非平衡态的连续萃取，因此吹脱捕集法又称为动态顶空法。由于气体的连续吹扫，破坏了密闭容器中气、液两相的平衡，使挥发组分不断地从液相进入气相，也就是说在液相顶部的任何组分的分压都为零，从而使更多的挥发性组分不断逸出到气相中，所以它比静态顶空法的灵敏度更高，检测限能达到 μg/L 水平以下。但是吹脱捕集法也不能将待测物质从样品中百分百抽提出来，它与吹扫温度、待测物质在样品中的溶解度和吹扫气的流速及流量等因素有关。吹扫温度高，样品容易被吹脱，但是温度升高使水蒸气量增加，影响吸附和后续测定，一般 50 ℃比较合适。溶解度高的组分，很难被吹脱，加入盐能提高吹扫效率。吹扫气的流速太快或总流量太大，待测组分不容易被吸附或是吸附之后又被吹落，一般以 40 mL/ min 的流速吹扫10～15 min 为宜。

静态顶空法是将样品加入到管形瓶等封闭体系中，在一定温度下放置达到气液平衡后，用气密性注射器抽取存在于上部顶空中的待测组分，注入气相色谱仪或气相色谱质谱仪中进行测定。该方法必须保持平衡条件恒定不变，才能保证样品测定的重复性，测定的灵敏度也没有吹脱捕集法高，但操作简便、成本低廉。

（5）索氏提取法（Soxhelt Extraction）

索氏提取器是 1879 年 Franz von Soxhlet 发明的一种传统经典的实验室样品前处理装置，用于萃取固体样品，如土壤、底泥和废弃物中的非挥发性和半挥发性有机化合物。

（6）超声提取法（Ultrasonic Extraction）

美国标准方法 3550C 规定用超声振荡的方法提取土壤、底泥和废弃物中的非挥发性和半挥发性有机化合物。为了保证样品和萃取溶剂的充分混合，称取 30g 样品与无水硫酸钠混合拌匀成散沙状,加入 100 mL 萃取溶剂浸没样品,用超声振荡器振荡 3 min,转移出萃取溶剂上清液,再加入 100 mL 新鲜萃取溶剂重复萃取 3 次。合并 3 次的提取液用减压过滤或低速离心的方法除去可能存在的样品颗粒,即可用于进一步净化或浓缩后直接分析测定。超声提取法简单快速,但有可能提取不完全。必须进行方法验证,提供方法空白值、加标回收率、替代物回收率等质控数据,以说明得到的数据结果的可信度。

(7)压力液体萃取法(PLE)和亚临界水萃取法(SWE)

压力液体萃取法(Pressurized Liquid Extraction,PLE)和亚临界水萃取法(Subcritical Water Extraction,SWE)是目前发展最快、为环境分析研究人员普遍看好的两种从固体基体中提取有机污染物的方法。压力液体萃取法也被称为加速溶剂萃取法(Accelerated Solvent Extraction;ASE),是在提高压力和增加温度的条件下,用萃取溶剂将固体中的目标化合物提取出来。它能大大加快萃取过程又明显减少溶剂的使用量。在高温高压的条件下,待测目标化合物的溶解度增加,样品基质对它的吸附作用或相互之间的作用力降低,加快了它从样品基质中解析出来并快速进入溶剂。增加压力使溶剂在较高温度下保持液态,提高温度也降低了溶剂的黏度,有利于溶剂分子向样品基质中扩散。它的特点是萃取时间短、消耗溶剂少、提取回收率高,正逐渐取代传统的索氏提取和超声提取等方法。亚临界水萃取法其实就是压力热水萃取法,是在亚临界压力和温度下(100~374 ℃,并加压使水保持液态),用水提取土壤、底泥和废弃物中的待测目标化合物。

(8)超临界流体萃取法(SFE)

超临界流体萃取法(Supercritical Fluid Extraction,SFE)是利用超临界流体的溶解能力和高扩散性能发展而来的萃取技术。任何一种物质随着温度和压力的变化都会有三种相态存在:气相、液相、固相。在一个特定的温度和压力条件下,气相、液相、固相会达到平衡,这个三相共存的状态点,就叫三相点。而液、气两相达到平衡状态的点称为临界点。在临界点时的温度和压力就称为临界温度和临界压力。

二、超痕量分析测试技术

环境样品中被测组分通常是痕量或超痕量的,除了需要采用预处理技术进行富集和净化外,还需要高灵敏度的分析方法,才能满足环境样品中痕量或超痕量组分测定的要求。常用的具有高灵敏度的分析方法概述如下:

(一)光谱分析法

光谱分析法是基于光与物质相互作用时,测量由物质内部发生量子化的能级之间的跃迁而产生的发射或吸收光谱的波长和强度变化的分析方法。它包括荧光分析法、发光分析法、原子发射光谱法和原子吸收光谱法等。

(1)荧光分析法

荧光物质分子吸收一定波长的紫外线以后被激发至高能态,经非发光辐射损失部分能量,回到第一激发态的最低振动能级,再跃迁到基态时,发出波长大于激发光波长的荧光。根据荧光的光谱和荧光强度,对物质进行定性或定量的方法称为荧光分析法。

(2)发光分析法

发光分析是基于化学发光和生物发光而建立起来的一种新的超微量分析技术。它通过发光体系光强度测定来定量某一分析物浓度。对于一个固定的发光反应体系,发光强度正比于分析物浓度,测定发光强度的大小可以计算出分析物的含量。根据建立发光分析方法的不同反应体系,可将发光分析分为化学发光分析、生物发光分析、发光免疫分析和发光传感技术等。

发光分析因具有简便、快速、灵敏度高、样品用量少等特点,被广泛应用于环境样品中污染物的痕量检测。

（3）原子发射光谱分析法

发射光谱分析是利用物质受电能或热能的作用,产生气态的原子或离子价电子的跃迁特征光谱线来研究物质的一种检测方法。用不同元素光谱线的波长可以进行定性检测,光谱线的强度则可以用来定量分析。

原子发射光谱分析常用高压火花或电弧激发,产生原子发射特征光谱。本法选择性好,样品用量少,不需化学分离便可同时测定多种元素,可用于汞、铅、砷、铬、镉、镍等几十种元素的测定。近年来已用电感耦合等离子体作为原子化装置和激发源。电感耦合等离子体发射光谱法（ICP－AES）是利用高频等离子矩为能源使试样裂解为激发态原子,通过测定激发态原子回到基态时所发出谱线而实现定性定量的方法,可分析环境样品中几十种元素。

（4）原子吸收光谱法

原子吸收光谱法又称原子吸收分光光度法。它是一种测量基态原子对其特征谱线的吸收程度而进行定量分析的方法。其原理是:试样中待测元素的化合物在高温下被解离成基态原子,光源发出的特征谱线通过原子蒸气时,被蒸气中待测元素的基态原子吸收。在一定条件下,被吸收的程度与基态原子数目成正比。原子吸收光谱仪主要由光源、原子化装置、分光系统和检测系统四部分组成。使用的光源为空心阴极灯,它是用被测元素作为阴极材料制成的相应待测元素灯,此灯可发射该金属元素的特征谱线。

原子吸收光谱法具有灵敏度高、干扰小、操作简便、迅速等特点。它可测定 70 多种元素,是环境中痕量金属污染物测定的主要方法,在世界上得到普遍、广泛的应用,并成为标准测定方法实施。例如美国环境保护局在水和废水分析中规定了 34 种金属用原子吸收法进行测定,日本的国家标准颁布了用火焰法测定 15 种元素,中国水质监测统一用原子吸收法测定的项目有 16 项。

（二）电化学分析法

电化学分析是应用电化学原理和实验技术建立的分析方法。通常是将待测组分以适当的形式置于化学电池中,然后测量电池的某些参数或这些参数的变化进行定性和定量分析。

（1）电位滴定法

电位滴定是用标准溶液滴定待测离子的过程中,用指示电极的电位变化来代替指示剂颜色变化显示终点的一种方法。进行电位滴定时,在被测溶液中插入一个指示电极和一个参比电极,组成一个工作电池。随着滴定剂的加入,由于发生化学变化使被测离子浓度不断发生变化,因此指示电极的电位也相应发生变化。滴定达到终点附近离子浓度发生突变,这时指示电极电位也发生突变,由此来确定反应终点。

（2）极谱分析法

极谱分析法是以测定电解过程中所得电压－电流曲线为基础的电化学分析方法。极谱分析法有经典极谱法、单扫描极谱法、脉冲极谱法等，其中经典极谱法的灵敏度较低。目前我国常用单扫描极谱法、脉冲极谱法来测定大气中的氮氧化物，水中亚硝酸盐及铅、镉、钒等金属离子含量。

（三）色谱分析法

色谱分析法是利用不同物质在两相中吸附力、分配系数、亲和力等的不同，当两相做相对运动时，这些物质在两相中反复多次分配，从而使各物质得到完全的分离并能由检测器检测。按流动相所处的物理状态不同，色谱分析法又分为气相色谱法和液相色谱法。

（1）气相色谱法

气相色谱法是以气体为流动相对混合物组分进行分离分析的色谱分析法。根据固定相不同，气相色谱法可分为气－固色谱和气－液色谱。气－固色谱的固定相是固体吸附剂颗粒。气－液色谱的固定相是表面涂有固定液的担体。固体吸附剂品种少、重现性较差，用得较少，主要用于分离分析永久性气体和 $C_1 \sim C_4$ 低分子碳氢化合物。气－液色谱的固定液纯度高，色谱性能重现性好，品种多，可供选择范围广，因此目前大多数气相色谱分析是气－液色谱法。气相色谱法具有高效、灵敏、快速、能同时分离分析多种组分、样品用量少等特点，在环境有机污染物的分析中得到广泛的应用，如苯、二甲苯、多环芳烃、酚类、农药等。

（2）高效液相色谱法

高效液相色谱法是在经典液相色谱法的基础上，采用气相色谱法的理论和技术发展起来的一类分离分析的方法。高效液相色谱法具有高效、高速、高灵敏度等特点，它已成为环境中有机污染物分析不可缺少的重要分析方法之一。按分离机制不同，高效液相色谱法分为液－固色谱、液－液色谱、离子交换色谱（离子色谱）、空间排斥色谱。

（3）色谱－质谱联用技术

气相色谱是强有力的分离手段，特别适合于分离复杂的环境有机污染物样品。同时，质谱和气相色谱在工作状态上均为气相动态分析，除了工作气压之外，色谱的每一特征都能和质谱相匹配，且都具有灵敏度高、样品用量少的共同特点。因此，GC－MS 联用既发挥了气相色谱的高分离能力，又发挥了质谱法的高鉴别力，已成为鉴定未知物结构的最有效工具之一，广泛应用于环境样品检测中。在 GC－MS 联用技术中，气相色谱仪相当于质谱仪的进样、分离装置，而质谱仪相当于气相色谱仪的检测器。

第二节　遥感环境监测技术

遥感，即遥远地感知，亦即远距离不接触物体而获得其信息。"Remote Sensing"（遥感）一词首先是由美国海军科学研究部的布鲁依特（E.L.Pruitt）提出来的。20 世纪 60 年代初在由美国密执安大学等组织发起的环境科学讨论会上正式被采用，此后"遥感"这一术语得到科学技术界的普遍认同和广泛运用。广义的遥感泛指各种非接触、远距离探测物体的技术；狭义的遥感指通过遥感器"遥远"地采集目标对象的数据，并通过对数据的分析来获取有关地物目标、地区或现象信息的一门科学和技术。

通常遥感是指空对地的遥感，即从远离地面的不同工作平台上（如高塔、气球、飞机、火箭、人造地球卫星、宇宙飞船、航天飞机等）通过传感器，对地球表面的电磁波（辐射）信息进行探测，并经信息的传输、处理和判读分析，对地球的资源与环境进行探测和监测的综合性技术。

电磁波遥感是从远距离、高空至外层空间的平台上，利用可见光、红外、微波等探测仪器，通过摄影扫描、信息感应、传输和处理等技术过程，识别地面物体的性质和运动状态的现代化技术系统。

卫星遥感能够在一定程度上弥补传统的环境监测方法所遇到的时空间隔大、费时费力、难以具备整体、普遍意义和成本高的缺陷和困难，随着环境问题日益突出，宏观、综合、快速的遥感技术已成为大范围环境监测的一种主要技术手段。现在已可测出水体的叶绿素含量、泥沙含量、水温、TP 和 TN 等水质参数；可测定大气气温、湿度以及 CO、NO_2、CO_2、O_3、ClO_2、CH_4 等污染气体的浓度分布；可应用于测定大范围的土地利用情况、区域生态调查以及大型环境污染事故调查（如海洋石油泄漏、沙尘暴和海洋赤潮等环境污染）等。

一、遥感的基本过程

遥感过程是指遥感信息的获取、传输、处理，以及分析判读和应用的全过程（图 12 - 1）。遥感过程实施的技术保证依赖于遥感技术系统。遥感技术系统是一个从信息收集、存储、传输处理到分析判读、应用的完整技术体系。

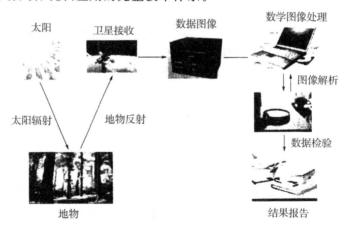

图 12 - 1　遥感过程示意图

遥感信息通过装载于遥感平台上的传感器获取。遥感平台是搭载传感器的工具。根据运载工具的类型划分为航天平台（如卫星，150 km 以上）、航空平台（如飞机，100m 至十余公里）和地面平台（如雷达，0～50m）。其中航天遥感平台目前发展最快，应用最广。常用的遥感器包括航空摄影机（航摄仪）、全景摄影机、多光谱摄影机、多光谱扫描仪（MSS）、专题制图仪（TM）、高分辨率可见光相机（HRV）、合成孔径侧视雷达（SLAR）等。

遥感信息传输是指遥感平台上的传感器所获取的目标物信息传向地面的过程，一般有直接回收和无线电传输两种方式。

遥感信息处理是指通过各种技术手段对遥感探测所获得的信息进行的各种处理。例如，为了消除探测中的各种干扰和影响，使其信息更准确可靠而进行的各种校正（辐射校正、几何校正等）处理，为了使所获遥感图像更清晰，以便于识别和判读、提取信息而进行的各种增强处理等。

遥感信息应用是遥感的最终目的。遥感信息应用则应根据专业目标的需要，选择适宜的遥感信息及其工作方法进行，以取得较好的社会效益和经济效益。

二、电磁波谱遥感的基本理论

1.电磁波谱的划分

无线电波、红外线、可见光、紫外线、X 射线、γ 射线都是电磁波，不过它们的产生方式不尽相同，波长也不同，把它们按波长（或频率）顺序排列就构成了电磁波谱（图 12－2）。依照波长的长短以及波源的不同，电磁波谱可大致分为以下几种。

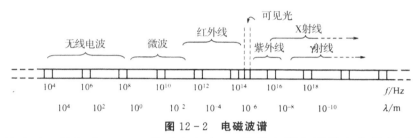

图 12－2　电磁波谱

①无线电波。波长为 0.3m～几千米左右，一般的电视和无线电广播的波段就是用这种波。无线电波是人工制造的，是振荡电路中自由电子的周期性运动产生的。依波长不同分为长波、中波、短波、超短波和微波。微波波长为 1mm～1m，多用在雷达或其他通信系统。

②红外线。波长为 $7.8 \times 10^{-7} \sim 10^{-3}$ m，是原子的外层电子受激发后产生的。其又可划分为近红外（0.78～3 μm）、中红外（3～6 μm）、远红外（6～15 μm）和超远红外（15～1 000 μm）。

③可见光。可见光是电磁波谱中人眼可以感知的部分，一般人的眼睛可以感知的电磁波的波长在 $(78 \sim 3.8) \times 10^{-6}$ cm 之间。正常视力的人眼对波长约为 555 nm 的电磁波最为敏感，这种电磁波处于光学频谱的绿光区域。

④紫外线。波长为 $6 \times 10^{-10} \sim 3 \times 10^{-7}$ m。这些波产生的原因和光波类似，常常在放电时发出。由于它的能量和一般化学反应所牵涉的能量大小相当，因此紫外线的化学效应最强。

⑤X 射线（伦琴射线）。这部分电磁渡谱，波长为 $6 \times 10^{-12} \sim 2 \times 10^{-9}$ m。X 射线是原子的内层电子由一个能态跃迁至另一个能态时或电子在原子核电场内减速时所发出的。

⑥γ 射线是波长为 $10^{-14} \sim 10^{-10}$ m 的电磁波。这种不可见的电磁波是从原子核内发出来的，放射性物质或原子核反应中常有这种辐射伴随着发出。γ 射线的穿透力很强，对生物的破坏力很大。

2.遥感所使用的电磁波段及其应用范围

遥感技术所使用的电磁波集中在紫外线、可见光、红外线、微波光波段。

紫外线具较高能量，在大气中散射严重。太阳辐射的紫外线通过大气层时，波长小于

0.3 μm 的紫外线几乎都被吸收,只有 0.3～0.38 μm 的紫外线部分能穿过大气层到达地面,目前主要用于探测碳酸盐分布。碳酸盐在 0.4 μm 以下的短波区域对紫外线的反射比其他类型的岩石强。此外,水面漂浮的油膜比周围水面反射的紫外线要强,因此,紫外线也可用于油污染的监测。

可见光是遥感中最常用的波段。在遥感技术中,可以直接光学摄影方式记录地物对可见光的反射特征。也可将可见光分成若干波段,在同一时间对同一地物获得不同波段的影像,还可以采用扫描方式接收和记录地物对可见光的反射特征。

近红外波段也是遥感技术的常用波段。近红外在性质上与可见光近似,由于它主要是地表面反射太阳的红外辐射,因此又称为反射红外。其可以用摄影和扫描方式接收和记录地物对太阳辐射的红外反射。中红外、远红外和超远红外是产生热感的原因,所以又称为热红外。自然界中的任何物体,当其温度高于热力学温度(-273.15 ℃)时,均能向外辐射红外线。红外遥感是采用热感应方式探测地物本身的辐射,可用于森林火灾、热污染等的全天候遥感监测。

微波又可分为毫米波、厘米波和分米波。微波辐射也具有热辐射性质,由于微波的波长比可见光、红外线长,能穿透云、雾而不受天气影响,且能透过植被、冰雪、土壤等表层覆盖物,因此能进行多种气象条件下的全天候遥感探测。

三、遥感的分类和特点

1.遥感的分类

遥感技术依其遥感仪器所选用的波谱性质可分为电磁波遥感技术、声呐遥感技术、物理场(如重力和磁力场)遥感技术。通常所讲的遥感往往是指电磁波遥感。电磁波遥感技术是利用各种物体/物质反射或发射出不同特性的电磁波进行遥感的,其可分为可见光、红外、微波等遥感技术。

按照传感器工作方式的不同可分为主动式遥感技术和被动式遥感技术。所谓主动式是指传感器带有能发射信号(电磁波)的辐射源,工作时向目标物发射,同时接收目标物反射或散射回来的电磁波,以此所进行的探测。被动式遥感则是利用传感器直接接收来自地物反射自然辐射源(如太阳)的电磁辐射或自身发出的电磁辐射而进行的探测。

按照记录信息的表现形式可分为图像方式和非图像方式。图像方式就是将所探测到的强弱不同的地物电磁波辐射转换成深浅不同的(黑白)色调构成直观图像的遥感资料形式,如航空相片、卫星图像等。非图像方式则是将探测到的电磁辐射转换成相应的模拟信号(如电压或电流信号)或数字化输出,或记录在磁带上而构成非成像方式的遥感资料,如陆地卫星 CCT 数字磁带等。

按照遥感器使用的平台可分为航天遥感技术、航空遥感技术、地面遥感技术。

按照遥感的应用领域可分为地球资源遥感技术、环境遥感技术、气象遥感技术、海洋遥感技术等。

2.遥感的特点

①感测范围大,具有综合、宏观的特点。遥感从飞机上或人造地球卫星上,居高临下获取航空相片或卫星图像,比在地面上观察的视域范围大得多。

②信息量大,具有手段多、技术先进的特点。它不仅能获得地物可见光波段的信息,

而且可以获得紫外、红外、微波等波段的信息。其不但能用摄影方式获得信息,而且还可以用扫描方式获得信息。遥感所获得的信息量远远超过了用常规传统方法所获得的信息量。

③获取信息快,更新周期短,具有动态监测特点。遥感通常为瞬时成像,可获得同一瞬间大面积区域的景观实况,现实性好;而且可通过不同时相取得的资料及相片进行对比、分析和研究地物动态变化的情况,为环境监测以及研究分析地物发展演化规律提供了基础。

四、环境遥感监测

(一)大气遥感原理

大气不仅本身能够发射各种频率的流体力学波和电磁波;而且,当这些波在大气中传播时,会发生折射、散射、吸收、频散等经典物理或量子物理效应。由于这些作用,当大气成分的浓度、气温、气压、气流、云雾和降水等大气状态改变时,波信号的频谱、相位、振幅和偏振度等物理特征就发生各种特定的变化,从而储存了丰富的大气信息,向远处传送,这样的波称为大气信号。应用红外、微波、激光、声学和电子计算机等一系列的技术手段,揭示大气信号在大气中形成和传播的物理机制和规律,区别不同大气状态下的大气信号特征,确立描述大气信号物理特征与大气成分浓度、运动状态和气象要素等空间分布之间定量关系的大气遥感方程,从而最终建立从大气信号物理特征中提取大气信息的理论和方法。

关于电磁波在大气传输过程中所发生的物理变化,以大气吸收为例,主要包括:

①大气中的臭氧(O_3)、二氧化碳(CO_2)和水汽(H_2O)对太阳辐射能的吸收最有效。

②O_3在紫外段($0.22 \sim 0.32~\mu m$)有很强的吸收。

③CO_2的最强吸收带出现在$13 \sim 17.5~\mu m$远红外段。

④H_2O的吸收远强于其他气体的吸收。最重要的吸收带在$2.5 \sim 3.0~\mu m$、$5.5 \sim 7.0~\mu m$和大于$27.0 um$处。

利用上述大气组分在不同波段处对电磁波的吸收特点(图12-3),可以开展各组分的含量水平等方面的遥感监测。

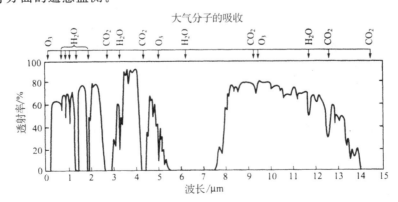

图12-3　大气分子在不同波段处对电磁波的吸收图

例如,秸秆焚烧是农作物秸秆被当作废弃物焚烧,会对大气环境、交通安全和灾害防护产生极大影响。利用环境卫星、MODIS 等卫星数据,可以开展秸秆焚烧卫星遥感监测 (图 12 - 4),为环境监察工作提供有效的技术手段。

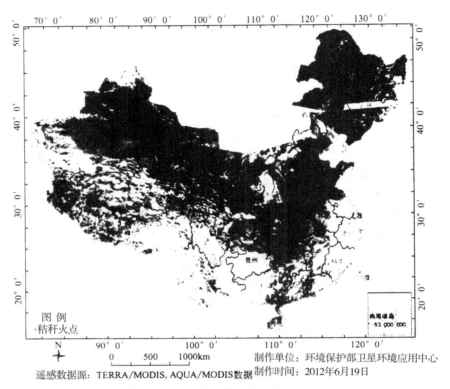

遥感数据源:TERRA/MODIS,AQUA/MODIS数据

制作单位:环境保护部卫星环境应用中心
制作时间:2012年6月19日

图 12 - 4　秸秆焚烧卫星遥感监测图

(二)水环境遥感监测

利用遥感技术进行水质监测的主要机理是被污染水体具有独特的有别于清洁水体的光谱特征,这些光谱特征体现在其对特定波长的光的吸收或反射,而且这些光谱特征能够为遥感器所捕获并在遥感图像中体现出来。对所监测水体的遥感图像进行几何校正、大气校正和解译,得出所需的光谱信息,利用经验、半经验或者其他数据分析方法,可筛选出合适的遥感波段或波段组合,将该波段组合光谱信息与水质参数的实测数据结合,可以建立相关的水质参数遥感估测模型,达到一定的精度后可用来反演水体中水质参数的相关数据,从而达到利用遥感技术对水体进行环境水质定量监测的目的。

内陆水体中影响光谱反射率的物质主要有四类:①纯水;②浮游植物,主要是各种藻类;③由浮游植物死亡而产生的有机碎屑以及陆生或湖体底泥经再悬浮而产生的无机悬浮颗粒,总称为非色素悬浮物;④由黄腐酸、腐殖酸等组成的溶解性有机物,通常称为黄色物质。

水的光谱特征主要由水本身的物质组成决定,同时又受到各种水状态的影响。在可见光波段 $0.6\,\mu m$ 之前,水的吸收少,反射率较低,多为透射。对于清水,在蓝光、绿光波段反射率为 4%~5%,$0.6\,\mu m$ 以下的红光波段反射率降到 2%~3%,在近红外、短波红外部分几乎吸收全部的入射能量。这一特征与植被和土壤光谱形成明显的差异,因而在红外波段识别水体较为容易。图 12-5 反映了水体的反射光谱特征,图 12-6 反映了电磁波与水体相互作用的辐射传输过程。

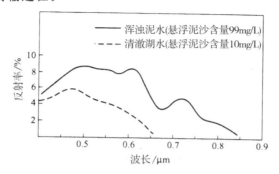

图 12-5　水体的反射光谱特征

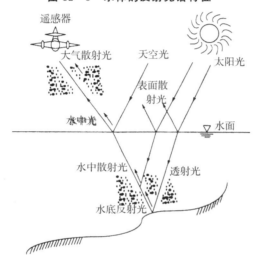

图 12-6　电磁波与水体相互作用的辐射传输过程

　　目前,在遥感对水质的定量监测机理方面,主要研究内容有悬浮泥沙、叶绿素、可溶性有机物(黄色物质)、油污染和热污染等,其中水体浑浊度(或悬浮泥沙)和叶绿素浓度是国内外研究最多也最为成熟的两部分。综合考虑空间、时间、光谱分辨率和数据可获得性,TM 数据是目前内陆水质监测中最有用也是使用最广泛得多光谱遥感数据。SPOT 卫星的 HRV 数据、IRS-1C 卫星数据和气象卫星 NOAA 的 AVH RR 数据以及中巴资源卫星数据也可用于内陆水体的遥感监测。如从 2009 年 4 月开始,环境保护部卫星环境应用中心利用"环境一号"A、B 卫星数据以及其他卫星数据,对太湖、巢湖、滇池及三峡库区的蓝藻水华进行连续监测。

第三节　环境快速检测技术

　　随着经济社会的快速发展以及对环境监测工作高效率的迫切需要,研究高效、快速的环境污染物检测技术已成为国际环境问题的研究热点之一,尤其是水质和气体的快速检测技术发展迅速,对我国环境监测技术的发展起到了重要的推动作用。

一、便携水质多参数检测技术

便携式仪器法是利用根据污染物的热学、光学、电化学、电磁波学、气相色谱学、生物学等特点设计的仪器进行污染物现场检测的方法。便携式仪器具有防尘、防水、质轻和耐腐蚀等特性，一些还配有手提箱，所有附件一应俱全，十分便于野外操作。下面介绍几种典型或新型的水质便携式多参数检测仪。

（1）手持电子比色计

手持电子比色计（GE LC—01 型）是由同济大学设计的半定量颜色快速鉴定装置，结构简单，小巧轻便（154mm×91mm×30mm，约 360g），手持使用。该装置与传统的目视比色卡片不同，不受外部环境条件（光线、温度等）影响，晚上亦可正常使用。该比色计存储多种物质标准色列，用于多种环境污染物和化学物质的识别与半定量分析，配合 GEE 显色检测剂或其他水质检测包（盒）等，可对数十种化学物质或离子进行快速半定量分析，非专业人员亦可自主操作，适合于环境监测、排污监督、水质分析、食品质量检验、应急监测等。

（2）水质检验手提箱

水质检验手提箱由微型液体比色计、溆量系统、现场快速检测剂、显色剂、过滤工具等组成，如图 12 - 7 所示，由同济大学污染控制与资源化研究国家重点实验室最新研制。

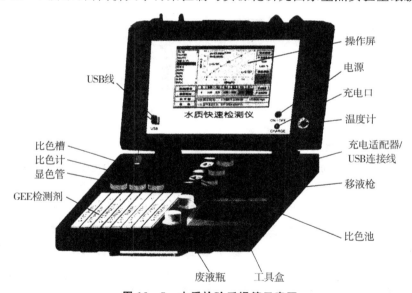

图 12 - 7　水质检验手提箱示意图

根据使用目的不同配置有氮磷硫氯检测手提箱、重金属手提箱、广谱检测手提箱等多种规格，手提箱工具齐备、小巧轻便，采用高亮度手（笔）触 LED 屏，界面清晰、直观，适合于户外使用，在水质分析、环境监测、食品检验及其他分析检验领域，尤其对矿山、企事业单位、农村、山区、高原、事故现场等水质快速或应急检测具有重要价值。

水质检验手提箱中，配备的微型液体比色仪是一种全新的小型现场检测仪器，微型液体比色仪工作原理与传统分光光度计不同（图 12 - 8），直接采用颜色传感器，无滤光、信号放大系统，避免了因部件转动、光电转换引起的测量误差。颜色测量计算系统是基于 CIE

Lab 双锥色立体(bicone color solid)而设计开发,通过色调(hue)、色度(chroma)和明度(lightness)的三维矢量运算处理,计算混合体系中各颜色的色矢量(c.v.),在配色技术和颜色检测反应中有重要的应用价值。其中,在痕量物质检测领域,待测物标准系列采用二次函数拟合,误差小、范围宽,并设计单点校正标准曲线,方便操作人员修正因测量条件改变而引起的检测误差。

　　手提箱提供快速检测粉剂,胶囊包装,性能稳定,携带方便,可对氨(铵)、亚硝酸盐、硝酸盐、磷酸盐、硫酸盐、硫化物、氯化物、余氯、溶解氧、铬(Ⅵ,Ⅲ)、铁、铜、锌、铅、镍、锰、总硬度、甲醛、挥发酚、苯胺、肼等数十种物质(离子)进行快速定量检测,灵敏度高,重现性好。

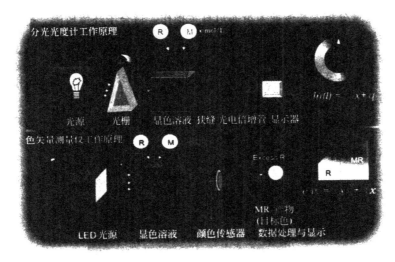

图 12-8　微型液体比色仪工作原理

(3)现场固相萃取仪

　　常规固相萃取装置(SPE)只能在实验室内使用,水样流速慢,萃取时间长,不适于水样现场快速采集。同济大学研制的微型固相萃取仪(GE MSPE-02 型)为水环境样品的现场浓缩分离提供了新的方法和技术,其工作原理如图 12-9 所示。

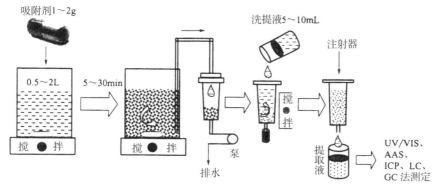

图 12-9　微型固相萃取仪工作原理

　　与常规 SPE 工作原理不同,微型固相萃取仪是将 1～2g 吸附材料直接分散到 500～2000 mL 水样中,对目标物进行选择性吸附后,通过蠕动泵导流到萃取柱,使液固得到分离,再使用 5～10 mL 洗脱剂洗脱出吸附剂上的目标物,即可用 AAS、ICP、GC、HPLC 等分析方法对目标物进行测定。

　　如图 12-10 所示,现场固相萃取仪小巧轻便,采用锂电池供电,保证充电后可连续工作 8h 以上。该装置富集效率高(100～400 倍),现场使用可减少大量水样的运输和保存带来的困难,尤其适合于偏远地区、山区、高原、极地和远洋等水样品的采集。改变吸附剂,可富集水体中的目标重金属或有机物,适应性广。

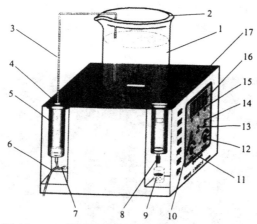

图 12-10　微型固相萃取仪(GE MSPE-02)结构

1—水样;2—吸附反应杯;3—流管;4—转接头,5—萃取柱;6—导流长软管;7—导流短软管;8—堵帽;9—储液瓶;10—延时按钮;11—洗提调速器;12—搅拌调速器;13—洗提按钮;14—搅拌按钮;15—状态指示灯;16—时间显示窗;17—洗柱孔

　　该仪器已成功用于天然水体中痕量重金属(Cu^{2+}、Zn^{2+}、Pb^{2+}、Cd^{2+}、CO^{2-} 和 Ni^{2+})和酚类化合物等污染物的现场浓缩、分离。

　　(4)便携式多参数水质现场监测仪

　　便携式多参数水质现场监测仪是专为现场水质测量的可靠性和耐用性而设计的仪器,可同时实现多个参数数据的实时读取、存储和分析。如默克密理博新开发的便携式多参数水质现场监测仪 Move100,内置 430 nm、530 nm、560 nm、580 nm、610 nm、660 nm 的LED 发光二极管,可以测试氨氮、COD、砷、镉、铅、六价铬、铜、镍、挥发酚等 100 多个常见水质分析项目,其内部结构如图 12-11 所示。

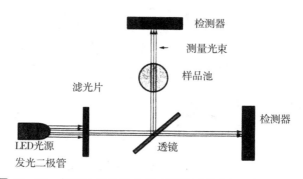

图 12-11　便携式多参数水质现场监测仪内部结构示意图

仪器内置的大部分方法符合美国 EPA 和德国 DIN 等国际标准。IP68 完全密封的防

护等级,可以持续浸泡在水中(水深小于 18m 至少 24h),特别适用于野外环境测试或现场测试。仪器在现场进行测试后,可以带回实验室采用红外的方式进行数据传输,IRiM(红外数据传输模块)使用现代的红外技术,将测试结果从测试仪器传输到 3 个可选端口上,通过连接电脑实现 DA Excel 或文本文件格式储存以及打印。同时,该仪器具有 AQA 验证功能,包括吸光度值验证和在此波长下的检测结果验证。

二、大气快速监测技术

大气快速监测技术是采用便携、简易、快速的仪器或装置,在尽可能短的时间内对目标污染物的种类、浓度、污染范围及危险性做出准确科学判断的重要依据。下面对常见的几种大气污染和空气质量现场快速分析技术进行简单介绍。

(1)气体检测管

气体检测管是一种简便、快速、直读式的气体定量检测仪,可在已知有害气体或蒸气种类的条件下进行现场快速检测。其测试原理为:先用特定的试剂浸渍少量多孔性材料(如硅胶、凝胶、沸石和浮石等),然后将浸渍过试剂的多孔性材料放入玻璃管内,使空气通过玻璃管。如果空气中含有被测成分,则浸渍材料的颜色就有变化,根据其色柱长度,计算出污染物的浓度。气体检测管既可用于室内空气监测、公共场所的空气质量监测、作业现场的空气及特定气体的测试、大气环境监测等许多方面,也可用于需要控制气体成分的生产工艺中。

气体检测管根据其构造和用途可分为普通型、试剂型、短期测量管、长期测量管和扩散式测量管等。普通型是玻璃管内仅放置指示剂,能直接与待测物质起颜色反应而定性定量。试剂型是在玻璃管内不但装有指示剂,而且装有试剂溶液小瓶,在采样检测前或后,打破试剂溶液小瓶,待测物质与试剂反应产生颜色变化。扩散式测量管的特别之处是不需要抽气动力,而是利用待测物质的分子扩散作用达到采样检测的目的。气体检测管法具有体积小、质量轻、携带方便、操作简单快速、灵敏度较高和费用低等优点,且对使用人的技术要求不高,经过短时间培训就能够进行监测工作。目前,市售气体检测管种类较多,能够检测的污染物超过 500 种,可以检测的环境介质包括空气、水及土壤、有毒气体(如 CO、H_2S、Cl_2 等)、蒸气(如丙酮、苯及酒精等)、气雾及烟雾(如硫酸烟雾)等,可参照《气体检测管装置》(GB/T 7230—2008)选用合适的检测管。然而,气体检测管不能精确给出大气污染物的浓度,易受温度等因素的干扰。

(2)便携式 PM2.5 检测仪

德国 Grimm Aerosol 公司的小型颗粒物分析仪,不需要切割头,可实时分析可吸入颗粒物和可呼吸颗粒物,同时分析 8、16、32 通道不同粒径的粉尘分散度。该仪器采用激光90。散射,不受颗粒物颜色的影响,内置可更换的 EPA 标准 47mm PTFE 滤膜,同时进行颗粒物收集,用于称重法和化学分析。自动、精确的流量控制,能够保证分析结果的可靠,特别的保护气幕使光学系统免受污染,可靠性极高,维护量少。数据存储卡可以保存 1 个月到 1 年的连续测试数据,有线或无线的通信方式,便于在线自动监测和数据下载。内置充电池,适合各种场合的工作。

我国首款便携式 PM2.5 检测仪"汉王蓝天霾表"于 2014 年上市。该"霾表"能实时获取微环境下的 PM2.5 和 PM10 数据,并得到空气质量等级的提示,最长响应时间为 4s。其大小相当于一款手机,质量为150 g。该仪器采用了散射粒子加速度测量法,通过特殊传感器获得粒子质量、运动速度、粒径、反光强度,进一步对空气中颗粒物的粒径大小分布进行统计和分析,从而实时获取 PM2.5 和 PM10 的浓度。霾表侧重于个人微环境中的当前空气质量,比如家庭中的吸烟、油烟、周边环境等因素对家庭健康的影响。

（3）便携式烟气二氧化硫分析仪

便携式烟气二氧化硫分析仪采用定电位电解法进行测定。仪器主要由两部分组成,即气路系统和电路系统。气路系统完成烟气的采样、处理、传送等功能;电路系统则完成气电转换、信号放大、数据处理、数据的显示打印和仪器的工作状态控制等功能。仪器预热后,烟气通过烟尘过滤器去除粗烟尘。过滤后的烟气经过采样枪进入气水分离器,在气水分离器内水分和细烟尘与烟气分离,从而使基本洁净的干烟气经过薄膜泵进入传感器气室,在气室内扩散后,采集的烟气再从气室出口排出仪器。在气室里扩散的烟气与传感器发生氧化还原反应,使传感器输出微安级的电流信号。该信号进入前置放大器后,经过电流/电压的变换和信号放大,模拟量信号经数模转换器转换成计算机可识别的数字信号,经数据处理后可将测试结果显示出来。

（4）便携式甲醛检测仪

美国 Interscan 便携式甲醛检测仪采用电压型传感器,是一种化学气体检测器,在控制扩散的条件下运行。样气的气体分子被吸收到电化学敏感电极,经过扩散介质后,在适当的敏感电极电位下气体分子发生电化学反应,这一反应产生一个与气体浓度成正比的电流,这一电流转换为电压值并送给仪表读数或记录仪记录。传感器有一个密封的储气室,这不仅使传感器寿命更长,而且消除了参比电极污染的可能性,同时可用于厌氧环境的检测。传感器电解质是不活动的类似于闪光灯和镍镉电池中的电解质,所以不需要考虑电池损坏或酸对仪器的损坏。

（5）手持式多气体检测仪

PortaSens II 型仪器可用于检测现场环境空气中的各种气体,通过更换即插即用型传感器模块可以检测氯气、过氧化氢、甲醛、CO、NO、NO_2、H_2S、HF、HCN、SO_2、AsH_3 等 30余种不同气体。传感器不需校准,精度一般为测量值的 5%,灵敏度为量程的 1%,可根据监测需要切换、设定量程 RS232 输出接口、专用接口电缆和专用软件用于存储气体浓度值,存储量达 12 000 个数据点;采用碱性,D 型电池,质量为 1.4kg。

第四节　生态监测

随着人们对环境问题及其规律认识的不断深化,环境问题不再局限于排放污染物引起的健康问题,还包括自然环境的保护、生态平衡和可持续发展的资源问题。因此,环境监测正从一般意义上的环境污染因子监测开始向生态环境监测过渡和拓宽。除了常见的各类污染因子外,由于人为因素影响,灾害性天气增加,森林植被锐减,水土流失严重,土壤沙化加剧,洪水泛滥,沙尘暴、泥石流频发,酸沉降等,使得本已十分脆弱的生态环境更加恶化。这促使人们重新审视环境问题的复杂性,用新的思路和方法了解和解决环境问题。人们开始认识到,为了保护生态环境,必须对环境生态的演化趋势、特点及存在的问题建立一套行之有效的动态监测与控制体系,这就是生态监测。因此,生态监测是环境监测发展的必然趋势。

一、生态监测的定义

所谓生态监测，是以生态学原理为理论基础，运用可比的和较成熟的方法，在时间和空间上对特定区域范围内生态系统和生态系统组合体的类型、结构和功能及其组合要素进行系统地测定，为评价和预测人类活动对生态系统的影响，为合理利用资源、改善生态环境提供决策依据。

二、生态监测的原理

生态监测是环境监测工作的深入与发展，由于生态系统本身的复杂性，要完全将生态系统的组成、结构、功能进行全方位的监测十分困难。随着生态学理论与实践的不断发展与深入，特别是景观生态学的发展，为生态监测指标的确立、生态质量评价及生态系统的管理与调控提供了基础框架。景观生态学中的一些基础理论即等级（层次）理论、空间异质性原理等成为生态监测的基本指导思想。研究生态系统的组成要素、结构与功能、发展与演替，以及人为影响与调控机制的生态系统生态学理论也为生态监测提供理论支持。生态系统生态学的研究领域主要涵盖了自然生态系统的保护和利用，生态系统的调控机制，生态系统退化的机理、恢复模型及修复技术，生态系统可持续发展问题以及全球生态问题等。

三、生态监测、环境监测和生物监测之间的关系

在环境科学、生态学及其分支学科中，生态监测、生物监测及环境监测都有各自的特点和要求。环境监测是伴随着环境科学的形成和发展而出现的，以环境为对象，运用物理、化学和生物技术方法对其中的污染物及其有关的组成成分进行定性、定量和系统的综合分析，运用环境质量数据、资料来表征环境质量的变化趋势及污染的来龙去脉。因此，环境监测属于环境科学范畴。

长期以来，生物监测属于环境监测的重要组成部分，是利用生物在各种污染环境中所发出的各种信息，来判断环境污染的状况，即通过观察生物的分布状况，生长、发育、繁殖状况，生化指标及生态系统工程的变化规律来研究环境污染的情况、污染物的毒性，并与物理、化学监测和医药卫生学的调查结合起来，对环境污染做出正确评价。

对生态监测一直有争议的，主要表现在生态监测与生物监测的相互关系上。一种观点认为生态监测包括生物监测，是生态系统层次的生物监测，是对生态系统的自然变化及人为变化所做反应的观测和评价，包括生物监测和地球物理化学监测等方面内容；也有的将生态监测与生物监测统一起来，统称为生态监测，认为生态监测是环境监测的组成部分，是利用各种技术测定和分析生命系统各层次对自然或人为的反应或反馈效应的综合表征来判断这些干扰对环境产生的影响、危害及其变化规律，为环境质量的评估、调控和环境管理提供科学依据。这种观点表明，生态监测是一种监测方法，是对环境监测技术的一种补充，是利用"生态"作"仪器"进行环境质量监测。

而另一种观点认为，随着环境科学的发展以及社会生产、科学研究等领域的监测工作实践，生态监测远远超出了现有的定义范畴，生态监测的内容、指标体系和监测方法都表

现出了全面性、系统性,既包括对环境本质、环境污染、环境破坏的监测,也包括对生命系统(系统结构、生物污染、生态系统功能、生态系统物质循环等)的监测,还包括对人为干扰和自然干扰造成生物与环境之间相互关系的变化的监测。

因此,生态监测是指通过物理、化学、生物化学、生态学等各种手段,对生态环境中的各个要素、生物与环境之间的相互关系、生态系统结构和功能进行监控和测试,为评价生态环境质量、保护生态环境、恢复重建生态、合理利用自然资源提供依据,它包括了环境监测和生物监测。

四、生态监测的类别

生态监测从时空角度可概括地分为两大类,即宏观监测或微观监测。

(1)宏观监测

宏观监测至少应在一定区域范围之内,对一个或若干个生态系统进行监测,最大范围可扩展至一个国家、一个地区甚至全球,主要监测区域范围内具有特殊意义的生态系统的分布、面积及生态功能的动态变化。

(2)微观监测

微观监测指对一个或几个生态系统内各生态要素指标进行物理、化学、生态学方面的监测。根据监测的目的一般可分为干扰性监测、污染性监测、治理性监测、环境质量现状评价监测等。

①干扰性监测是指对人类固有生产活动所造成的生态破坏的监测,例如:滩涂围垦所造成的滩涂生态系统的结构和功能、水文过程和物质交换规律的改变监测;草场过牧引起的草场退化、沙化、生产力降低监测;湿地开发环境功能下降,对周边生态系统及鸟类迁徙影响的监测等。

②污染性监测主要是对农药、一些重金属及各种有毒有害物质在生态系统中所造成的破坏及食物链传递富集的监测,如六六六、DDT、SO_2、Cl_2、H_2S 等有害物质对农田、果树污染监测;工厂污水对河流、湖泊、海洋生态系统污染的监测等。

③治理性监测指对破坏了的生态系统经人类的治理后生态平衡恢复过程的监测,如沙化土地经客土、种草治理过程的监测;退耕还林、还草过程的生态监测;停止向湖泊、水库排放超标废水后,对湖泊、水库生态系统恢复的监测等。

④环境质量现状评价监测。该监测往往用于较小的区域,用于环境质量本底现状评价监测,如某生态系统的本底生态监测;南极、北极等很少有人为干扰的地区生态环境质量监测;新修铁路要通过某原始森林附近,对某原始森林现状的生态监测;拟开发的风景区本底生态监测等。

总之,宏观监测必须以微观监测为基础,微观监测必须以宏观监测为指导,二者相互补充,不能相互替代。

五、生态监测的任务与特点

(1)生态监测的基本任务

生态监测的基本任务是对生态系统现状以及因人类活动所引起的重要生态问题进行动态监测;对破坏的生态系统在人类的治理过程中生态平衡恢复过程的监测;通过监测数

据的集积,研究上述各种生态问题的变化规律及发展趋势,建立数学模型,为预测预报和影响评价打下基础;支持国际上一些重要的生态研究及监测计划,如 GEMS(全球环境监测系统)、MAB(人与生物圈)等,加入国际生态监测网络。

(2)生态监测的特点

①综合性。生态监测涉及多个学科,涉及农、林、牧、副、渔、工等各个生产行业。

②长期性。自然界中生态过程的变化十分缓慢,而且生态系统具有自我调控功能,短期监测往往不能说明问题。长期监测可能有一些重要的和意想不到的发现,如北美酸雨的发现就是典型的例子。

③复杂性。生态系统本身是一个庞大的复杂的动态系统,生态监测中要区分自然因素和人为干扰这两种因素的作用有时十分困难,加之人类目前对生态过程的认识是逐步积累和深入的,这就使得生态监测不可能是一项简单的工作。

④分散性。生态监测站点的选取往往相隔较远,监测网的分散性很大。同时由于生态过程的缓慢性,生态监测的时间跨度也很大,所以通常采取周期性的间断监测。

(3)生态监测指标体系

根据生态监测的定义和监测内容,传统的生态监测指标体系无法适应于现今对生态环境质量监测的要求。从我国正在开展的生态监测工作来看,生态监测构成了一个复杂的网络,各地纷纷建立生态监测网站与网络,生态监测的指标体系丰富而庞杂。

①非生命系统的监测指标。

气象条件:包括太阳辐射强度和辐射收支、日照时数、气温、气压、风速、风向、地温、降水量及其分布、蒸发量、空气湿度、大气干湿沉降等,以及城市热岛强度。

水文条件:包括地下水位、土壤水分、径流系数、地表径流量、流速、泥沙流失量及其化学组成、水温、水深、透明度等。

地质条件:主要监测地质构造、地层、地震带、矿物岩石、滑坡、泥石流、崩塌、地面沉降量、地面塌陷量等。

土壤条件:包括土壤养分及有效态含量(N、P、K、S)、土壤结构、土壤颗粒组成、土壤温度、土壤 pH、土壤有机质、土壤微生物量、土壤酶活性、土壤盐度、土壤肥力、交换性酸、交换性盐基、阳离子交换量、土壤容重、孔隙度、透水率、饱和含水量、凋萎水量等。

化学指标:包括大气污染物、水体污染物、土壤污染物、固体废物等方面的监测内容。

大气污染物:有颗粒物、SO_2、NO_2、CO、烃类化合物、H_2S、HF、PAN、O_3等。

水体污染物:包括水温、pH、溶解氧、电导率、透明度、水的颜色、气味、流速、悬浮物、浑浊度、总硬度、矿化度、侵蚀性二氧化碳、游离二氧化碳、总碱度、碳酸盐、重碳酸盐、氨氮、硝酸盐氮、亚硝酸盐氮、挥发酚、氰化物、氟化物、硫酸盐、硫化物、氯化物、总磷、钾、钠、六价铬、总汞、总砷、镉、铅、铜、溶解铁、总锰、总锌、硒、铁、锰、锌、银、大肠菌群、细菌总数、COD、BOD_5、石油类、阴离子表面活性剂、有机氯农药、六六六、滴滴涕、苯并[a]芘、叶绿素 a、油、总 α 放射性、总 β 放射性、丙烯醛、苯类、总有机碳、底质(颜色、颗粒分析、有机质、总 N、总 P、pH、总汞、甲基汞、镉、铬、砷、硒、酮、铅、锌、氰化物和农药)。

土壤污染物:包括镉、汞、砷、铜、铅、铬、锌、镍、六六六、DDT、pH、阳离子交换量。

固体废物监测:包括氨、硫化氢、甲硫醇、臭气浓度、悬浮物(SS)、COD、BOD_5、大肠菌群,以及苯酚类、酞酸酯类、苯胺类、多环芳烃类等。

其他指标,如噪声、热污染、放射性物质等。

②生命系统的监测内容。生物个体的监测,主要对生物个体大小、生活史、遗传变异、跟踪遗传标记等监测。

物种的监测,包括优势种、外来种、指示种、重点保护种、受威胁种、濒危种、对人类有特殊价值的物种、典型的或有代表性的物种。

种群的监测,包括种群数量、种群密度、盖度、频度、多度、凋落物量、年龄结构、性别比例、出生率、死亡率、迁入率、迁出率、种群动态、空间格局。

群落的监测,包括物种组成、群落结构、群落中的优势种统计、群落外貌、季相、层片、群落空间格局、食物链统计、食物网统计等。

生物污染监测,包括放射性、镉、六六六、DDT、西维因、敌菌丹、倍硫磷、异狄氏剂、杀螟松、乐果、氟、钠、钾、锂、氯、溴、镧、锑、钍、铅、钙、钡、锶、镭、铍、碘、汞、铀、硝酸盐、亚硝酸盐、灰分、粗蛋白、粗脂肪、粗纤维等。

③生态系统的监测指标。主要对生态系统的分布范围、面积大小进行统计,在生态图上绘出各生态系统的分布区域,然后分析生态系统的镶嵌特征、空间格局及动态变化过程。

④生物与环境之间相互作用关系及其发展规律的监测指标。生态系统功能指标包括:生物生产量(初级生产、净初级生产、次级生产、净次级生产)、生物量、生长量、呼吸量、物质周转率、物质循环周转时间、同化效率、摄食效率、生产效率、利用效率等。

⑤社会经济系统的监测指标。其包括人口总数、人口密度、性别比例、出生率、死亡率、流动人口数、工业人口、农业人口、工业产值、农业产值、人均收入、能源结构等。

(4)生态监测的新技术手段

由于生态监测的内容和指标体系的丰富和完善,分析测试方法涉及的学科领域庞杂,如气象学、海洋学、水文学、土壤学、植物学、动物学、微生物学、环境科学、生态科学。此外,新技术新方法在生态监测中的运用也十分广泛。

六、生态监测的主要技术支持

(1)"3S"技术

生态监测的新内涵中包括对大范围生态系统的宏观监测,因此,许多传统的监测技术不适应于大区域的生态监测,只有借助于现代高新技术,才能高效、快速地了解大区域生态环境的动态变化,为迅速制定治理、保护的方案和对策提供依据。遥感、地理信息系统与全球定位系统(统称3S集成)一体化的高新技术可以解决这个问题,在实际中通过建立生态环境动态监测与决策支持系统,有效获取生态环境信息,实时监测区域环境的动态变化,进而掌握该区域生态环境的现状、演变规律、特征与发展趋势,为管理者提供依据。

"3S"技术是遥感(RS)、地理信息系统(GIS)和全球定位系统(GPS)的统称。其中GPS主要是实时、快速地提供目标的空间位置,RS用于实时、快速地提供监测数据,GIS则是多种来源时空数据的综合处理和应用分析平台。传统的生态环境监测、评价方法应用范围小,只能解决局部生态环境监测和评价问题,很难大范围、实时地开展监测工作,而综合整体且准确完全的监测结果必须依赖"3S"技术,利用RS和GPS获取遥感数据、管理地貌及位置信息,然后利用GIS对整个生态区域进行数字表达,形成规则、决策系统。

（2）电磁台网监测系统

电磁台网监测系统克服了天然地震层析、卫星遥感等技术对包括沙漠、黄土、冰川、湖泊沉积在内的地球表层和浅层监测的不足，以其对环境变化敏感、有一定穿透深度、不同频率信号反映不同深度信息、台网观测技术方便等优点而应用到生态监测中来。该系统通过对中长电磁波衰减因子数据的研究，利用现代层析成像技术，建立高分辨率浅层三维电导率地理信息系统，为监测、研究、预测环境变化提供依据。

（3）其他高新技术

中国技术创新信息网上发布了用于远距离生态监测的俄罗斯高新技术——可调节的高功率激光器，在距离 300m 的范围内，可以发现和测量烷烃的浓度，浓度范围为 0.0003％～0.1％，该项技术正在推广。其他高新技术，如俄罗斯卡莫夫直升机设计局在"卡－37"的基础上，成功研制的"卡－137"多用途无人直升机，该机可用于生态监测。

综上所述，生态监测是环境科学与生物科学的交叉学科，包括环境监测和生物监测。它是通过物理、化学、生化、生态学原理等各种技术手段，对生态环境中的各个要素、生物与环境之间的相互关系、生态系统结构和功能进行监控和测试，为评价生态环境质量、保护生态环境、恢复重建生态、合理利用自然资源提供依据的过程。其监测的指标体系庞杂而富有系统性，所采用的技术手段也日益更新，大量的高新技术及其他领域的技术被不断引入到生态监测中来。

参考文献

[1]奚旦立,孙裕生,刘秀英.环境监测[M].北京:高等教育出版社,1995.

[2]刘德生.环境监测[M].北京:化学工业出版社,2001.

[3]孔繁翔,尹大强,严国安.环境生物学[M].北京:高等教育出版社,2000.

[4]马玉琴.环境监测[M].武汉:武汉工业大学出版社,1998.

[5]姚运先.环境监测技术[M].北京:化学工业大学出版社,2008.

[6]李广超.环境监测[M].北京:化学工业出版社,2017.

[7]王凯雄,童裳伦.环境监测[M].北京:化学工业出版社,2011.

[8]黄家矩.环境监测人员手册[M].北京:中国环境科学出版社,1994.

[9]杨承义.环境监测[M].天津:天津大学出版社,1993.

[10]李绍英,曾述柏,于令弟.环境污染与监测[M].哈尔滨:哈尔滨工程大学出版社,
　　1995.

[11]吴邦灿.环境监测技术[M].北京:中国环境科学出版社,1995.

[12]刘天齐,黄小林.环境保护[M].北京:化学工业出版社,2000.

[13]蔡宝森.环境统计[M].武汉:武汉工业大学出版社,1998.

[14]曾爱斌.环境监测技术与实训[M].北京:中国人民大学出版社,2014.

[15]张国泰.环境保护概论[M].北京:中国轻工业出版社,1999.

[16]吕殿录.环境保护简明教材[M].北京:中国环境科学出版社,2000.

[17]蒋展鹏.环境工程监测[M].北京:清华大学出版社,1990.

[18]王怀宇,姚运先.环境监测[M].北京:高等教育出版社,2007.

[19]姚运先.水环境监测[M].北京:化学工业出版社,2005.

[20]姚运先.室内环境监测[M].北京:化学工业出版社,2005.

[21]李党生,付翠彦.环境监测[M].北京:化学工业出版社,2017.

[22]陈玲,赵建夫.环境监测[M].北京:化学工业出版社,2014.

[23]石碧清.环境监测技能训练与考核教程[M].北京:中国环境科学出版社,2011.

[24]王英健,杨永红.环境监测[M].北京:化学工业出版社,2009.

[25]郭晓敏,张彩平.环境监测[M].杭州:浙江大学出版社,2011.

[26]刘德生.环境监测[M].北京:化学工业出版社,2011.

[27]孙成.环境监测实验[M].北京:科学出版社,2010.

[28]何燧源.环境污染物分析监测[M].北京:化学工业出版社,2001.

[29]王怀宇,姚运先.环境监测[M].北京:高等教育出版社,2007.

[30]李倦生,王怀宇.环境监测实训[M].北京:高等教育出版社,2008.

[31]张青,朱华静.环境分析与监测实训[M].北京:高等教育出版社,2009.

[32]季宏祥.环境监测技术[M].北京:化学工业出版社,2012.